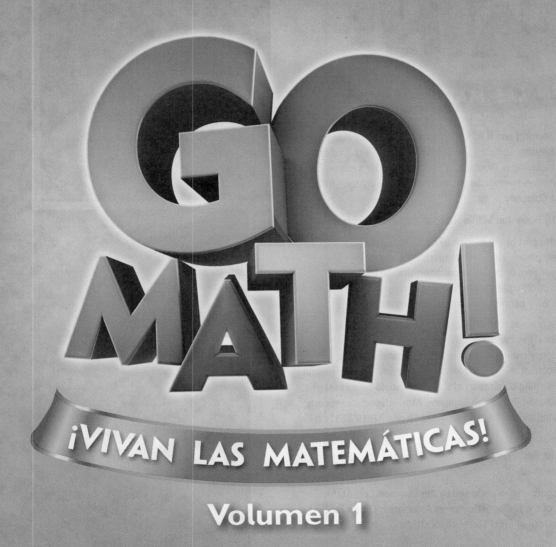

# GO MATH!

## ¡VIVAN LAS MATEMÁTICAS!

### Volumen 1

© Houghton Mifflin Harcourt Publishing Company • Cover Image Credits: (Goosander) ©Erich Kuchling/ Westend61/Corbis; (Covered bridge, New Hampshire) ©eye35/Alamy Images

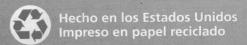

M000304730

Houghton
Mifflin
Harcourt

ISBN 978-0-544-67813-2

3 4 5 6 7 8 9 10   0868   24 23 22 21 20 19 18 17 16

4500629389          B C D E F G

Estimados estudiantes y familiares:

Bienvenidos a **Go Math! ¡Vivan las matemáticas!** para 2do. grado. En este estimulante programa de matemáticas, encontrarán actividades prácticas y problemas de la vida diaria que tendrán que resolver. Y lo mejor de todo es que podrán escribir sus ideas y respuestas directamente en el libro. El hecho de que puedan escribir y dibujar en las páginas, les ayudará a percibir más detalladamente lo que están aprendiendo y las matemáticas serán fáciles de entender.

También deseamos compartir con ustedes algo muy importante: se ha usado papel reciclado en la impresión de este libro. Queremos que sepan que al participar en el programa **Go Math! ¡Vivan las matemáticas!** ustedes estarán ayudando a proteger el medio ambiente.

Atentamente,
Los autores

Hecho en los Estados Unidos
Impreso en papel reciclado.

# GO MATH!

## ¡VIVAN LAS MATEMÁTICAS!

# Autores

**Juli K. Dixon, Ph.D.**
Professor, Mathematics Education
University of Central Florida
Orlando, Florida

**Edward B. Burger, Ph.D.**
President, Southwestern University
Georgetown, Texas

**Steven J. Leinwand**
Principal Research Analyst
American Institutes for
 Research (AIR)
Washington, D.C.

## Colaboradora

**Rena Petrello**
Professor, Mathematics
Moorpark College
Moorpark, California

**Matthew R. Larson, Ph.D.**
K-12 Curriculum Specialist for
 Mathematics
Lincoln Public Schools
Lincoln, Nebraska

**Martha E. Sandoval-Martinez**
Math Instructor
El Camino College
Torrance, California

## Consultores de English Language Learners

**Elizabeth Jiménez**
CEO, GEMAS Consulting
Professional Expert on English
 Learner Education
Bilingual Education and
 Dual Language
Pomona, California

# VOLUMEN I
# Sentido numérico y valor posicional

**Área de atención** Ampliar la comprensión de la notación en base diez

## Conceptos numéricos     9

**Áreas** Operaciones y pensamiento algebraico
Números y operaciones en base diez
**ESTÁNDARES ESTATALES COMUNES** 2.0A.C.3, 2NBT.A.2, 2NBT.A.3

¡Visítanos en Internet!
Tus lecciones de matemáticas son interactivas. Usa iTools, Modelos matemáticos animados y el Glosario multimedia, entre otros.

### Presentación del Capítulo 1

En este capítulo, explorarás y descubrirás las respuestas a las siguientes
**Preguntas esenciales**:

- ¿Cómo usas el valor posicional para hallar y describir los números de diferentes formas?
- ¿Cómo sabes el valor de un dígito?
- ¿De qué maneras se puede mostrar un número?
- ¿Cómo cuentas de 1 en 1, de 5 en 5, de 10 en 10 y de 100 en 100?

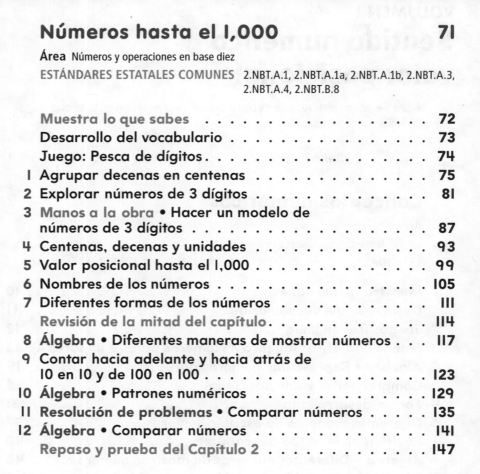

# Números hasta el 1,000

**Área** Números y operaciones en base diez

**ESTÁNDARES ESTATALES COMUNES** 2.NBT.A.1, 2.NBT.A.1a, 2.NBT.A.1b, 2.NBT.A.3, 2.NBT.A.4, 2.NBT.B.8

---

## Presentación del Capítulo 2

En este capítulo, explorarás y descubrirás las respuestas a las siguientes **Preguntas esenciales**:

- ¿Cómo puedes usar el valor posicional para hacer un modelo, escribir y comparar números de 3 dígitos?

- ¿Cómo puedes usar bloques parar mostrar un números de 3 dígitos?

- ¿Cómo puedes escribir un número de 3 dígitos de maneras diferentes?

- ¿Cómo te puede ayudar el valor posicional a comparar números de 3 dígitos?

## Práctica y tarea

Repaso de la lección y Repaso en espiral en cada lección

# Suma y resta

**Área de atención** Desarrollar la fluidez con la suma y la resta

¡Aprende en línea!
Tus lecciones de matemáticas son interactivas. Usa iTools, Modelos matemáticos animados y el Glosario multimedia entre otros.

---

**Presentación del Capítulo 3**

En este capítulo, explorarás y descubrirás las respuestas a las siguientes **Preguntas esenciales**:

• ¿Cómo puedes usar patrones y estrategias para hallar la suma y la diferencia de operaciones básicas?

• ¿Cuáles son las estrategias para recordar las operaciones de suma y de resta?

• ¿Cómo están relacionadas la suma y la resta?

En este capítulo, explorarás y descubrirás las respuestas a las siguientes

**Preguntas esenciales:**

- ¿Cómo usas el valor posicional para sumar números de 2 dígitos y de qué formas se pueden sumar números de 2 dígitos?

- ¿Cómo formas una decena con un sumando para ayudarte a resolver un problema de suma?

- ¿Cómo anotas los pasos al sumar números de 2 dígitos?

- ¿De qué formas se pueden sumar 3 números o 4 números?

# Suma de 2 dígitos     233

**Área** Números y operaciones en base diez

**ESTÁNDARES ESTATALES COMUNES** 2.0A.A.1, 2.NBT.B.5, 2.NBT.B.6, 2.NBT.B.9

## Práctica y tarea

Repaso de la lección y Repaso en espiral en cada lección

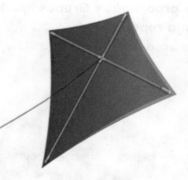

## Resta de 2 dígitos 313

**Áreas** Números y operaciones en base diez
**ESTÁNDARES ESTATALES COMUNES** 2.0A.A.1, 2.NBT.B.5

**Presentación del Capítulo 5**

En este capítulo, explorarás y descubrirás las respuestas a las siguientes **Preguntas esenciales**:

• ¿Cómo usas el valor posicional para restar números de 2 dígitos con o sin reagrupación?
• ¿Cómo puedes separar números para ayudarte a resolver un problema de resta?
• ¿Qué pasos usas para resolver problemas de resta de 2 dígitos?
• ¿De qué formas puedes hacer un modelo, mostrar y resolver problemas de resta?

## Suma y resta de 3 dígitos 387

**Áreas** Números y operaciones en base diez
**ESTÁNDARES ESTATALES COMUNES** 2.NBT.B.7, 2.NBT.B.9

**Presentación del Capítulo 6**

En este capítulo, explorarás y descubrirás las respuestas a las siguientes **Preguntas esenciales**:

• ¿Cuáles son algunas estrategias para sumar y restar números de 3 dígitos?
• ¿Cuáles son los pasos para hallar la suma en un problema de suma de 3 dígitos?
• ¿Cuáles son los pasos para hallar la diferencia en un problema de resta de 3 dígitos?
• ¿Cuándo necesitas reagrupar?

**Presentación del
Capítulo 7**

En este capítulo, explorarás
y descubrirás las respuestas
a las siguientes **Preguntas
esenciales:**

• ¿Cómo usas el valor de las
monedas y los billetes para
hallar el valor total de un
grupo y cómo lees la hora que
muestran los relojes analógicos y
los relojes digitales?

• ¿Cuáles son los nombres y
los valores de las diferentes
monedas?

• ¿Cómo sabes la hora que
muestra un reloj observando
las manecillas del reloj?

**Presentación del
Capítulo 8**

En este capítulo, explorarás
y descubrirás las respuestas
a las siguientes **Preguntas
esenciales:**

• ¿Cuáles son algunos métodos
e instrumentos que se pueden
usar para estimar y medir la
longitud?

• ¿Qué instrumentos se pueden
usar para medir la longitud y
cómo los usas?

• ¿Qué unidades se pueden
usar para medir la longitud y
en qué se diferencian?

• ¿Cómo puedes estimar la
longitud de un objeto?

**VOLUMEN 2**
# Medición y datos

**Área de atención** Usar unidades estándares de medida

## Longitud en unidades métricas     599

**Área** Medición y datos

ESTÁNDARES ESTATALES COMUNES 2.MD.A.1, 2MD.A.2, 2MD.A.3,
2MD.A.4, 2.MD.B.5, 2.MD.B.6

## Datos     649

**Área** Medición y datos

ESTÁNDARES ESTATALES COMUNES 2.MD.D.10

---

### Presentación del Capítulo 9

En este capítulo, explorarás y descubrirás las respuestas a las siguientes **Preguntas esenciales**:

- ¿Cuáles son algunos métodos e instrumentos que se pueden usar para estimar y medir la longitud en unidades métricas?

- ¿Qué instrumentos se pueden usar para medir la longitud en unidades métricas y cómo los usas?

- ¿Qué unidades métricas se pueden usar para medir la longitud y en qué se diferencian?

- Si conoces la longitud de un objeto, ¿cómo puedes estimar la longitud de otro objeto?

---

### Práctica y tarea

Repaso de la lección y Repaso en espiral en cada lección

---

### Presentación del Capítulo 10

En este capítulo, explorarás y descubrirás las respuestas a las siguientes **Preguntas esenciales**:

- ¿Cómo te ayudan las tablas de conteo, las pictografías y las gráficas de barras a resolver problemas?

- ¿Cómo se usan las marcas de conteo para anotar los datos de una encuesta?

- ¿Cómo se hace una pictografías?

- ¿Cómo sabes qué representan las barras de una gráfica de barras?

# Geometría y fracciones

**Área de atención** Describir y analizar las formas

¡Aprende en línea!
Tus lecciones de matemáticas son interactivas. Usa iTools, Modelos matemáticos animados y el Glosario multimedia entre otros.

## Resumen del Capítulo 11

En este capítulo, explorarás y descubrirás las respuestas a las siguientes
**Preguntas esenciales**:

• ¿Cuáles son algunas figuras bidimensionales y tridimensionales y cómo puedes mostrar las partes iguales de las figuras?

• ¿Cómo puedes describir algunas figuras bidimensionales y tridimensionales?

• ¿Cómo puedes describir figuras o partes iguales?

Librito de vocabulario | Área de atención **Sentido numérico y valor posicional**

# Ballenas

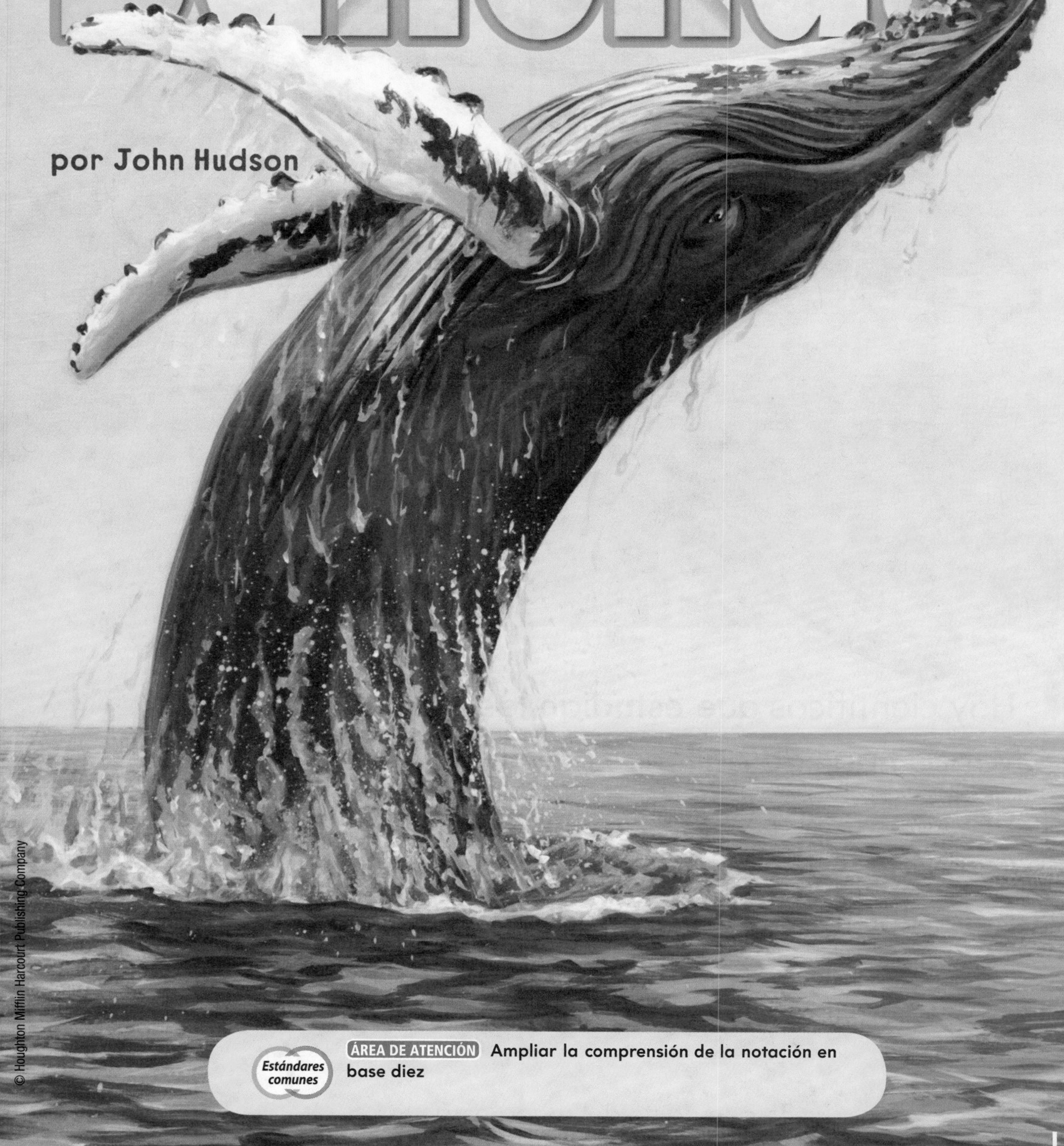

por John Hudson

Estándares comunes — ÁREA DE ATENCIÓN Ampliar la comprensión de la notación en base diez

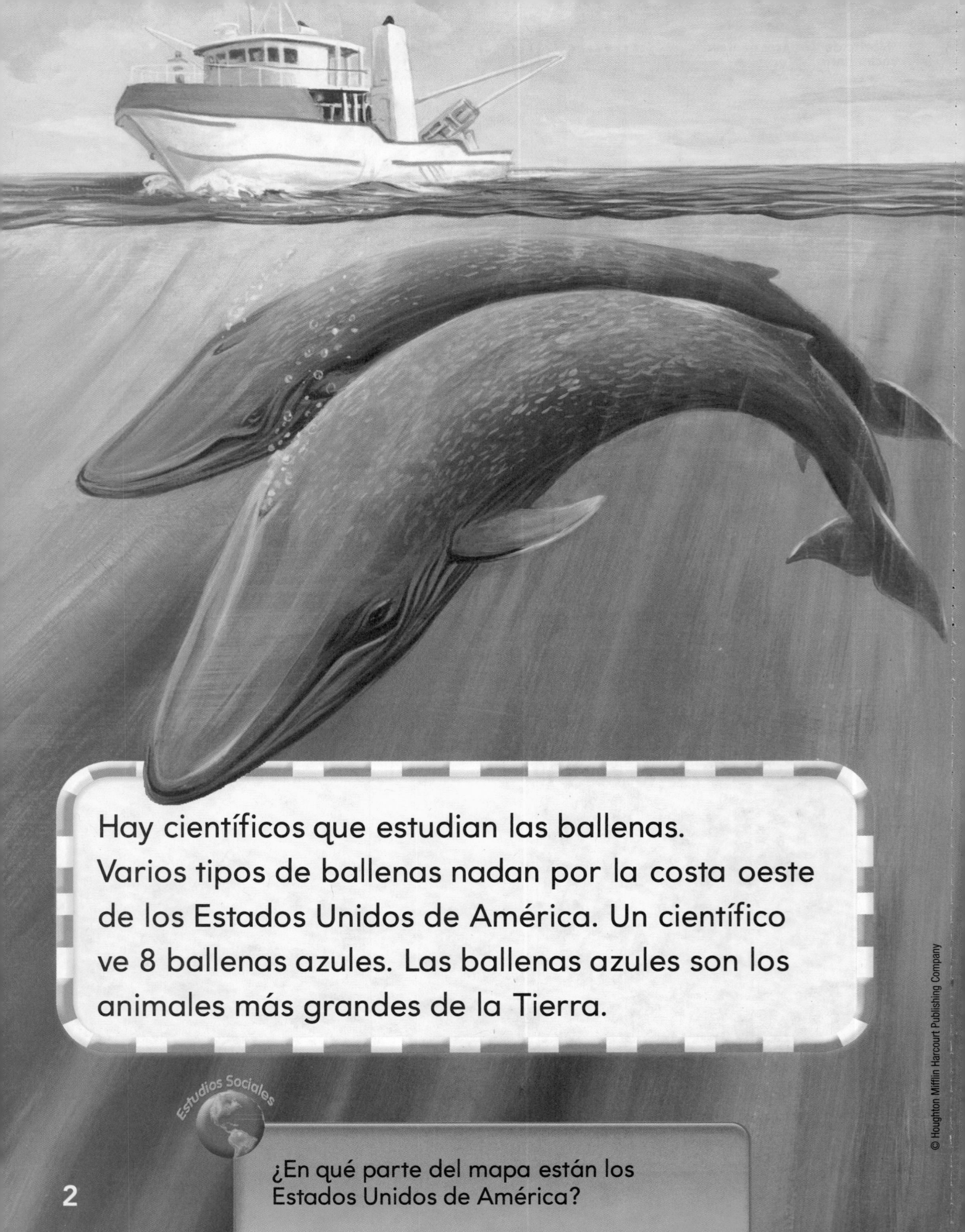

Hay científicos que estudian las ballenas. Varios tipos de ballenas nadan por la costa oeste de los Estados Unidos de América. Un científico ve 8 ballenas azules. Las ballenas azules son los animales más grandes de la Tierra.

Estudios Sociales

¿En qué parte del mapa están los Estados Unidos de América?

Alaska

Océano
Pacífico

Canadá

Océano
Atlántico

N

O — E

S

Estados Unidos
de América

0    500    1,000 millas
0    500  1,000 kilómetros

México

Leyenda del mapa
— Límite

El científico también ve 13 ballenas jorobadas.

Las ballenas jorobadas cantan bajo el agua.

¿El científico vio más ballenas jorobadas o más

ballenas azules?      más ballenas _____

Estudios Sociales

¿En qué parte del mapa está el océano Pacífico?

3

Las ballenas también nadan por la costa este de Canadá y de los Estados Unidos de América. Las ballenas piloto nadan detrás de un líder, o *piloto*. Un científico ve un grupo de 29 ballenas piloto.

Estudios Sociales

¿En qué parte del mapa está Canadá?

Alaska

Océano
Pacífico

Canadá

Océano
Atlántico

N

O    E

S

Estados Unidos
de América

| 0 | 500 | 1,000 millas |
| 0 | 500 | 1,000 kilómetros |

México

Leyenda del mapa
—— Límite

Las rorcuales comunes son nadadoras ágiles. Son las segundas ballenas más grandes del mundo. Un científico ve un grupo de 27 rorcuales comunes. ¿Cuántas decenas hay en el número 27?

_____ decenas

Estudios Sociales

¿En qué parte del mapa está el océano Atlántico?

Alaska

Océano
Pacífico

Canadá

Océano
Atlántico

Estados Unidos
de América

N

O ——— E

S

0    500   1,000 millas
0   500  1,000 kilómetros

México

**Leyenda del mapa**
—— Límite

Las ballenas jorobadas nadan hasta las aguas cálidas de México en invierno. Las ballenas jorobadas pueden tener hasta 35 pliegues en la garganta. En el número 35, el _____ está en el lugar de las unidades y el _____ está en el lugar de las decenas.

Estudios Sociales

¿En qué parte del mapa está México?

# Escribe sobre el cuento

Observa los dibujos. Dibuja y escribe tu propio cuento. Compara dos números en tu cuento.

## Repaso del vocabulario

| | |
|---|---|
| más | menos |
| decenas | mayor que |
| unidades | menor que |

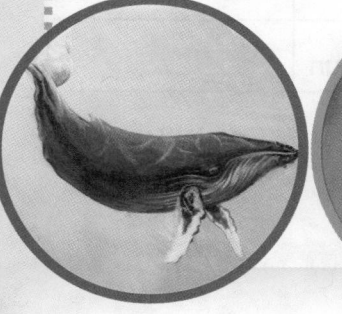 

 **Matemáticas**

_____

_____

_____

_____

_____

_____

_____

# El tamaño de los números

La tabla muestra cuántas crías de ballena vieron los científicos.

| Crías de ballena vistas | |
| --- | --- |
| Ballena | Número de ballenas |
| Jorobada | 34 |
| Azul | 13 |
| Rorcual común | 27 |
| Piloto | 43 |

1. ¿Qué número de ballenas tiene un 4 en el lugar de las decenas?

   _____

2. ¿Cuántas decenas y unidades describen el número de crías de ballena azul que se vieron?

   _____ decena _____ unidades

3. Compara el número de crías de ballena jorobada y el número de crías de ballena piloto que se vieron. Escribe > o <.

   34 ◯ 43

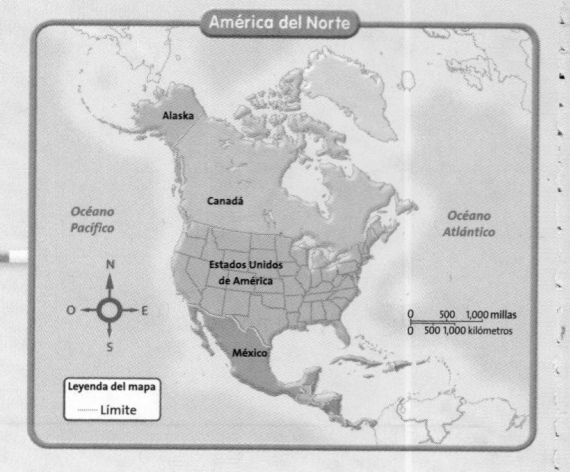

4. Compara el número de crías de rorcual común y el número de crías de ballena azul que se vieron. Escribe > o <.

   27 ◯ 13

Escribe un cuento sobre un científico que observa animales marinos. Incluye números de 2 dígitos en tu cuento.

# Conceptos numéricos

**Piensa como matemático**

En un mercado de agricultores locales se venden muchas frutas y verduras.

Si hay 2 grupos de 10 sandías en una mesa, ¿cuántas sandías hay?

Nombre _____

✓ **Muestra lo que sabes**

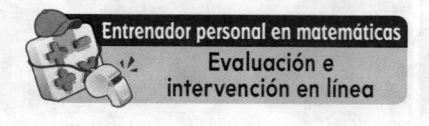
Entrenador personal en matemáticas
Evaluación e
intervención en línea

## Representa números hasta el 20

Escribe el número que diga cuántos hay.

1. 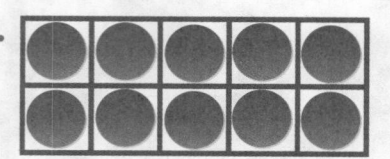                    _____

2. 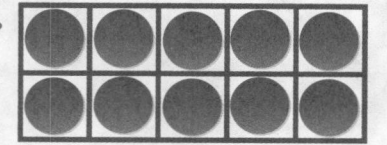                    _____

## Usa una tabla con los números hasta el 100

Usa la tabla con los números hasta el 100. (K.NBT.A.1)

| 1 | 2 | 3 | 4 | 5 | 6 | 7 | 8 | 9 | 10 |
|----|----|----|----|----|----|----|----|----|----|
| 11 | 12 | 13 | 14 | 15 | 16 | 17 | 18 | 19 | 20 |
| 21 | 22 | 23 | 24 | 25 | 26 | 27 | 28 | 29 | 30 |
| 31 | 32 | 33 | 34 | 35 | 36 | 37 | 38 | 39 | 40 |
| 41 | 42 | 43 | 44 | 45 | 46 | 47 | 48 | 49 | 50 |
| 51 | 52 | 53 | 54 | 55 | 56 | 57 | 58 | 59 | 60 |
| 61 | 62 | 63 | 64 | 65 | 66 | 67 | 68 | 69 | 70 |
| 71 | 72 | 73 | 74 | 75 | 76 | 77 | 78 | 79 | 80 |
| 81 | 82 | 83 | 84 | 85 | 86 | 87 | 88 | 89 | 90 |
| 91 | 92 | 93 | 94 | 95 | 96 | 97 | 98 | 99 | 100 |

3. Cuenta del 36 al 47. ¿Cuáles
   de los números de abajo dirás?
   Enciérralos en un círculo.

   42     31     48     39     37

## Decenas

Escribe cuántas decenas hay. Escribe el número. (1.NBT.B.2a, 1.NBT.B.2c)

4. 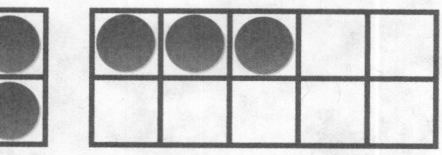   ____ decenas

   _____

5. 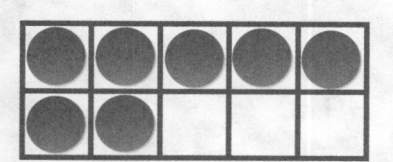   ____ decenas

   _____

Esta página es para verificar la comprensión de destrezas
importantes que se necesitan para tener éxito en el Capítulo 1.

## Desarrollo del vocabulario

### Visualízalo

Completa las casillas del organizador gráfico.
Escribe oraciones sobre **unidades** y **decenas**.

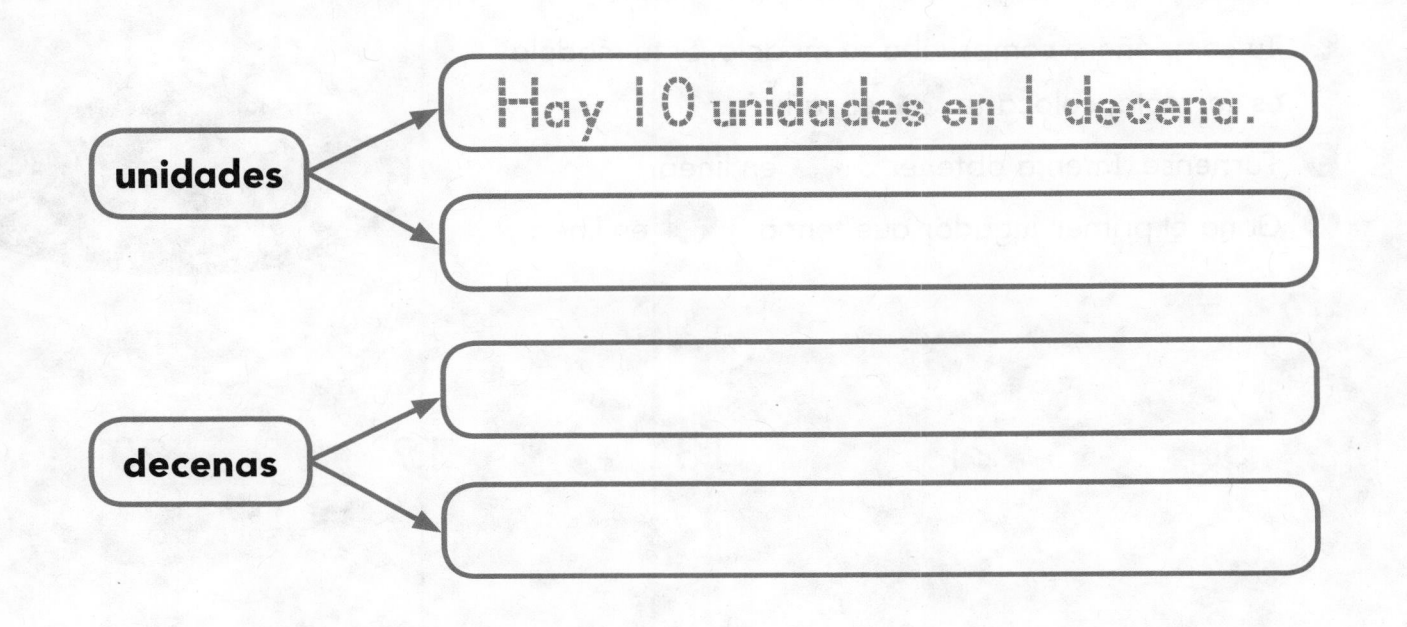

unidades → Hay 10 unidades en 1 decena.

unidades →

decenas →

decenas →

---

## Comprende el vocabulario

1. Comienza en el 1. **Cuenta hacia adelante** de uno en uno.

   1, _____, _____, _____, _____, _____

2. Comienza en el 8. **Cuenta hacia atrás** de uno en uno.

   8, _____, _____, _____, _____, _____

APRENDE EN LÍNEA
• Libro interactivo del estudiante
• Glosario multimedia

# Juego

# Tres en línea

**Materiales** • 15 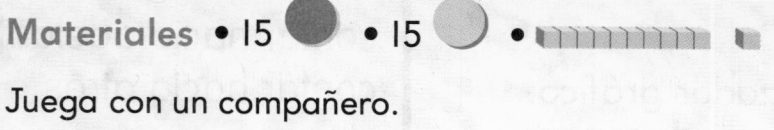 • 15 ⚪ • 🟦🟦🟦🟦 ▪

Juega con un compañero.

1. Elige una hoja. Lee el número de la hoja. Usa 🟦🟦🟦🟦 ▪ para representar el número.

2. Tu compañero comprueba tu modelo. Si tu modelo es correcto, coloca tu ⚫ en la hoja.

3. Túrnense. Intenta obtener 3 ⚫ en línea.

4. Gana el primer jugador que tenga 3 ⚫ en línea.

| | | | | |
|---|---|---|---|---|
| 5 | 21 | 13 | 19 | 20 |
| 25 | 15 | 7 | 8 | 12 |
| 11 | 9 | 14 | 16 | 24 |
| 22 | 23 | 17 | 18 | 10 |

# Vocabulario del Capítulo 1

**decenas**

tens

18

**dígito**

digit

21

**dobles**

doubles

22

**es igual a**

is equal to (=)

25

**más**

plus (+)

34

**números impares**

odd numbers

46

**números pares**

even numbers

47

**unidades**

ones

64

0, 1, 2, 3, 4, 5, 6, 7, 8 y 9 son **dígitos**.

10 unidades = 1 decena

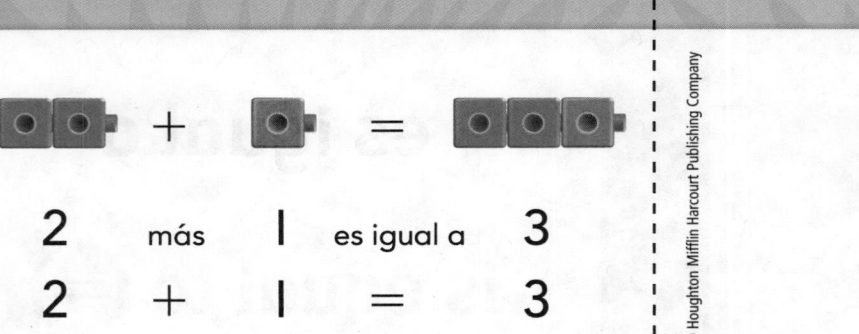

| 2 | más | 1 | es igual a | 3 |
| 2 | + | 1 | = | 3 |

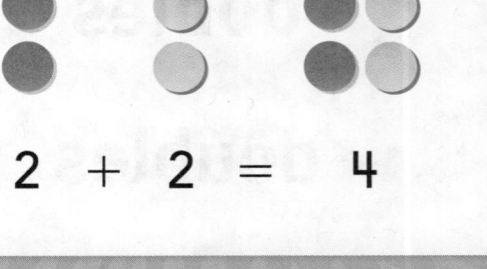

2 + 2 = 4

Los números impares muestran pares y una casilla sobrante.

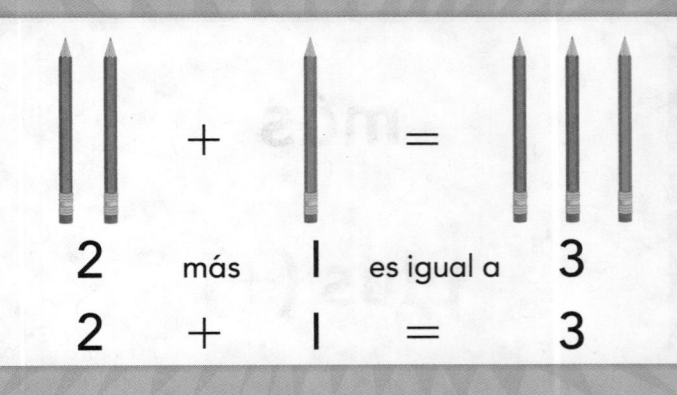

| 2 | más | 1 | es igual a | 3 |
| 2 | + | 1 | = | 3 |

10 unidades = 1 decena

Los números pares muestran pares y ninguna casilla sobrante.

# ¡Vamos al mercado!

**Jugadores: 2 a 4**

## Materiales

- I
- I
- I
- I
- I

## Instrucciones

1. Coloca tu en el círculo de SALIDA del mismo color.
2. Para sacar tu de la SALIDA, debes lanzar un 6.
   - Si no sacas un 6, debes esperar hasta el siguiente turno.
   - Si sacas un 6, mueve tu al siguiente círculo que tenga el mismo color que tu recorrido.
3. Una vez que tengas un en el recorrido, lanza el para jugar tu turno. Mueve tu esa cantidad de veces.
4. Si caes en un espacio que tiene una pregunta, responde la pregunta. Si la respuesta no es correcta, retrocede I espacio.
5. Para alcanzar la META, debes mover tu hacia adelante siguiendo el recorrido del mismo color del . El primer jugador que llegue a la META, es el ganador.

## Recuadro de palabras

decenas
dígito
dobles
es igual a (=)
más (+)
números impares
números pares
unidades

SALIDA

¿Cuántas unidades hay en 24?

¿Qué signo indica que un número es igual a otro?

META

¿Qué dígito está en el lugar de las decenas en 45?

¿Cómo puedes saber que un número es impar?

¿Cómo puedes usar dobles para sumar 4 y 5?

¿Cómo puedes saber que un número es par?

¿Qué dígito está en el lugar de las unidades en 19?

¿Qué número es igual a 12 + 7?

SALIDA

# SALIDA

¿Cuántas decenas hay en 37?

¿Cómo puedes usar dobles para sumar 9 y 8?

¿Qué números son impares? 13, 34, 22, 47

¿Cómo puedes saber cuántas decenas hay en un número?

## META

¿Qué significa ? +

¿Cómo puedes saber cuántas unidades hay en un número?

¿Qué números son pares? 32, 25, 15, 6

¿Qué significa más?

# SALIDA

# Diario

# Escríbelo

**Reflexiona**

**Elige una idea. Escribe acerca de la idea en el espacio de abajo.**

- Explica dos cosas que sabes de los números pares y de los números impares.

- Escribe acerca de las diferentes maneras en que puedes mostrar 25.

- Di cómo contar en diferentes cantidades hasta 1,000.

Nombre _____

# Álgebra • Números pares e impares

**Pregunta esencial** ¿En qué se diferencian los números pares e impares?

Estándares comunes **Operaciones y pensamiento algebraico—2.OA.C.3**
PRÁCTICAS MATEMÁTICAS
MP3, MP6, MP7

Usa 🎲 para mostrar cada número.

| | | | | |
|---|---|---|---|---|
| | | | | |
| | | | | |

| | | | | |
|---|---|---|---|---|
| | | | | |
| | | | | |

**PARA EL MAESTRO** • Lea el siguiente problema. Beca tiene 8 carros de juguete. ¿Puede ordenar sus carros en pares en un estante? Pida a los niños que coloquen pares de cubos verticalmente en los cuadros de diez. Continúe la actividad con los números 7 y 10.

**Charla matemática** PRÁCTICAS MATEMÁTICAS 6

Cuando formas pares con el 7 y con el 10, ¿en qué se diferencian estos modelos? **Explica.**

## Representa y dibuja

Cuenta cubos por cada número. Forma pares.
Los números **pares** muestran pares en que no sobran cubos.
Los números **impares** muestran pares con un cubo que sobra.

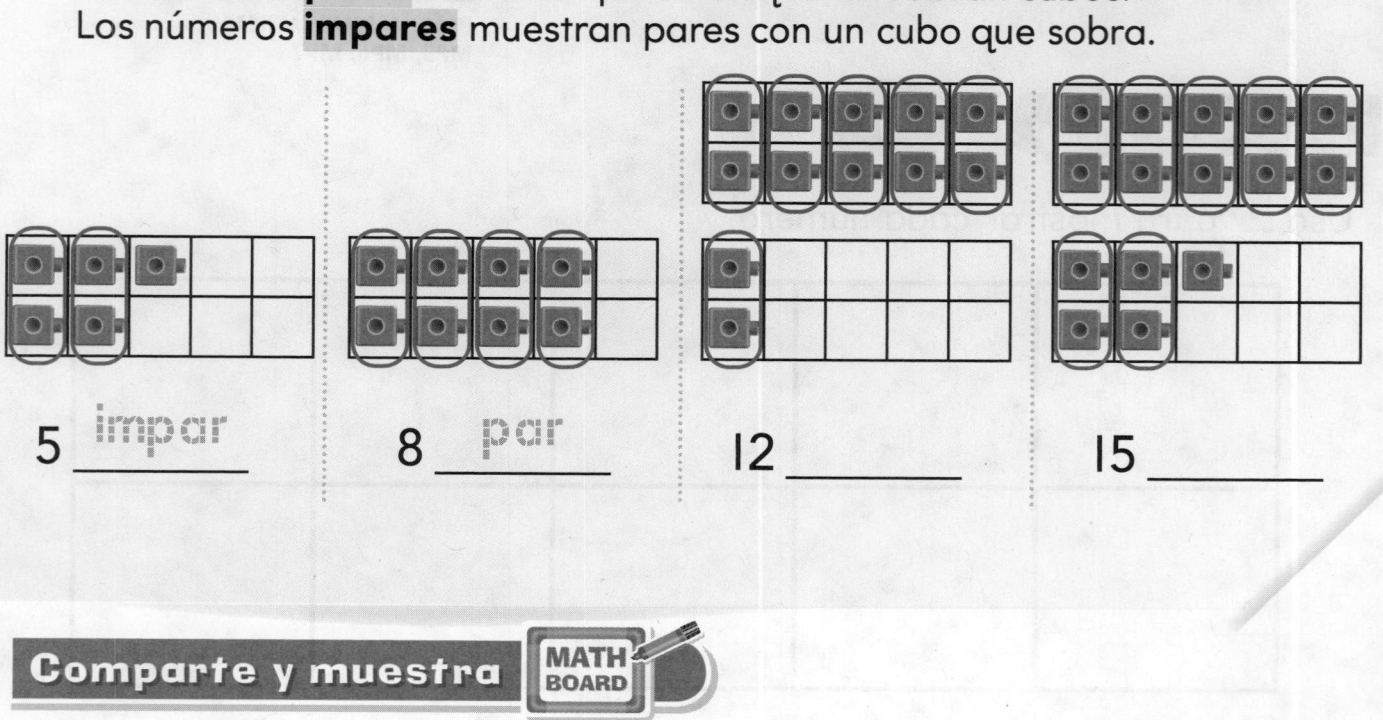

5 _impar_

8 _par_

12 _____

15 _____

## Comparte y muestra MATH BOARD

Usa los cubos. Cuenta el número de cubos.
Forma pares. Luego escribe **par** o **impar**.

1. 6 _____

2. 3 _____

3. 2 _____

4. 9 _____

5. 4 _____

6. 10 _____

7. 7 _____

8. 13 _____

9. 11 _____

10. 14 _____

## Por tu cuenta

Sombrea los cuadros de diez para mostrar el número.
Encierra en un círculo **par** o **impar**.

11.  **17**

par        impar

12.  **16**

par        impar

13.  **19**

par        impar

14. Hay un número par de niños y un número
impar de niñas en el salón de Lena.
¿Cuántos niños y niñas puede haber en su
salón? Muestra tu trabajo.

_____

_____

15.  **PRÁCTICA MATEMÁTICA** ❸   **Da argumentos**
¿Qué dos números de la casilla
son números pares?

_____ y _____

**Explica** cómo sabes que son
números pares.

8    5

3    6

_____

_____

_____

## Resolución de problemas • Aplicaciones En el mundo

ESCRIBE › Matemáticas

16. **PIENSA MÁS** Completa los espacios para describir los grupos de números. Escribe **pares** o **impares**.

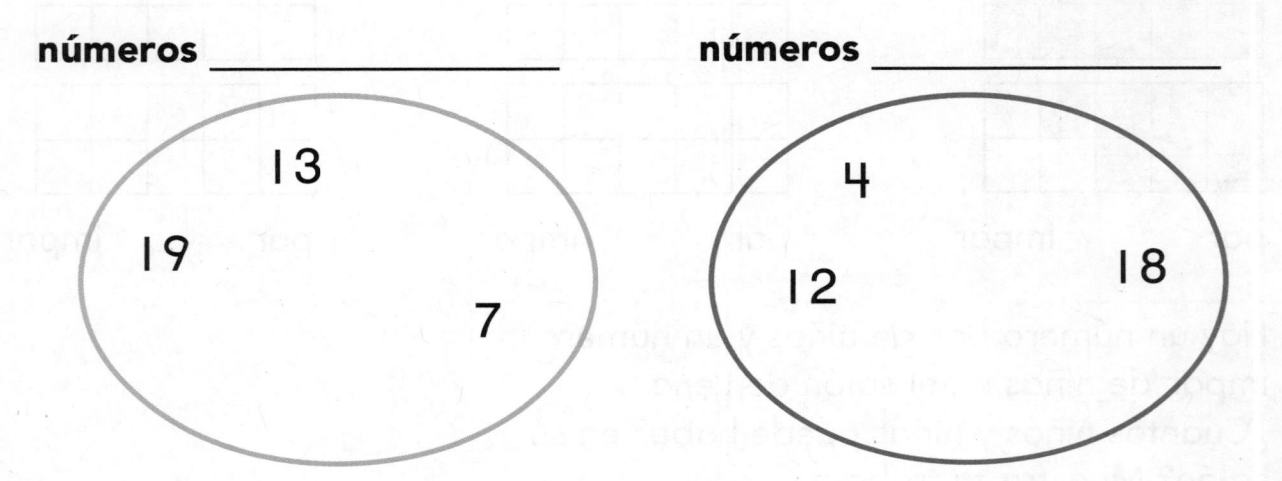

números _____

13

19

7

números _____

4

12

18

Escribe cada uno de los siguientes números dentro del círculo que corresponda.

**5     6     10     11     24     25**

17. **PIENSA MÁS** ¿Los cuadros de diez muestran un número par? Elige Sí o No.

○ Sí     ○ No

_____

○ Sí     ○ No

**ACTIVIDAD PARA LA CASA •** Pida a su niño que muestre un número, como el 9, con objetos pequeños y explique por qué el número es par o impar.

# Álgebra • Números pares e impares

Estándares comunes

ESTÁNDARES COMUNES—2.0A.C.3
Trabajan con grupos de objetos equivalentes
para establecer los fundamentos
para la multiplicación.

**Sombrea algunos de los cuadros de diez para mostrar el número. Encierra en un círculo par o impar.**

1.    15

par    impar

2.    18

par    impar

3.    11

par    impar

## Resolución de problemas En el mundo

4. El Sr. Dell tiene un número impar de ovejas y un número par de vacas en su granja. Encierra en un círculo la opción que podría referirse a su granja.

9 ovejas y 10 vacas

10 ovejas y 11 vacas

8 ovejas y 12 vacas

5. **ESCRIBE** Matemáticas Escribe dos números impares y dos números pares. Explica cómo sabes cuáles son números pares y cuáles son impares.

# Repaso de la lección (2.OA.C.3)

**1.** Encierra en un círculo el número par.

3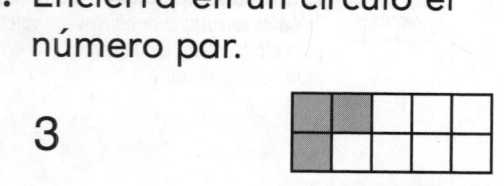

4

5

9

**2.** Encierra en un círculo el número impar.

2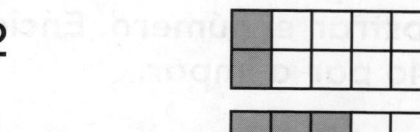

6

7

8

# Repaso en espiral (2.OA.C.3)

**3.** Encierra en un círculo el número impar.

10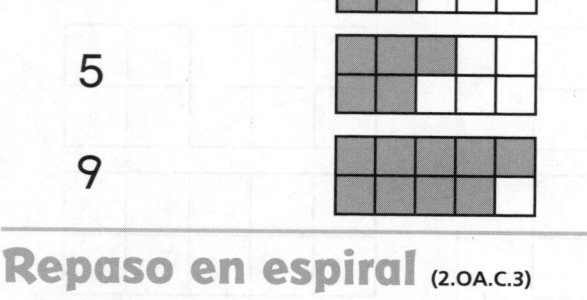

8

3

4

**4.** Encierra en un círculo el número par.

7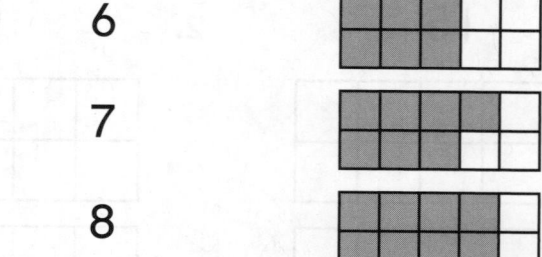

6

5

1

**5.** Encierra en un círculo el número par.

9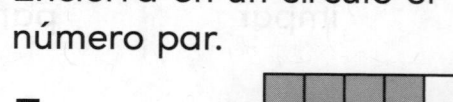

7

5

2

**6.** Encierra en un círculo el número impar.

4

8

10

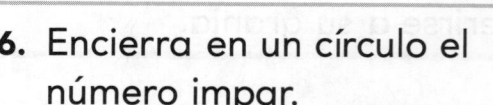

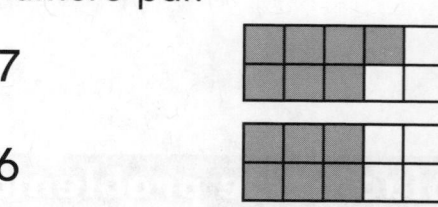

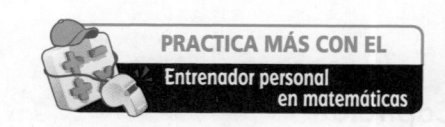
PRACTICA MÁS CON EL
Entrenador personal
en matemáticas

Nombre _____

# Álgebra • Representar números pares

**Pregunta esencial** ¿Por qué un número par puede mostrarse como la suma de dos sumandos iguales?

**Estándares comunes** Operaciones y pensamiento algebraico—2.OA.C.3
PRÁCTICAS MATEMÁTICAS
MP2, MP3, MP7, MP8

## Escucha y dibuja

Manos a la obra

Forma pares con tus cubos. Haz un dibujo que muestre los cubos. Luego escribe los números que dices cuando cuentas para hallar el número de cubos.

_____   _____ cubos

**Charla matemática**

PRÁCTICAS MATEMÁTICAS 2

**Usa razonamiento**
Explica cómo sabes si un número representado con cubos es un número par.

**PARA EL MAESTRO** • Dé a cada grupo pequeño de niños un conjunto de 10 a 15 cubos interconectables. Después de que los niños agrupen sus cubos en pares, pídales que hagan un dibujo de sus cubos y que escriban su secuencia de conteo para hallar el número total de cubos.

Un número par de cubos puede mostrarse como dos grupos iguales.

Puedes emparejar cada cubo del primer grupo con un cubo del segundo grupo.

$6 = 3 + 3$

$10 = 5 + 5$

## Comparte y muestra   MATH BOARD

¿Cuántos cubos hay en total? Completa el enunciado de suma para mostrar los grupos iguales.

1. ___ = ___ + ___

2. ___ = ___ + ___

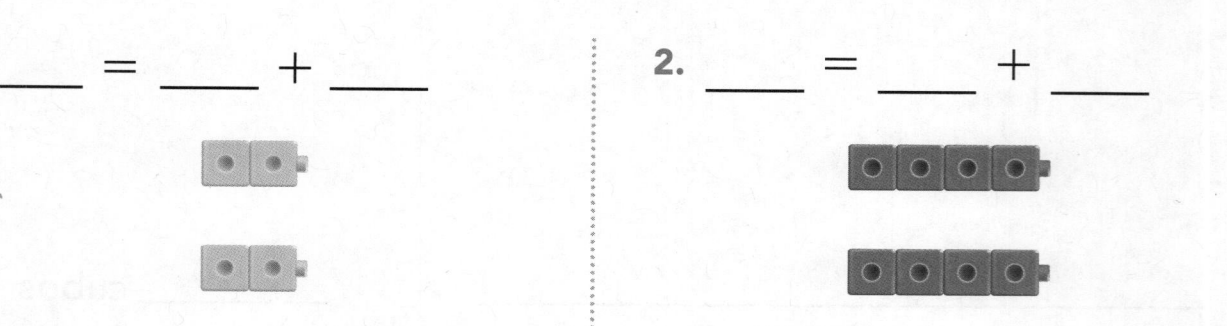

3. ___ = ___ + ___

4. ___ = ___ + ___

## Por tu cuenta

Sombrea las casillas para mostrar dos grupos iguales por cada número. Completa el enunciado de suma para mostrar los grupos.

5.  10

_____ = _____ + _____

6.  16

_____ = _____ + _____

7.  Elena y José tienen 18 tarjetas postales en total. Los dos tienen el mismo número de tarjetas postales. ¿Cuántas tarjetas postales tiene cada uno de ellos?

_____ tarjetas postales

PIENSA MÁS   El número 7 es un número impar. Marc mostró el 7 con este enunciado de suma. Muestra estos números impares con enunciados de suma de la misma manera que Marc.

$$7 = 3 + 3 + 1$$

8.  5 = _____ + _____ + _____

9.  11 = _____ + _____ + _____

10.  9 = _____ + _____ + _____

11.  13 = _____ + _____ + _____

## Resolución de problemas • Aplicaciones En el mundo

ESCRIBE ▸ Matemáticas

Resuelve. Escribe o dibuja para explicar.

12. **PRÁCTICA MATEMÁTICA ②** **Usa el razonamiento**
Jacob y Lucas tienen el mismo
número de **caracoles**. Tienen
16 caracoles en total. ¿Cuántos
caracoles tiene cada uno?

Jacob: _____ caracoles

Lucas: _____ caracoles

Entrenador personal en matemáticas

13. **PIENSA MÁS +** Elige un número par entre el 10 y
el 19. Haz un dibujo y luego escribe un enunciado
para explicar por qué es un número par.

**ACTIVIDAD PARA LA CASA** • Pida a su niño que
explique lo que aprendió en esta lección.

# Álgebra • Representar números pares

Sombrea los cuadros para mostrar dos grupos iguales para cada número. Completa el enunciado de suma para mostrar los grupos.

**Estándares comunes**

**ESTÁNDARES COMUNES—2.OA.C.3**
*Trabajan con grupos de objetos equivalentes para establecer los fundamentos para la multiplicación.*

1. 8

_____ = _____ + _____

2. 18

_____ = _____ + _____

3. 10

_____ = _____ + _____

4. 14

_____ = _____ + _____

5. 20

_____ = _____ + _____

## Resolución de problemas En el mundo

Resuelve. Escribe o dibuja para explicar.

6. Los asientos de una camioneta están en pares. Hay 16 asientos. ¿Cuántos pares de asientos hay en total?

_____ pares de asientos

7. **ESCRIBE** Matemáticas Haz un dibujo o escribe para mostrar que el número 18 es un número par.

## Repaso de la lección (2.OA.C.3)

**1.** Encierra en un círculo la suma que sea un número par.

$9 + 9 = 18$

$9 + 8 = 17$

$8 + 7 = 15$

$6 + 5 = 11$

**2.** Encierra en un círculo la suma que sea un número par.

$1 + 2 = 3$

$3 + 3 = 6$

$2 + 5 = 7$

$4 + 7 = 11$

## Repaso en espiral (2.OA.C.3)

**3.** Encierra en un círculo el número par.

7

9

10

13

**4.** Encierra en un círculo el número impar.

4

11

16

20

**5.** Ray tiene un número impar de gatos. También tiene un número par de perros. Completa el enunciado.

Ray tiene _____ gatos y

_____ perros.

**6.** Encierra en un círculo la suma que sea un número par.

$2 + 3 = 5$

$3 + 4 = 7$

$4 + 4 = 8$

$7 + 8 = 15$

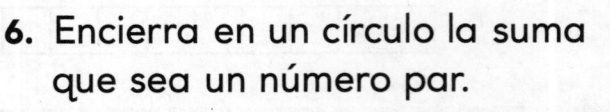

PRACTICA MÁS CON EL
Entrenador personal
en matemáticas

Nombre _____

# Comprender el valor posicional

**Pregunta esencial** ¿Cómo sabes cuál es el valor de un dígito?

**Estándares comunes** Número y operaciones en base diez—2.NBT.A.3
PRÁCTICAS MATEMÁTICAS
MP1, MP6

 **Escucha y dibuja** *En el mundo*

Escribe los números. Luego elige una manera de mostrar los números.

| Decenas | Unidades |
|---------|----------|
|         |          |

| Decenas | Unidades |
|---------|----------|
|         |          |

 **PARA EL MAESTRO** • Lea el siguiente problema. Pida a los niños que escriban los números y que describan cómo eligieron representarlos. Gabriel colecciona tarjetas de béisbol. El número de tarjetas que tiene se escribe con un 2 y un 5. ¿Cuántas tarjetas puede tener?

**Charla matemática** PRÁCTICAS MATEMÁTICAS 6

**Explica** por qué el valor del 5 es diferente en los dos números.

## Representa y dibuja

0, 1, 2, 3, 4, 5, 6, 7, 8 y 9 son **dígitos**. En un número de 2 dígitos, sabes cuál es el valor de un dígito por su posición.

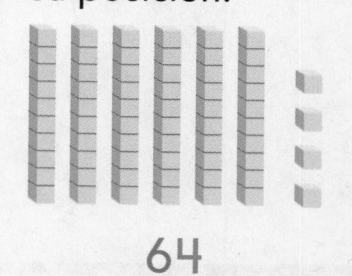

64

| Decenas | Unidades |
|---------|----------|
| 6 | 4 |

6 decenas  4 unidades

El dígito **6** está en el lugar de las decenas. Te dice que hay 6 decenas, o 60.

El dígito **4** está en el lugar de las unidades. Te dice que hay 4 unidades, o 4.

## Comparte y muestra  MATH BOARD

Encierra en un círculo el valor del dígito rojo.

1.  **26**

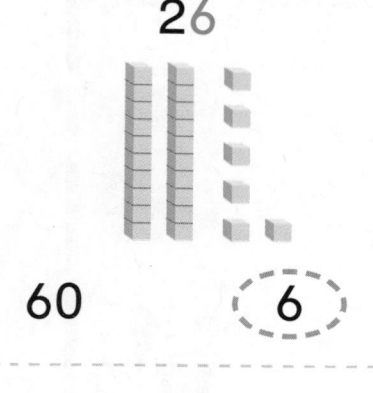

60     (6)

2.  **58**

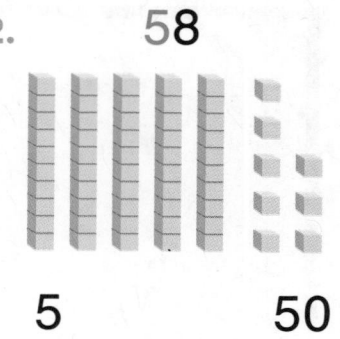

5     50

3.  **40**

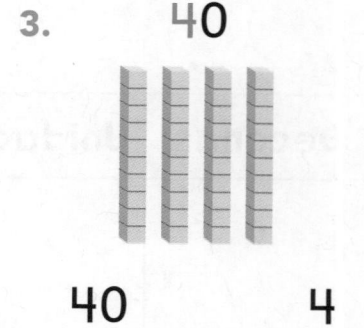

40     4

4.  **73**

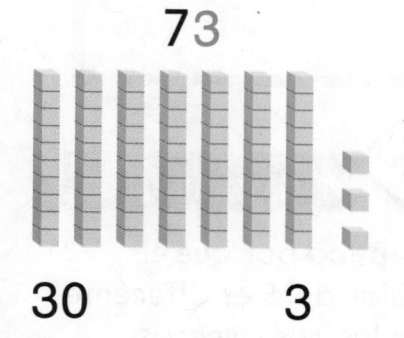

30     3

5.  **24**

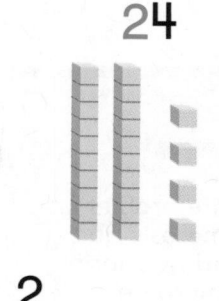

2     20

6.  **61**

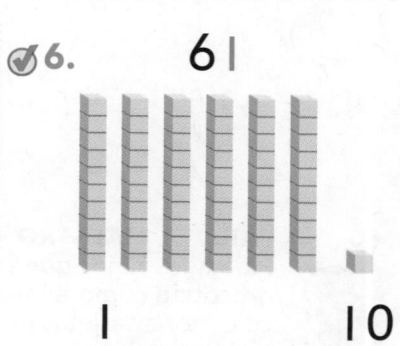

1     10

## Por tu cuenta

Encierra en un círculo el valor del dígito rojo.

**7.**  5**1**

1        10

**8.**  **4**9

90        9

**9.**  **7**0

7        70

**10.** Phillip compró un rompecabezas. El número de piezas del rompecabezas tiene el dígito 6 en el lugar de las unidades y el dígito 3 en el lugar de las decenas. ¿Cuántas piezas tiene el rompecabezas de Phillip?

_____ piezas

**11.** Noah horneó unas tartas de manzana. El número de manzanas que usó tiene el dígito 1 en el lugar de las decenas y un número par menor que 5 en el lugar de las unidades. ¿Cuántas manzanas pudo usar Noah para hornear las tartas de manzana?

_____ manzanas

**12.** PIENSA MÁS  Observa los dígitos de los números. Haz dibujos rápidos de los bloques que faltan.

47            52

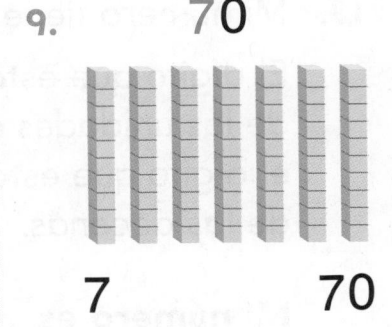

## Resolución de problemas • Aplicaciones En el mundo

ESCRIBE Matemáticas

Sigue las pistas y escribe el número de 2 dígitos.

**13.** Mi número tiene 8 decenas.

El dígito que está en el lugar de las unidades es mayor que el dígito que está en el lugar de las decenas.

**Mi número es _____.**

**14.** En mi número, el dígito que está en el lugar de las unidades es el doble del dígito que está en el lugar de las decenas.

La suma de los dígitos es 3.

**Mi número es _____.**

**15.** **PRÁCTICA MATEMÁTICA ①** Busca sentido a los problemas

En mi número, los dos dígitos son números pares.

El dígito que está en el lugar de las decenas es menor que el dígito que está en el lugar de las unidades. La suma de los dígitos es 6.

**Mi número es _____.**

**16.** **PIENSA MÁS** ¿Qué valor tiene el dígito 4 en el número 43?

# Comprender el valor posicional

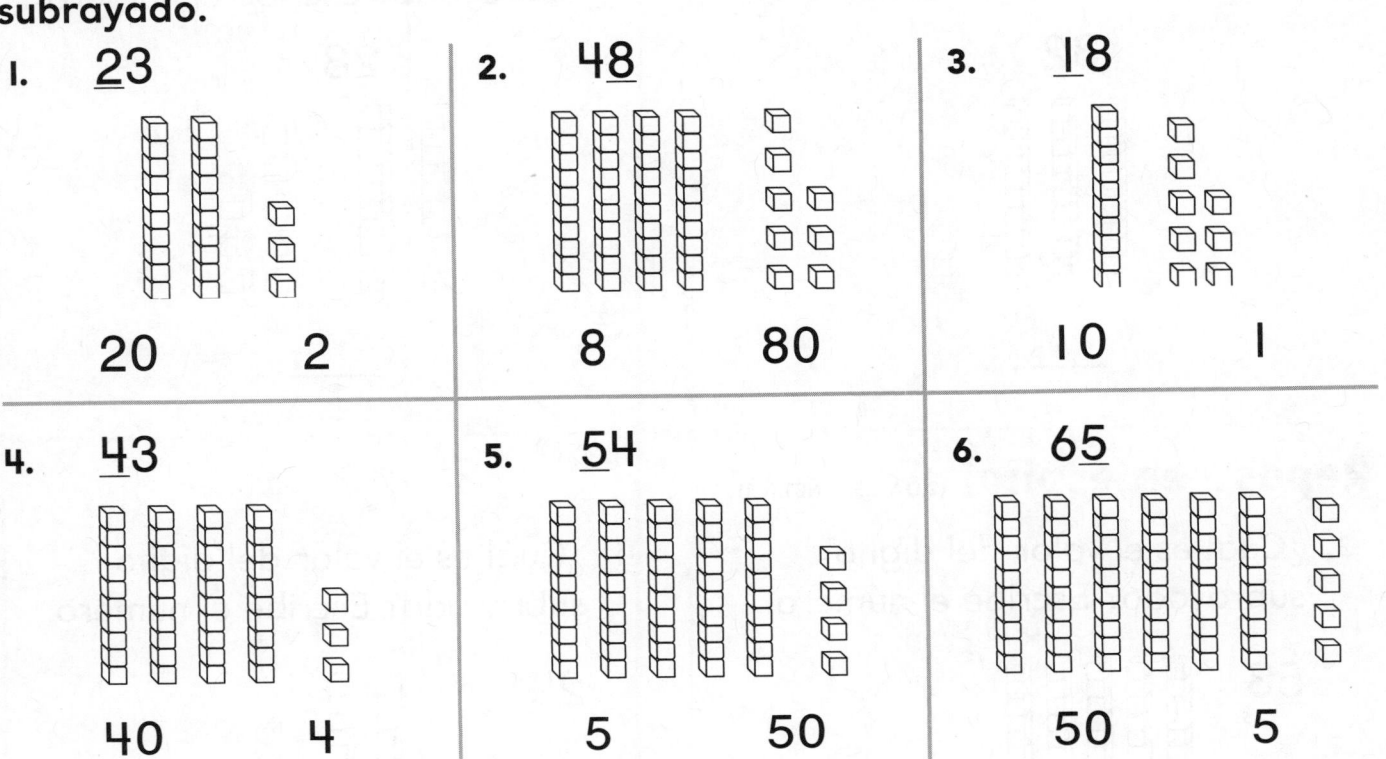

Estándares comunes

ESTÁNDARES COMUNES—2.NBT.A.3
Comprenden el valor posicional.

**Encierra en un círculo el valor del dígito subrayado.**

1. 2̲3

20   2

2. 4̲8̲

8   80

3. 1̲8

10   1

4. 4̲3

40   4

5. 5̲4

5   50

6. 6̲5̲

50   5

## Resolución de problemas En el mundo

Escribe el número de 2 dígitos que coincida con las pistas.

7. Mi número tiene un dígito de las decenas que es 8 más que el dígito de las unidades. El cero no es uno de mis dígitos.

Mi número es _____.

8. **ESCRIBE** **Matemáticas** Haz un dibujo rápido para mostrar el número 76. Describe el valor de cada dígito en este número.

## Repaso de la lección

**1.** ¿Cuál es el valor del dígito subrayado? Escribe el número.

3<u>2</u>

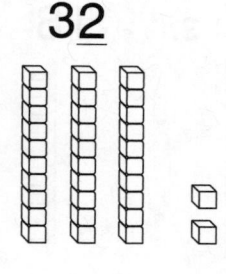

_____

**2.** ¿Cuál es el valor del dígito subrayado? Escribe el número.

<u>2</u>8

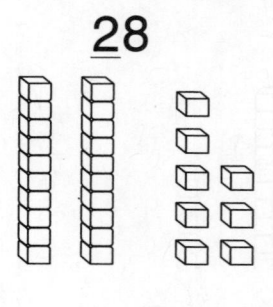

_____

## Repaso en espiral (2.OA.C.3, 2.NBT.A.3)

**3.** ¿Cuál es el valor del dígito subrayado? Escribe el número.

<u>5</u>3

_____

**4.** ¿Cuál es el valor del dígito subrayado? Escribe el número.

2<u>4</u>

_____

**5.** ¿Es el número total de bolígrafos y de lápices un número par o impar? Escribe el número. Encierra en un círculo par o impar.

2 bolígrafos + 3 lápices _____ en total

par          impar

**6.** Encierra en un círculo la suma que sea un número par.

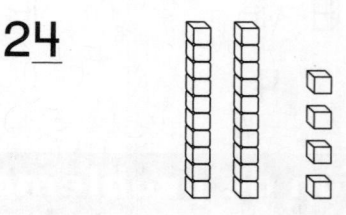

5 + 2 = _____

6 + 3 = _____

7 + 4 = _____

7 + 7 = _____

PRACTICA MÁS CON EL
Entrenador personal
en matemáticas

Nombre _____

# Forma desarrollada

**Pregunta esencial** ¿Cómo se describe un número de 2 dígitos con decenas y unidades?

**Estándares comunes** Número y operaciones en base diez—2.NBT.A.3
PRÁCTICAS MATEMÁTICAS
MP4, MP6

Usa ▭▭▭▭ para representar cada número.

| Decenas | Unidades |
|---|---|
| | |

**PARA EL MAESTRO •** Después de leer el siguiente problema, escriba 38 en el pizarrón. Pida a los niños que representen el número. Emmanuel colocó 38 adhesivos en su hoja. ¿Cómo pueden representar 38 con bloques? Continúe la actividad con 83 y 77.

**Charla matemática**

PRÁCTICAS MATEMÁTICAS 6

**Explica** cómo sabes la cantidad de decenas y de unidades que hay en el número 29.

¿Qué significa 23?

| Decenas | Unidades |
|---------|----------|
| ‖ | ° ° ° |

En el 23, el 2 tiene un valor de 2 decenas, o 20.
En el 23, el 3 tiene un valor de 3 unidades, o 3.

___2___ decenas ___3___ unidades

___20___ + ___3___

## Comparte y muestra

Haz un dibujo rápido que muestre el número.
Describe el número de dos maneras.

1. 37

_____ decenas _____ unidades

_____ + _____

2. 54

_____ decenas _____ unidades

_____ + _____

3. 16

_____ decena _____ unidades

_____ + _____

4. 60

_____ decenas _____ unidades

_____ + _____

## Por tu cuenta

Haz un dibujo rápido que muestre el número.
Describe el número de dos maneras.

5. 48

_____ decenas _____ unidades

_____ + _____

6. 31

_____ decenas _____ unidad

_____ + _____

7. Riley tiene unos dinosaurios de juguete. El número que tiene es uno menos que 50. Describe el número de dinosaurios de dos maneras.

_____

_____

Resuelve. Escribe o dibuja para explicar.

8. PIENSA MÁS  Eric tiene 4 bolsas de 10 canicas y 6 canicas sueltas. ¿Cuántas canicas tiene Eric?

Matemáticas al instante

_____ canicas

## Resolución de problemas • Aplicaciones En el mundo

ESCRIBE Matemáticas

**PRÁCTICA MATEMÁTICA** (6) **Haz conexiones**

Usa crayones. Sigue los pasos.

9. Comienza en el 51 y traza una línea verde hasta el 43.

10. Traza una línea azul desde el 43 hasta el 34.

11. Traza una línea roja desde el 34 hasta el 29.

12. Luego traza una línea amarilla desde el 29 hasta el 72.

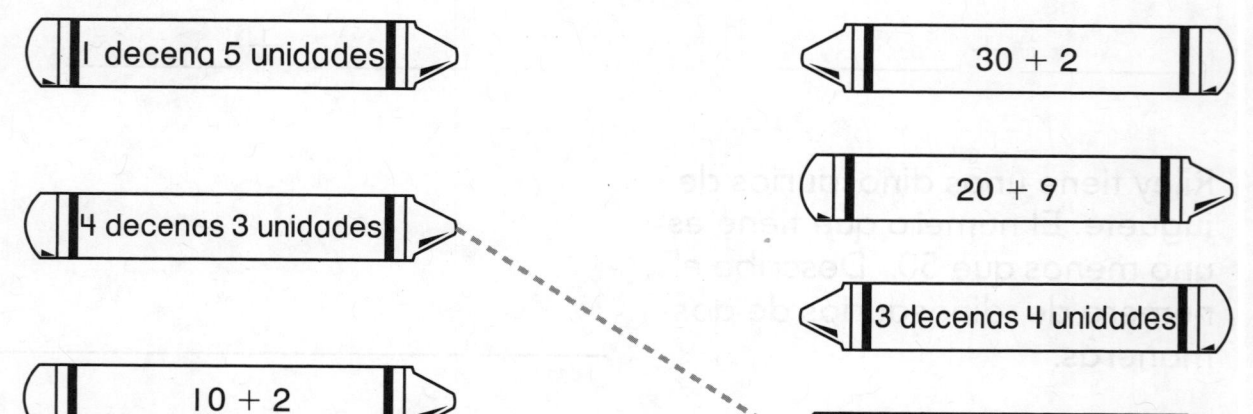

| Amarillo | Rojo | Azul | Verde |

1 decena 5 unidades

30 + 2

4 decenas 3 unidades

20 + 9

10 + 2

3 decenas 4 unidades

5 decenas 1 unidad

70 + 2

7 + 2

13. **PIENSA MÁS** Haz un dibujo que muestre el número 26. Describe el número 26 de dos maneras.

_____ decenas _____ unidades

_____ + _____

**ACTIVIDAD PARA LA CASA** • Pida a su niño que escriba 89 como decenas más unidades. Luego pídale que escriba 25 como decenas más unidades.

# Forma desarrollada

ESTÁNDARES COMUNES—2.NBT.A.3
*Comprenden el valor posicional.*

**Haz un dibujo rápido que muestre el número.
Describe el número de dos maneras.**

**1.** 68

____ decenas ____ unidades

____ + ____

**2.** 21

____ decenas ____ unidad

____ + ____

**3.** 70

____ decenas ____ unidades

____ + ____

**4.** 53

____ decenas ____ unidades

____ + ____

## Resolución de problemas En el mundo

**5.** Encierra en un círculo las maneras de escribir el número que muestra el modelo.

4 decenas 6 unidades    40 + 6    64

6 decenas 4 unidades    60 + 4    46

**6.** **ESCRIBE** **Matemáticas** Explica cómo sabes los valores de los dígitos en el número 58.

_____

_____

## Repaso de la lección (2.NBT.A.3)

**1.** Describe el número 92 en decenas y unidades.

_____ decenas _____ unidades

**2.** Describe el número 45 en decenas y unidades.

_____ decenas _____ unidades

## Repaso en espiral (2.NBT.A.3)

**3.** ¿Cuál es el valor del dígito subrayado? Escribe el número.

4̲9

_____

**4.** ¿Cuál es el valor del dígito subrayado? Escribe el número.

3̲4

_____

**5.** Describe el número 76 de otra manera.

_____ decenas _____ unidades

**6.** Describe el número 52 de otra manera.

_____ decenas _____ unidades

PRACTICA MÁS CON EL
Entrenador personal
en matemáticas

Nombre _____

# Diferentes maneras de escribir números

Estándares comunes · Número y operaciones en base diez—2.NBT.A.3
PRÁCTICAS MATEMÁTICAS
MP1, MP6

**Pregunta esencial** ¿De qué maneras diferentes se puede escribir un número de 2 dígitos?

Escucha y dibuja En el mundo

Escribe el número. Luego escríbelo como decenas y unidades.

_____ decenas _____ unidades

_____ + _____

_____ + _____

_____ decenas _____ unidades

**Charla matemática**

**PRÁCTICAS MATEMÁTICAS**

**Analiza** En el 44, ¿los dos dígitos tienen el mismo valor?

**PARA EL MAESTRO** • Lea el siguiente problema. Taryn contó 53 libros en la mesa. ¿Cuántas decenas y unidades hay en 53? Continúe la actividad con los números 78, 35 y 40.

Un número puede escribirse de diferentes maneras.

cincuenta y
nueve
5 decenas
9 unidades
50 + 9
59

| unidades | números del 11 y al 19 | decenas |
|---|---|---|
| 0 cero | 11 once | 10 diez |
| 1 uno | 12 doce | 20 veinte |
| 2 dos | 13 trece | 30 treinta |
| 3 tres | 14 catorce | 40 cuarenta |
| 4 cuatro | 15 quince | 50 cincuenta |
| 5 cinco | 16 dieciséis | 60 sesenta |
| 6 seis | 17 diecisiete | 70 setenta |
| 7 siete | 18 dieciocho | 80 ochenta |
| 8 ocho | 19 diecinueve | 90 noventa |
| 9 nueve | | |

## Comparte y muestra

Observa los ejemplos de arriba.
Luego, escribe el número de otra manera.

1. treinta y dos

   _____

2. 20 + 7

   _____

3. 63

   _____ decenas _____ unidades

4. noventa y cinco

   _____ + _____

5. 5 decenas 1 unidad

   _____

6. setenta y seis

   _____ + _____

7. veintiocho

   _____ decenas _____ unidades

8. 8 decenas 0 unidades

   _____

Nombre _____

Escribe el número de otra manera.

**9.** 2 decenas 4 unidades

_____

**10.** treinta

_____ decenas _____ unidades

**11.** ochenta y cinco

_____

**12.** 54

_____ + _____

**13.** Luis tiene un número favorito. El número
tiene el dígito 3 en el lugar de las unidades
y el dígito 9 en el lugar de las decenas.
¿De qué otra manera se puede escribir este número?

_____

**14.** El número de Daniel tiene un dígito mayor
que 5 en el lugar de las unidades y un dígito
menor que 5 en el lugar de las decenas.
¿Qué número puede ser el de Daniel?

_____

**PIENSA MÁS** Completa los espacios en blanco para
que el enunciado sea verdadero.

**15.** Sesenta y siete es lo mismo que _____ decenas
_____ unidades.

**16.** 4 decenas _____ unidades es lo mismo que _____ + _____.

**17.** 20 + _____ es lo mismo que _____.

**ACTIVIDAD PARA LA CASA •** Escriba 20 + 6 en una
hoja de papel. Pida a su niño que escriba el número
de 2 dígitos. Repita con 4 decenas 9 unidades.

#  Revisión de la mitad del capítulo

## Conceptos y destrezas

Sombrea los cuadros de diez para mostrar
el número. Encierra en un círculo **par** o **impar.** (2.OA.C.3)

1. 15

par          impar

2. 18

par          impar

Haz un dibujo rápido que muestre el número.
Describe el número de dos maneras. (2.NBT.A.3)

3. 35

_____ decenas _____ unidades

_____ + _____

4. 53

_____ decenas _____ unidades

_____ + _____

5. **PIENSA MÁS**   Escribe el número 42 de otra manera. 2.NBT.A.3

_____

# Diferentes maneras de escribir números

Estándares comunes  **ESTÁNDARES COMUNES—2.NBT.A.3**
*Comprenden el valor posicional.*

**Escribe el número de otra manera.**

**1.** 32

_____ decenas _____ unidades

**2.** cuarenta y uno

_____

**3.** 9 decenas 5 unidades

_____

**4.** $80 + 3$

_____

**5.** 57

_____ decenas _____ unidades

**6.** setenta y dos

_____ $+$ _____

**7.** $60 + 4$

_____

**8.** 4 decenas 8 unidades

_____

## Resolución de problemas En el mundo

**9.** Un número tiene el dígito 3 en el lugar de las unidades y el dígito 4 en el lugar de las decenas. ¿Cuál de estas es otra manera de escribir este número? Enciérrala en un círculo.

$3 + 4$     $40 + 3$     $30 + 4$

**10.** ESCRIBE Matemáticas Escribe el número 63 de cuatro maneras diferentes.

# Repaso de la lección (2.NBT.A.3)

**I.** Escribe 3 decenas 9 unidades de otra manera.

_____

**2.** Escribe el número dieciocho de otra manera.

_____

# Repaso en espiral (2.NBT.A.3)

**3.** Escribe el número 47 en decenas y unidades.

_____ decenas _____ unidades

**4.** Escribe el número 95 usando palabras.

_____

**5.** ¿Cuál es el valor del dígito subrayado? Escribe el número.

6<u>1</u>

_____

**6.** ¿Cuál es el valor del dígito subrayado? Escribe el número.

<u>1</u>7

© Houghton Mifflin Harcourt Publishing Company

PRACTICA MÁS CON EL
Entrenador personal
en matemáticas

Nombre _____

# Álgebra • Diferentes maneras de mostrar números

**Pregunta esencial** ¿Cómo puedes mostrar el valor de un número de diferentes maneras?

**Estándares comunes** Número y operaciones en base diez—2.NBT.A.3
PRÁCTICAS MATEMÁTICAS
MP1, MP6, MP7, MP8

Usa ▭▭▭▭ para mostrar el número de maneras diferentes. Anota las decenas y las unidades.

_____ decenas _____ unidades

_____ decenas _____ unidades

_____ decenas _____ unidades

**PARA EL MAESTRO** • Lea el siguiente problema. Syed tiene 26 piedras. ¿De qué maneras diferentes se puede mostrar 26 con bloques? Pida a los niños que comiencen con 26 bloques de unidades. Luego, pídales que usen bloques de base diez y anoten el número de decenas y de unidades en cada uno de sus modelos.

**Charla matemática**
PRÁCTICAS MATEMÁTICAS

**Describe** cómo puedes usar la suma para escribir el número 26.

Estas son algunas maneras de mostrar 32.

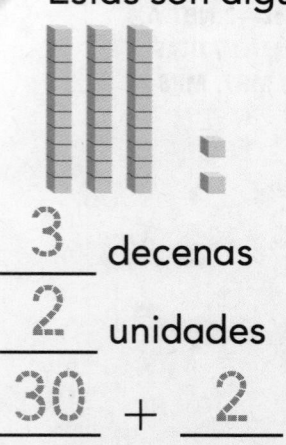

__3__ decenas
__2__ unidades
__30__ + __2__

__2__ decenas
__12__ unidades
__20__ + __12__

__1__ decena
__22__ unidades
__10__ + __22__

## Comparte y muestra  MATH BOARD

Los bloques muestran los números de diferentes maneras. Describe los bloques de dos maneras.

☑ I. **28**

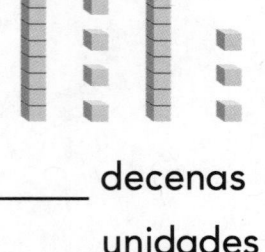

_____ decenas
_____ unidades
_____ + _____

_____ decena
_____ unidades
_____ + _____

_____ decenas
_____ unidades
_____ + _____

☑ 2. **35**

_____ decenas
_____ unidades
_____ + _____

_____ decenas
_____ unidades
_____ + _____

_____ decenas
_____ unidades
_____ + _____

Nombre _____

Los bloques muestran los números de diferentes maneras.
Describe los bloques de dos maneras.

3. 43

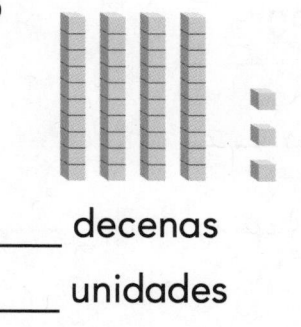 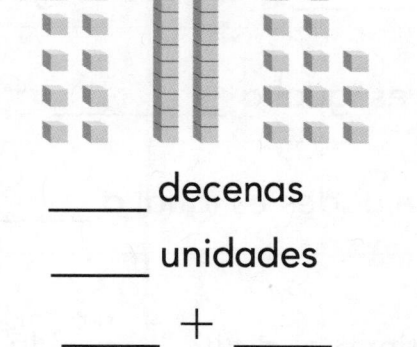 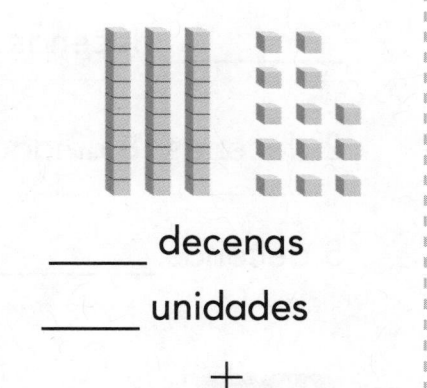

_____ decenas

_____ unidades

____ + ____

_____ decenas

_____ unidades

____ + ____

_____ decenas

_____ unidades

____ + ____

4. Roderick tiene 7 cajas de 10 tarjetas y 4 tarjetas sueltas. ¿Cuántas tarjetas tiene Roderick?

_____ tarjetas

5. PIENSA MÁS  Tengo 2 bolsas de 10 naranjas. También tengo 24 naranjas sueltas. ¿Cuántas naranjas tengo en total?

Tengo _____ naranjas.

Haz un dibujo rápido para mostrar el número.

Matemáticas al instante

## Resolución de problemas • Aplicaciones

ESCRIBE  Matemáticas

6. PRÁCTICA MATEMÁTICA 6  **Haz conexiones** Completa los espacios en blanco para que cada enunciado sea verdadero.

_____ decenas _____ unidades es igual a 90 + 3.

2 decenas 18 unidades es igual a _____ + _____.

5 decenas _____ unidades es igual a _____ + 17.

7. MÁS AL DETALLE  Un número tiene el dígito 4 en el lugar de las unidades y el dígito 7 en el lugar de las decenas. ¿Cuál de estas es otra manera de escribir este número? Enciérralas en un círculo.

40 + 7          70 + 4          setenta y cuatro

4 decenas 34 unidades     4 + 7   4 decenas 7 unidades

8. PIENSA MÁS  ¿Cuál de estas es otra manera de mostrar el número 42? Elige Sí o No en cada una.

| | | |
|---|---|---|
| 1 decena 42 unidades | ○ Sí | ○ No |
| 30 + 12 | ○ Sí | ○ No |
| 2 decenas 22 unidades | ○ Sí | ○ No |
| 3 decenas 2 unidades | ○ Sí | ○ No |

 **ACTIVIDAD PARA LA CASA** • Escriba el número 45. Pida a su niño que escriba o dibuje dos maneras de mostrar este número.

# Álgebra • Diferentes maneras de mostrar números

**Estándares comunes** ESTÁNDARES COMUNES—2.NBT.A.3
*Comprenden el valor posicional.*

**Los bloques muestran el número de diferentes maneras. Describe los bloques de dos maneras.**

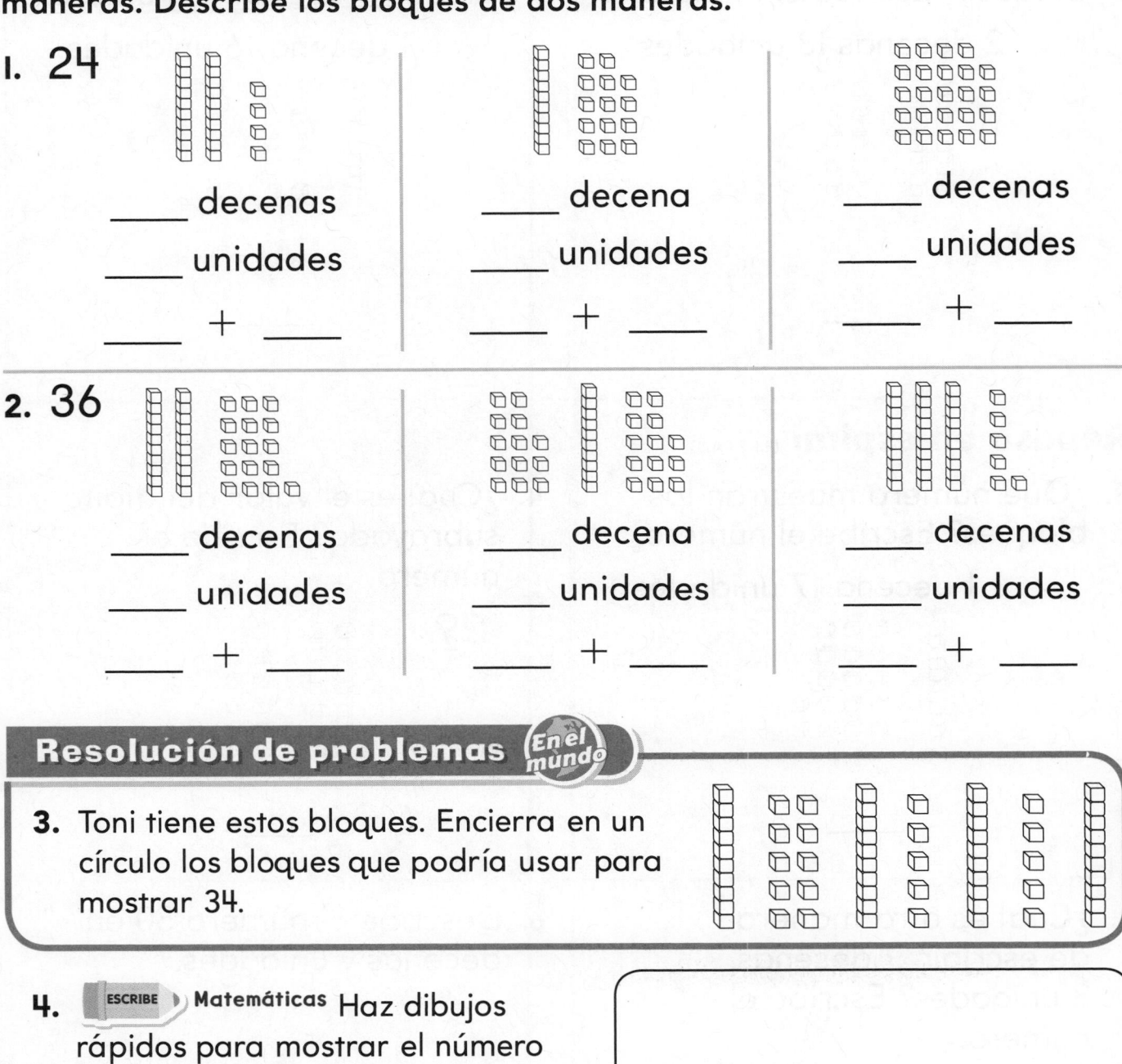

1. 24

____ decenas
____ unidades
____ + ____

____ decena
____ unidades
____ + ____

____ decenas
____ unidades
____ + ____

2. 36

____ decenas
____ unidades
____ + ____

____ decena
____ unidades
____ + ____

____ decenas
____ unidades
____ + ____

**Resolución de problemas** *En el mundo*

3. Toni tiene estos bloques. Encierra en un círculo los bloques que podría usar para mostrar 34.

4. ESCRIBE **Matemáticas** Haz dibujos rápidos para mostrar el número 38 de tres maneras diferentes.

## Repaso de la lección (2,NBT.A.3)

**I.** ¿Qué número muestran los bloques? Escribe el número.

2 decenas 13 unidades

_____

**2.** ¿Qué número muestran los bloques? Escribe el número.

I decena 16 unidades

_____

## Repaso en espiral (2.NBT.A.3)

**3.** ¿Qué número muestran los bloques? Escribe el número.

I decena 17 unidades

_____

**4.** ¿Cuál es el valor del dígito subrayado? Escribe el número.

2<u>9</u>

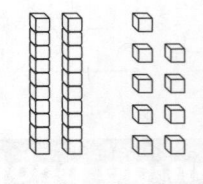

_____

**5.** ¿Cuál es otra manera de escribir 9 decenas, 3 unidades? Escribe el número.

_____

**6.** Describe el número 50 en decenas y unidades.

_____ decenas _____ unidades

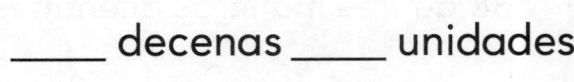

PRACTICA MÁS CON EL
Entrenador personal
en matemáticas

Nombre _____

# Resolución de problemas • Decenas y unidades

**Pregunta esencial** ¿Por qué el hallar un patrón te sirve para hallar todas las maneras de mostrar un número con decenas y unidades?

 **Estándares comunes** **Número y operaciones en base diez—2.NBT.A.3**
**PRÁCTICAS MATEMÁTICAS**
**MP1, MP4, MP7**

Gail tiene que comprar 32 lápices. Puede comprar los lápices sueltos o en cajas de 10 lápices. ¿De qué maneras puede Gail comprar 32 lápices?

## Soluciona el problema En el mundo

**¿Qué debo hallar?**

<u>maneras en que puede</u>

<u>comprar 32 lápices</u>

**¿Qué información debo usar?**

Puede comprar lápices <u>sueltos</u>

o <u>cajas de 10</u> lápices.

**Muestra cómo resolver el problema.**

Haz dibujos rápidos de 32. Completa la tabla.

| Cajas de 10 lápices | Lápices sueltos |
|---|---|
| 3 | 2 |
| 2 | 12 |
| 1 | |
| 0 | |

**NOTA A LA FAMILIA** • Su niño halló un patrón en las diferentes combinaciones de decenas y unidades. Usar un patrón ayuda a hacer una lista organizada.

Capítulo 1

## Haz otro problema

Halla un patrón para resolver.

- ¿Qué debo hallar?
- ¿Qué información debo usar?

1. Sara tiene 36 crayones. Los puede guardar en cajas de 10 crayones o como crayones sueltos. ¿Cuáles son todas las maneras en que Sara puede guardar los crayones?

| Cajas de 10 crayones | Crayones sueltos |
|---|---|
| 3 | 6 |
|  |  |
|  |  |
|  |  |

2. El Sr. Winter está guardando 48 sillas. Puede guardar las sillas en pilas de 10 o como sillas sueltas. ¿Cuáles son todas las maneras en que el Sr. Winter puede guardar las sillas?

| Pilas de 10 sillas | Sillas sueltas |
|---|---|
| 4 | 8 |
|  |  |
|  |  |
|  |  |
|  |  |

**Charla matemática**

PRÁCTICAS MATEMÁTICAS 7

**Busca la estructura**
Describe un patrón que puedes usar para escribir el número 32.

© Houghton Mifflin Harcourt Publishing Company

Nombre _____

Halla un patrón para resolver.

☑ **3.** Philip está colocando 25 marcadores en una bolsa. Puede colocar los marcadores en la bolsa en atados de 10 o sueltos. ¿Cuáles son todas las maneras en que Philip puede colocar los marcadores en la bolsa?

| Atados de 10 marcadores | Marcadores sueltos |
|---|---|
|  |  |
|  |  |
|  |  |

☑ **4.** Los adhesivos se venden en paquetes de 10 adhesivos o sueltos. La señorita Allen quiere comprar 33 adhesivos. ¿Cuáles son todas las maneras en que puede comprar los adhesivos?

| Paquetes de 10 adhesivos | Adhesivos sueltos |
|---|---|
|  |  |
|  |  |
|  |  |
|  |  |

**5.** **PIENSA MÁS** Devin tenía 32 tarjetas de béisbol. Obtiene 7 tarjetas más. Las puede guardar en cajas de 10 tarjetas o sueltas. ¿Cuáles son todas las maneras en que Devin puede clasificar las tarjetas?

| Cajas de 10 tarjetas | Tarjetas sueltas |
|---|---|
|  |  |
|  |  |
|  |  |
|  |  |

## Por tu cuenta

Resuelve. Escribe o dibuja para explicar.

6. **PRÁCTICA MATEMÁTICA 7** Busca la estructura

Luis puede guardar sus carritos de juguete en cajas de 10 carritos o sueltos. ¿De cuál de estas maneras puede guardar sus 24 carritos de juguete? Encierra en un círculo la respuesta.

| 4 cajas de 10 carritos y 2 carritos sueltos | 1 caja de 10 carritos y 24 carritos sueltos | 2 cajas de 10 carritos y 4 carritos sueltos |

---

**Entrenador personal en matemáticas**

7. **PIENSA MÁS +** El Sr. Link necesita 30 vasos. Puede comprarlos en paquetes de 10 vasos o sueltos. ¿Cuáles son todas las maneras en que puede comprar los vasos? Halla un patrón para resolver.

| Paquetes de 10 vasos | Vasos sueltos |
| --- | --- |
| | |
| | |
| | |
| | |

Elige dos maneras de la tabla. Explica cómo estas dos maneras muestran el mismo número de vasos.

---

**ACTIVIDAD PARA LA CASA** • Pida a su niño que explique cómo resolvió uno de los problemas de esta página.

# Resolución de problemas •
# Decenas y unidades

Estándares
comunes

**ESTÁNDARES COMUNES—2.NBT.A.3**
*Comprenden el valor posicional.*

## Halla un patrón para resolver.

**I.** Ann agrupa 38 piedras. Las puede colocar en grupos de 10 piedras o como piedras sueltas. ¿Cuáles son las maneras en que Ann puede agrupar las piedras?

| Grupos de 10 piedras | Piedras sueltas |
|---|---|
|  |  |
|  |  |
|  |  |
|  |  |

**2.** El Sr. Grant necesita 30 pedazos de fieltro. Puede comprarlos en paquetes de 10 o como pedazos sueltos. ¿Cuáles son las maneras en que el Sr. Grant puede comprar el fieltro?

| Paquetes de 10 pedazos | Pedazos sueltos |
|---|---|
|  |  |
|  |  |
|  |  |
|  |  |

**3.** ESCRIBE ) Matemáticas Elige uno de los problemas de arriba. Describe cómo organizaste las respuestas.

_____

_____

_____

_____

_____

## Repaso de la lección (2.NBT.A.3)

**1.** La Srta. Chang empaqueta 38 manzanas. Las puede empaquetar en bolsas de 10 manzanas o como manzanas sueltas. Completa la tabla para mostrar otra manera en que la Srta. Chang puede empaquetar las manzanas.

| Bolsas de 10 manzanas | Manzanas sueltas |
|:---:|:---:|
|  |  |
| 2 | 18 |
| 1 | 28 |
| 0 | 38 |

## Repaso en espiral (2.NBT.A.3)

**2.** ¿Cuál es el valor del dígito subrayado? Escribe el número.

5̲4

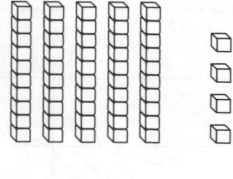

_____

**3.** ¿Qué número muestran los bloques? Escribe el número.

2 decenas 19 unidades

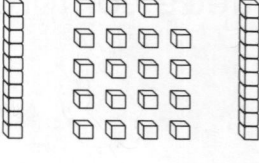

_____

**4.** Escribe el número 62 en palabras.

**5.** ¿Qué número puede escribirse como 8 decenas, 6 unidades? Escribe el número.

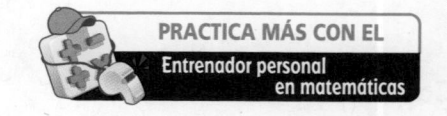

PRACTICA MÁS CON EL
Entrenador personal en matemáticas

Nombre _____

# Patrones de conteo hasta 100

**Pregunta esencial** ¿Cómo se cuenta de 1 en 1, 5 en 5 y 10 en 10 con números menores que 100?

*Estándares comunes* **Número y operaciones en base diez—2.NBT.A.2**
**PRÁCTICAS MATEMÁTICAS**
**MP1, MP3, MP7**

## Escucha y dibuja

Observa la tabla con los números hasta el 100.
Escribe los números que faltan.

| 1 | 2 | 3 | | 5 | 6 | | 8 | | 10 |
|---|---|---|---|---|---|---|---|---|---|
| 11 | | 13 | 14 | 15 | 16 | | 18 | 19 | 20 |
| | 22 | 23 | 24 | | 26 | 27 | 28 | 29 | 30 |
| 31 | 32 | | 34 | 35 | 36 | | 38 | 39 | |
| 41 | | 43 | 44 | 45 | 46 | 47 | | 49 | 50 |
| 51 | | 53 | | 55 | | 57 | | 59 | 60 |
| | 62 | | 64 | 65 | 66 | 67 | 68 | | 70 |
| 71 | 72 | 73 | 74 | | 76 | | 78 | 79 | |
| 81 | | 83 | | 85 | 86 | 87 | 88 | 89 | 90 |
| | 92 | | 94 | 95 | 96 | | 98 | | 100 |

**Charla matemática**

**PRÁCTICAS MATEMÁTICAS** 7

**Describe** algunas maneras diferentes de encontrar los números que faltan en la tabla.

**PARA EL MAESTRO** • Pida a los niños que completen la tabla para revisar el conteo hasta 100.

Puedes contar hacia adelante de diferentes cantidades.
Puedes comenzar a contar en diferentes números.

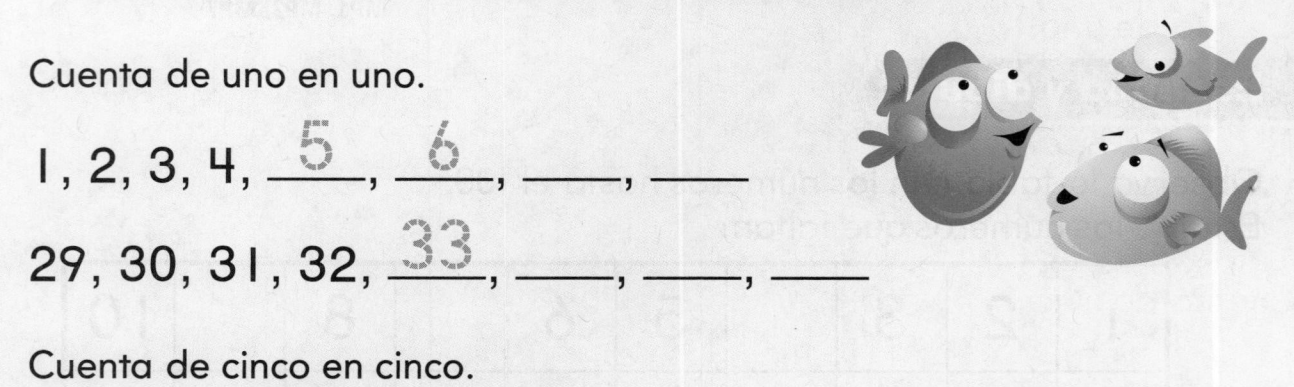

Cuenta de uno en uno.

1, 2, 3, 4, _5_, _6_, ____, ____

29, 30, 31, 32, _33_, ____, ____, ____

Cuenta de cinco en cinco.

5, 10, 15, 20, ____, ____, ____, ____

50, 55, 60, 65, ____, ____, ____, ____

## Comparte y muestra

Cuenta de uno en uno.

1. 15, 16, 17, _____, _____, _____, _____, _____

Cuenta de cinco en cinco.

2. 15, 20, 25, _____, _____, _____, _____, _____

3. 60, 65, _____, _____, _____, _____, _____

Cuenta de diez en diez.

4. 10, 20, _____, _____, _____, _____, _____

5. 30, 40, _____, _____, _____, _____, _____

## Por tu cuenta

Cuenta de uno en uno.

6. 77, 78, _____, _____, _____, _____, _____

Cuenta de cinco en cinco.

7. 35, 40, _____, _____, _____, _____, _____

Cuenta de diez en diez.

8. 20, 30, _____, _____, _____, _____, _____

9. Amber cuenta de cinco en cinco hasta 50. ¿Cuántos números dirá?

_____ números

10. **PIENSA MÁS**  Dinesh cuenta de cinco en cinco hasta 100. Gwen cuenta de diez en diez hasta 100. ¿Quién dirá más números? Explica.

Matemáticas al instante

_____

_____

_____

_____

## Resolución de problemas • Aplicaciones  En el mundo

ESCRIBE Matemáticas

**PRÁCTICA MATEMÁTICA ①** Analiza

11. Andy cuenta de uno en uno. Comienza en el 29 y se detiene en el 45. ¿Cuáles de los siguientes números dirá? Enciérralos en un círculo.

31      20

47           35

40    46   39

12. Camila cuenta de cinco en cinco. Comienza a contar en el 5 y se detiene en el 50. ¿Cuáles de los siguientes números dirá? Enciérralos en un círculo.

55      25

6            40

18

10        45

13. **PIENSA MÁS** Grace empieza en el número 40 y cuenta de tres maneras diferentes. Escribe para mostrar cómo cuenta.

Conteo de uno en uno. 40, _____, _____, _____, _____, _____, _____

_____

Conteo de cinco en cinco. 40, _____, _____, _____, _____, _____, _____

_____

Conteo de diez en diez. 40, _____, _____, _____, _____, _____, _____

_____

**ACTIVIDAD PARA LA CASA** • Con su niño, practique el conteo de uno en uno hasta el 100, comenzando con números como el 58 o el 62.

© Houghton Mifflin Harcourt Publishing Company

# Patrones de conteo hasta 100

Estándares comunes ESTÁNDARES COMUNES—2.NBT.A.2
Comprenden el valor posicional.

**Cuenta de uno en uno.**

1. 58, 59, ____, ____, ____, ____, ____

_____

**Cuenta de cinco en cinco.**

2. 45, 50, ____, ____, ____, ____, ____

3. 20, 25, ____, ____, ____, ____, ____

_____

**Cuenta de diez en diez.**

4. 20, ____, ____, ____, ____, ____, ____

**Cuenta hacia atrás de uno en uno.**
_____

5. 87, 86, 85, ____, ____, ____

## Resolución de problemas En el mundo

6. Tim cuenta los dedos de sus amigos de cinco en cinco. Cuenta seis manos. ¿Qué números dice?

   5, ____, ____, ____, ____, ____

7. ESCRIBE Matemáticas Cuenta de uno en uno o de cinco en cinco. Escribe los primeros cinco números que contarías. Comienza en 15.

## Repaso de la lección (2.NBT.A.2)

**1.** Cuenta de cinco en cinco.

70, ____, ____, ____, ____

**2.** Cuenta de diez en diez.

60, ____, ____, ____, ____

## Repaso en espiral (2.OA.C.3, 2.NBT.A.2, 2.NBT.A.3)

**3.** Cuenta hacia atrás de uno en uno.

21, ____, ____, ____, ____

**4.** Un número tiene 2 decenas y 15 unidades. Escribe el número en palabras.

_____

**5.** Describe el número 72 en decenas y unidades.

____ decenas ____ unidades

**6.** Halla la suma. ¿Es el total par o impar? Escribe par o impar.

$9 + 9 =$ ____

_____

PRACTICA MÁS CON EL
Entrenador personal
en matemáticas

Nombre _____

# Patrones de conteo hasta el 1,000

**Pregunta esencial** ¿Cómo se cuenta de 1 en 1, 5 en 5, 10 en 10 y 100 en 100 con números menores que 1,000?

**Estándares comunes** Número y operaciones en base diez—2.NBT.A.2
**PRÁCTICAS MATEMÁTICAS**
MP7, MP8

## Escucha y dibuja

Escribe los números que faltan en la tabla.

| | | | | | | | | | |
|---|---|---|---|---|---|---|---|---|---|
| 401 | | 403 | 404 | | 406 | 407 | 408 | | 410 |
| 411 | | | | 415 | 416 | 417 | 418 | 419 | |
| 421 | 422 | 423 | 424 | 425 | | 427 | 428 | 429 | 430 |
| | 432 | | 434 | 435 | 436 | 437 | 438 | | |
| 441 | 442 | 443 | 444 | | 446 | 447 | | 449 | 450 |
| | | 454 | 455 | 456 | 457 | 458 | 459 | 460 | |
| 461 | 462 | | | | | | 468 | 469 | 470 |
| | 472 | 473 | 474 | 475 | 476 | 477 | | 479 | 480 |
| 481 | 482 | | 484 | 485 | 486 | | | | 490 |
| | 492 | 493 | | 495 | 496 | 497 | 498 | | |

**Charla matemática** — **PRÁCTICAS MATEMÁTICAS** 7

**Busca la estructura**
¿Cuáles patrones de conteo puedes usar para completar la tabla?

**PARA EL MAESTRO** • Pida a los niños que completen la tabla para practicar el conteo con números de 3 dígitos.

## Representa y dibuja

El conteo puede hacerse de diferentes maneras.
Cuenta hacia adelante usando patrones.

Cuenta de cinco en cinco.

95, 100, 105, __110__, __115__, _____, _____

140, 145, 150, __155__, _____, _____, _____

Cuenta de diez en diez.

300, 310, 320, _____, _____, _____, _____

470, 480, 490, _____, _____, _____, _____

## Comparte y muestra

Cuenta de cinco en cinco.

1. 745, 750, 755, _____, _____, _____, _____

Cuenta de diez en diez.

2. 520, 530, 540, _____, _____, _____

3. 600, 610, _____, _____, _____, _____

Cuenta de cien en cien.

4. 100, 200, _____, _____, _____, _____, _____

5. 300, 400, _____, _____, _____, _____

Nombre _____

## Por tu cuenta

Cuenta de cinco en cinco.

6. 215, 220, 225, _____, _____, _____, _____

7. 905, 910, _____, _____, _____, _____

Cuenta de diez en diez.

8. 730, 740, 750, _____, _____, _____, _____

9. 160, 170, _____, _____, _____, _____, _____

Cuenta de cien en cien.

10. 200, 300, _____, _____, _____, _____

11. **PIENSA MÁS** Martín empieza en 300 y cuenta de cinco en cinco hasta 420. ¿Cuáles son los últimos 6 números que dirá?

_____, _____, _____, _____, _____, _____

12. La feria del libro tiene 390 libros. Hay 5 cajas más con 10 libros en cada caja. Cuenta de diez en diez. ¿Cuántos libros hay en la feria del libro?

_____ libros

Capítulo 1 • Lección 9

© Houghton Mifflin Harcourt Publishing Company

Estándares comunes

## Resolución de problemas • Aplicaciones En el mundo    ESCRIBE ) Matemáticas

**PRÁCTICA MATEMÁTICA 7    Busca un patrón**

**13.** Lisa cuenta de cinco en cinco. Comienza en el 120 y se detiene en el 175. ¿Cuáles de los siguientes números dirá? Enciérralos en un círculo.

170        135
   151
       200
155           180

**14.** George cuenta de diez en diez. Comienza en el 750 y se detiene en el 830. ¿Cuáles de los siguientes números dirá? Enciérralos en un círculo.

755        780
    690
        795
760           810

**15.** PIENSA MÁS    Carl cuenta de cien en cien. ¿Cuáles de las siguientes maneras muestran cómo puede contar? Elige Sí o No para cada una.

| | | |
|---|---|---|
| 100, 110, 120, 130, 140 | ○ Sí | ○ No |
| 100, 200, 300, 400, 500 | ○ Sí | ○ No |
| 500, 600, 700, 800, 900 | ○ Sí | ○ No |
| 300, 305, 310, 315, 320 | ○ Sí | ○ No |

**ACTIVIDAD PARA LA CASA •** Con su niño, cuente de cinco en cinco desde el 150 hasta el 200.

© Houghton Mifflin Harcourt Publishing Company

# Patrones de conteo hasta el 1,000

Estándares comunes ESTÁNDARES COMUNES—2.NBT.A.2
Comprenden el valor posicional.

**Cuenta de cinco en cinco.**

1. 415, 420, _____, _____, _____, _____

2. 675, 680, _____, _____, _____, _____, _____

**Cuenta de diez en diez.**

3. 210, 220, _____, _____, _____, _____, _____

**Cuenta de cien en cien.**

4. 300, 400, _____, _____, _____, _____

**Cuenta hacia atrás de uno en uno.**

5. 953, 952, _____, _____, _____, _____, _____

## Resolución de problemas En el mundo

6. Luisa tiene un frasco con 100 monedas de 1¢.
Agrega grupos de 10 monedas al frasco.
Agrega 5 grupos. ¿Qué números dice?

_____, _____, _____, _____, _____

7. **ESCRIBE** **Matemáticas** Cuenta desde 135 hasta 175. Escribe estos números y describe su patrón.

_____

_____

## Repaso de la lección (2.NBT.A.2)

**1.** Cuenta de diez en diez.

160, ____, ____, ____, ____

**2.** Cuenta de cien en cien.

400, ____, ____, ____, ____

## Repaso en espiral (2.NBT.A.2, 2.NBT.A.3)

**3.** Cuenta de cinco en cinco.

245, ____, ____, ____, ____

**4.** Cuenta hacia atrás de uno en uno.

71, ____, ____, ____, ____

**5.** Describe el número 45 de otra manera.

____ decenas ____ unidades

**6.** Describe 7 decenas 9 unidades de otra manera.

_____

PRACTICA MÁS CON EL
Entrenador personal
en matemáticas

Entrenador personal en matemáticas
Evaluación e
intervención en línea

# ✓ Repaso y prueba del Capítulo 1

**I.** ¿Muestra el cuadro de diez un número par?
Elige Sí o No.

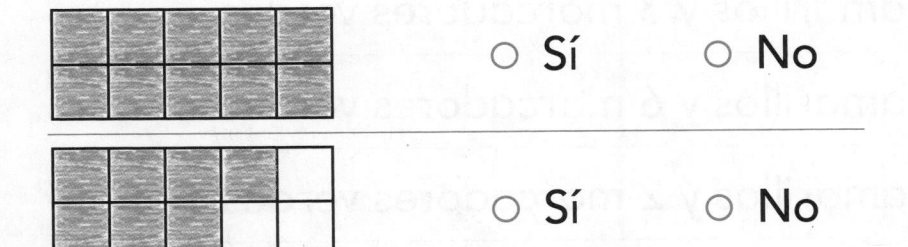

○ Sí        ○ No

_____

○ Sí        ○ No

---

**2.** Escribe un número par entre 7 y 16. Haz un dibujo
y escribe un enunciado para explicar por qué es un
número par.

_____

_____

---

**3.** ¿Cuál es el valor del dígito 5 en el número 75?

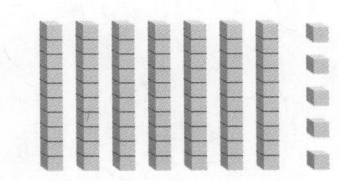

_____

4. **MÁS AL DETALLE** Ted tiene un número par de marcadores amarillos y un número impar de marcadores verdes. Elige todos los grupos de marcadores que Ted podría tener.

○ 8 marcadores amarillos y 3 marcadores verdes

○ 3 marcadores amarillos y 6 marcadores verdes

○ 4 marcadores amarillos y 2 marcadores verdes

○ 6 marcadores amarillos y 7 marcadores verdes

5. Jeff empieza en 190 a contar de diez en diez. ¿Cuáles son los siguientes 6 números que dirá?

190, _____, _____, _____, _____, _____, _____

6. Megan cuenta de uno en uno hasta 10. Luis cuenta de cinco en cinco hasta 20. ¿Quién dirá más números? Explica.

_____

_____

_____

**7.** Haz un dibujo para mostrar el número 43.

_(recuadro en blanco)_

Describe el número 43 de dos maneras.

4
3   decenas

4
3   unidades

_____ + _____

**8.** Yuly vive en Maple Road. Su dirección tiene el dígito 2 en el lugar de las unidades y el dígito 4 en el lugar de las decenas. ¿Cuál es la dirección de Yuly?

_____ Maple Road

**9.** ¿Los números muestran un conteo de cinco en cinco? Elige Sí o No.

| 76, 77, 78, 79, 80 | ○ Sí | ○ No |
|---|---|---|
| 20, 30, 40, 50, 60 | ○ Sí | ○ No |
| 70, 75, 80, 85, 90 | ○ Sí | ○ No |
| 35, 40, 45, 50, 55 | ○ Sí | ○ No |

10.

10. **PIENSA MÁS +** La Sra. Payne necesita 35 cuadernos. Puede comprarlos en paquetes de 10 cuadernos o sueltos. ¿Cuáles son todas las maneras en que la Sra. Payne puede comprar los cuadernos? Halla un patrón para resolver.

| Paquetes de 10 cuadernos | Cuadernos sueltos |
| --- | --- |
|  |  |
|  |  |
|  |  |
|  |  |

Elige dos de las maneras de la tabla. Explica cómo estas dos maneras muestran el mismo número de cuadernos.

11. Ann tiene un número favorito. Tiene un dígito menor que 4 en el lugar de las decenas y un dígito mayor que 6 en el lugar de las unidades. ¿Cuáles podrían ser el número favorito de Ann? Elige Sí o No.

| | | |
| --- | --- | --- |
| $30 + 9$ | ○ Sí | ○ No |
| sesenta y siete | ○ Sí | ○ No |
| 2 decenas 8 unidades | ○ Sí | ○ No |

Escribe otro número que pueda ser el favorito de Ann. _____

# Números hasta el 1,000

## Piensa como matemático

La Casa Blanca tiene 412 puertas y 147 ventanas. Observa el dígito 1 en cada uno de estos números. ¿Cómo se compara el valor de estos dígitos?

Nombre _____

✓ **Muestra lo que sabes**

Entrenador personal en matemáticas
Evaluación e
intervención en línea

## Identifica números hasta el 30

Escribe cuántos hay. (K.NBT.A.1)

1. 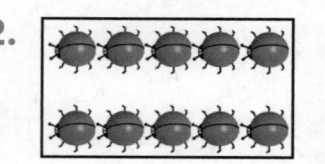 _____ hojas

2. 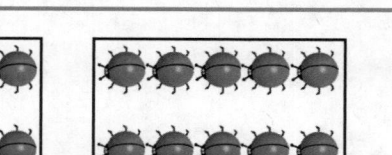 _____ insectos

## Valor posicional: Números de 2 dígitos

Encierra en un círculo el valor del dígito rojo. (2.NBT.A.3)

3. 47
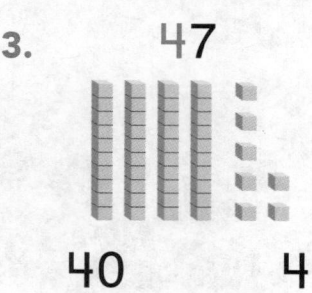
40        4

4. 84
4        40

5. 65
6        60

## Compara números de 2 dígitos usando símbolos

Compara. Escribe >, <, o =. (1.NBT.B.3)

6.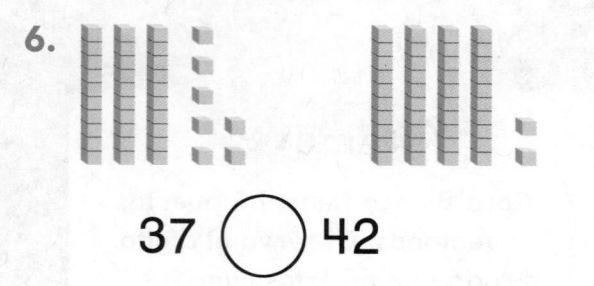
37 ◯ 42

7.
40 ◯ 33

Esta página es para verificar la comprensión de destrezas
importantes que se necesitan para tener éxito en el Capítulo 2.

© Houghton Mifflin Harcourt Publishing Company

## Desarrollo del vocabulario

## Visualízalo

Completa las casillas del organizador gráfico.
Escribe enunciados con **menos** y **más.**

**menos** → 9 bolígrafos es menos que 11 bolígrafos.

→ 

**más** → 

→ 

## Comprende el vocabulario

Usa las palabras de repaso. Completa los enunciados.

1. 3 y 9 son _____ del número 39.

2. 7 está en el lugar de las _____ en el número 87.

3. 8 está en el lugar de las _____ en el número 87.

• Libro interactivo del estudiante
• Glosario multimedia

# Juego Pesca de dígitos

**Materiales**

- 12 🔴  • 12 ⚪  • 1 🎲

Juega con un compañero.

1. Nombra un lugar para un dígito. Puedes decir **lugar de las decenas o lugar de las unidades**. Lanza el 🎲.

2. Empareja el número del 🎲 y el lugar que nombraste con un pez.

3. Pon una 🔴 en ese pez. Túrnense.

4. Empareja todos los peces. El jugador que tenga más 🔴 en el tablero gana.

14

56

12

46

25

23

32

53

65

61

41

34

# Vocabulario del Capítulo 2

**centena**

hundred

5

**comparar**

compare

11

**decenas**

tens

18

**dígito**

digit

21

**es igual a**

is equal to (=)

25

**es menor que (<)**

is less than (<)

26

**es menor que (>)**

is greater than (>)

27

**millar**

thousand

38

Usa estos símbolos cuando **comparas:** >, <, =.

241 > 234

123 < 128

247 = 247

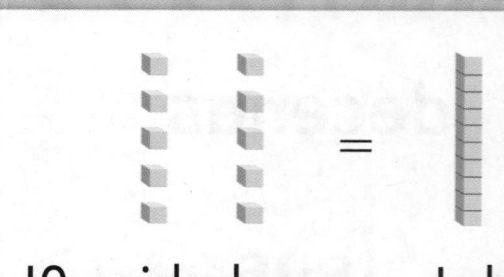

Hay 10 decenas en una **centena**.

0, 1, 2, 3, 4, 5, 6, 7, 8, y 9 son **dígitos**.

10 unidades = 1 decena

123 **es menor que** 128.

123 < 128

2 más 1 es igual a 3

2 + 1 = 3

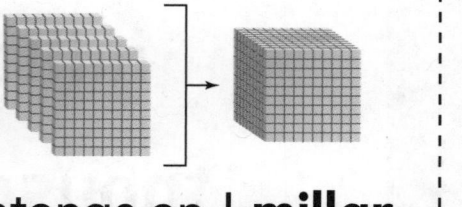

Hay 10 centenas en 1 **millar**.

241 **es mayor que** 234.

241 > 234

# Adivina la palabra

© Houghton Mifflin Harcourt Publishing Company • Image Credits: (bg) ©PhotoDisc/Getty Images; (b) Comstock/Getty Images

**Jugadores:** 3 a 4

## Materiales

- cronómetro

## Instrucciones

1. Túrnense para jugar.
2. Elige una palabra de matemáticas, pero no la digas en voz alta.
3. Coloca el cronómetro en 1 minuto.
4. Da una palabra clave acerca de tu palabra. Da a cada jugador una oportunidad de adivinar la palabra.
5. Si nadie adivina correctamente, repite el Paso 4 con otra pista. Repite hasta que un jugador adivine la palabra o cuando el tiempo se acabe.
6. El primer jugador que adivine la palabra obtiene 1 punto. Si el jugador puede usar la palabra en una oración, obtiene 1 punto más. Luego a ese jugador le corresponde el siguiente turno.
7. El primer jugador en obtener 5 puntos, es el ganador.

Recuadro de palabras

centena

comparar

decenas

dígito

es igual a (=)

es mayor que (>)

es menor que (<)

millar

# Escríbelo

### Reflexiona

**Elige una idea. Escribe acerca de la idea en el espacio de abajo.**

- Dibuja y escribe todas las diferentes maneras en que puedes mostrar el número 482. Usa otra hoja de papel para dibujar.
- Explica cómo se comparan dos números.
- Escribe oraciones que incluyan al menos dos de estos términos.

**dígito     es igual a     centena     millar**

Nombre _____

# Agrupar decenas en centenas

**Pregunta esencial** ¿Cómo agrupas decenas en centenas?

**Estándares comunes** Número y operaciones en base diez—2.NBT.A.1a, 2.NBT.A.1b
**PRÁCTICAS MATEMÁTICAS**
MP6, MP7, MP8

## Escucha y dibuja En el mundo

Encierra en un círculo grupos de decenas.
Cuenta los grupos de decenas.

**Charla matemática**

**PRÁCTICAS MATEMÁTICAS 6**

**Describe** ¿Cuántas unidades hay en 3 decenas? ¿Cuántas unidades hay en 7 decenas? Explica.

**PARA EL MAESTRO** • Lea el siguiente problema y pida a los niños que agrupen bloques de unidades para resolver. Marco tiene 100 tarjetas. ¿Cuántos grupos de 10 tarjetas puede formar?

10 decenas es lo mismo que 1 **centena**.

_10_ decenas

_1_ centena

_100_

## Comparte y muestra  MATH BOARD

Escribe cuántas decenas hay. Encierra en un círculo grupos de 10 decenas. Escribe cuántas centenas hay. Escribe el número.

1.

_20_ decenas

_____ centenas

_____

2.

_____ decenas

_____ centenas

_____

3.

_____ decenas

_____ centenas

_____

4.

_____ decenas

_____ centenas

_____

## Por tu cuenta

Escribe cuántas decenas hay. Encierra en un círculo grupos de 10 decenas. Escribe cuántas centenas hay. Escribe el número.

**5.**

_____ decenas

_____ centenas

_____

**6.**

_____ decenas

_____ centenas

_____

**7.**

_____ decenas

_____ centenas

_____

**8.** PIENSA MÁS  Wally tiene 400 tarjetas. ¿Cuántas pilas de 10 tarjetas puede hacer?

_____ pilas de 10 tarjetas

## Resolución de problemas • Aplicaciones (En el mundo)

ESCRIBE ▸ **Matemáticas**

Resuelve. Escribe o dibuja para explicar.

**9.** La Sra. Martin tiene 80 cajas
de clips. Hay 10 clips en cada caja.
¿Cuántos clips tiene?

_____ clips

**10.** **PIENSA MÁS** Los lápices se venden en cajas
de 10. El Sr. García necesita 100 lápices. Ya tiene
40 lápices. ¿Cuántas cajas de 10 lápices debe
comprar?

_____ cajas de 10 lápices

Haz un dibujo para explicar tu respuesta.

**ACTIVIDAD PARA LA CASA** • Pida a su niño que haga un dibujo
rápido de 20 decenas y luego le diga cuántas centenas hay.

# Agrupar decenas en centenas

Estándares comunes

ESTÁNDARES COMUNES—2.NBT.A.1a, 2.NBT.A.1b
Comprenden el valor posicional.

Escribe cuántas decenas hay. Encierra en un círculo grupos de 10 decenas. Escribe cuántas centenas hay. Escribe el número.

**1.**

_____ decenas

_____ centenas

_____

**2.**

_____ decenas

_____ centenas

_____

## Resolución de problemas En el mundo

Resuelve. Escribe o dibuja para explicar.

**3.** El granjero Gray tiene 30 macetas. Plantó 10 semillas en cada maceta. ¿Cuántas semillas plantó?

_____ semillas

**4.** ESCRIBE ▸ Matemáticas Elena tiene 50 pilas de monedas de un centavo. En cada pila hay diez monedas. Explica cómo averiguar cuántas monedas de un centavo tiene Elena en total.

_____

_____

_____

_____

## Repaso de la lección (2.NBT.A.1a, 2.NBT.A.1b)

**1.** Mai tiene 40 decenas. Escribe cuántas centenas hay. Escribe el número.

_____

_____

**2.** Hay 80 decenas. Escribe cuántas centenas hay. Escribe el número

_____

_____

## Repaso en espiral (2.OA.C.3, 2.NBT.A.2, 2.NBT.A.3)

**3.** Escribe el número igual a 5 decenas y 13 unidades.

_____

**4.** Cuenta de cinco en cinco.
5, 10, 15

\_\_\_\_ , \_\_\_\_ , \_\_\_\_ , \_\_\_\_

**5.** Carlos tiene 58 lápices. ¿Cuál es el valor del dígito 5 en este número?

_____

**6.** Encierra con un círculo la suma que sea un número par.

$2 + 3 = 5$

$4 + 4 = 8$

$5 + 6 = 11$

$8 + 7 = 15$

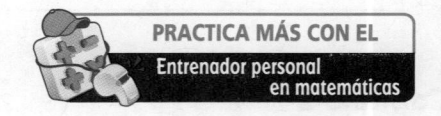

# Explorar números de 3 dígitos

**Pregunta esencial** ¿Cómo escribes un número de 3 dígitos para un grupo de decenas?

Estándares comunes: **Número y operaciones en base diez—2.NBT.A.1**
**PRÁCTICAS MATEMÁTICAS**
**MP1, MP7, MP8**

**Escucha y dibuja** En el mundo

Encierra en un círculo grupos de bloques para mostrar centenas. Cuenta las centenas.

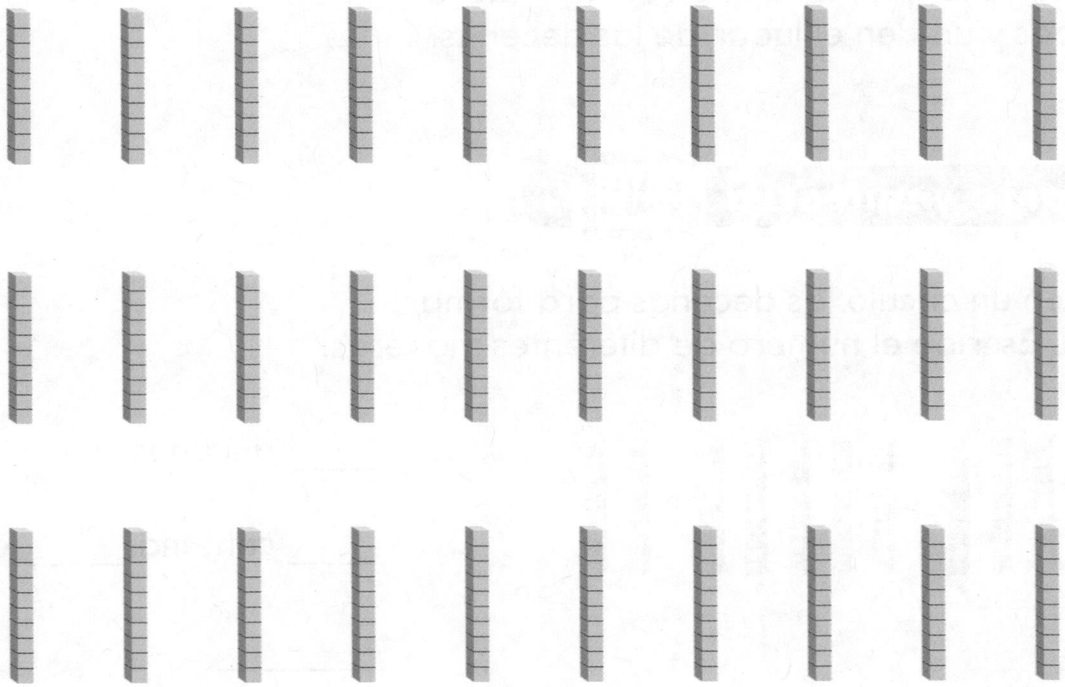

_____ centenas

_____ pajillas

**PARA EL MAESTRO** • Lea el siguiente problema y pida a los niños que encierren en un círculo grupos de bloques de decenas para resolver. La Sra. Rodríguez tiene 30 atados de pajillas. Hay 10 pajillas en cada atado. ¿Cuántas pajillas tiene la Sra. Rodríguez?

**Charla matemática**
PRÁCTICAS MATEMÁTICAS

**Analiza** Describe cómo cambiaría el número de centenas si hubiera 10 atados de pajillas más.

¿Qué número se muestra con 11 decenas?

____ decenas

____ centena ____ decena

____

En el número 110, hay un 1 en el lugar de las centenas y un 1 en el lugar de las decenas.

**Comparte y muestra**   MATH BOARD

Encierra en un círculo las decenas para formar
1 centena. Escribe el número de diferentes maneras.

1.   ____ decenas

____ centena ____ decenas

_____

2.   ____ decenas

____ centena ____ decenas

_____

3.   ____ decenas

____ centena ____ decenas

_____

## Por tu cuenta

Encierra en un círculo las decenas para formar
1 centena. Escribe el número de diferentes maneras.

**4.**

_____ decenas

_____ centena _____ decenas

_____

**5.**

_____ decenas

_____ centena _____ decenas

_____

**6.** *MÁS AL DETALLE* Saúl tiene 130 tarjetas
de béisbol. ¿Cuántas tarjetas más
necesita para tener 200 tarjetas de
béisbol en total?

_____ tarjetas de béisbol

**7.** *PIENSA MÁS* Kendra tiene
120 adhesivos. Completa
una página con 10
adhesivos. ¿Cuántas
páginas puede completar?

_____ páginas

## Resolución de problemas • Aplicaciones En el mundo

ESCRIBE Matemáticas

Resuelve. Escribe o dibuja para explicar.

8. PRÁCTICA MATEMÁTICA ① Analiza Hay 16 cajas de galletas. Hay 10 galletas en cada caja. ¿Cuántas galletas hay en total?

_____ galletas

9. MÁS AL DETALLE Simón hace 8 torres de 10 bloques cada una. Ron hace 9 torres de 10 bloques cada una. ¿Cuántos bloques usaron?

_____ bloques

10. PIENSA MÁS Ed tiene 150 canicas. ¿Cuántas bolsas de 10 canicas necesita para tener 200 canicas en total?

_____ bolsas de 10 canicas

**ACTIVIDAD PARA LA CASA** • Pida a su niño que dibuje 110 X en 11 grupos de 10 X.

© Houghton Mifflin Harcourt Publishing Company • Image Credits: (b) ©Lawrence Manning/Corbis

# Explorar números de 3 dígitos

Estándares comunes

ESTÁNDARES COMUNES—2.NBT.A.1
*Comprenden el valor posicional.*

**Encierra en un círculo las decenas para formar 1 centena. Escribe el número de diferentes maneras.**

1.

_____ decenas

_____ centena _____ decenas

_____

2.

_____ decenas

_____ centena _____ decenas

_____

## Resolución de problemas En el mundo

Resuelve. Escribe o dibuja para explicar.

3. Millie tiene una caja de 1 centena de cubos. También tiene una bolsa de 70 cubos. ¿Cuántos trenes de 10 cubos puede formar?

_____ trenes de 10 cubos

4. **ESCRIBE** Matemáticas Dibuja o escribe para explicar por qué 1 centena 4 decenas es la misma cantidad que 14 decenas.

_____

_____

_____

# Repaso de la lección (2.NBT.A.1)

**1.** Encierra en un círculo decenas para formar 1 centena. Escribe el número de otra manera.

_____ decenas

_____ centena _____ decenas

_____

**2.** Encierra en un círculo decenas para formar 1 centena. Escribe el número de otra manera.

_____ decenas

_____ centena _____ decenas

_____

# Repaso en espiral (2.OA.C.3, 2.NBT.A.3)

**3.** Encierra en un círculo el número impar.

18      10

9      4

**4.** Escribe el número que sea igual a 2 decenas 15 unidades.

_____

**5.** Describe el número 78 de dos maneras diferentes.

_____ decenas + _____ unidades

_____ + _____

**6.** Escribe el número 55 de otra manera.

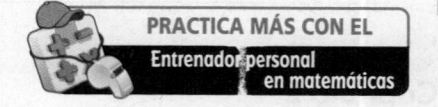

Nombre _____

# Hacer un modelo de números de 3 dígitos

**Pregunta esencial** ¿Cómo muestras un número de 3 dígitos usando bloques?

**Estándares comunes** Número y operaciones en base diez—2.NBT.A.1
PRÁCTICAS MATEMÁTICAS
MP1, MP4, MP7

**Escucha y dibuja** En el mundo

Usa ▯▯▯▯▯▯▯. Dibuja para mostrar lo que hiciste.

---

**PARA EL MAESTRO** • Lea el siguiente problema. Jack tiene 12 bloques de decenas. ¿Cuántas centenas y decenas tiene Jack? Pida a los niños que muestren los bloques de Jack y luego hagan dibujos rápidos. Luego, pida a los niños que encierren en un círculo 10 decenas y resuelvan el problema.

**Charla matemática** PRÁCTICAS MATEMÁTICAS

Si Jack tuviera 14 decenas, ¿cuántas centenas y decenas tendría? **Explica**

En el número 348, el 3 está en el lugar de las centenas, el 4 está en el lugar de las decenas y el 8 está en el lugar de las unidades.

| Escribe la cantidad de centenas, decenas y unidades. | __3__ centenas + __4__ decenas + __8__ unidades |
| --- | --- |
| Muestra el número 348 con bloques. | 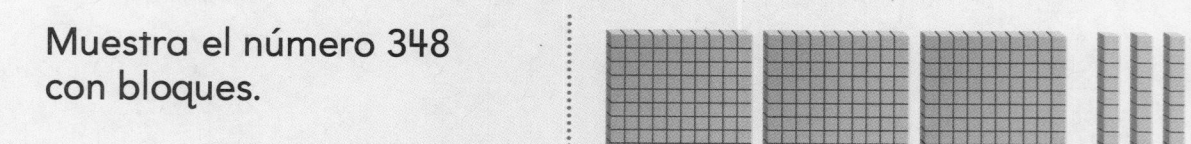 |
| Haz un dibujo rápido. | |

## Comparte y muestra  MATH BOARD

Escribe cuántas centenas, decenas y unidades hay.

Muestra con  . Luego haz un dibujo rápido.

1. 234

___ centenas + ___ decenas +

___ unidades

2. 156

___ centena + ___ decenas +

___ unidades

## Por tu cuenta

Escribe cuántas centenas, decenas y unidades hay.

Muestra con ▦ ▭. Luego haz un dibujo rápido.

**3.** 125

___ centena + ___ decenas +

___ unidades

**4.** 312

___ centenas + ___ decena +

___ unidades

**5.** 245

___ centenas + ___ decenas +

___ unidades

**6.** 103

___ centena + ___ decenas +

___ unidades

**7.** PIENSA MÁS   Lexi necesita 144 cuentas. En una
caja grande hay 100 cuentas. En una caja mediana
hay 10 cuentas. En una caja pequeña hay 1 cuenta.
Lexi tiene 1 caja grande y 4 cajas pequeñas. ¿Cuántas
cajas medianas de cuentas necesita?

_____ cajas medianas

## Resolución de problemas • Aplicaciones

ESCRIBE ⟩ Matemáticas

**Matemáticas al instante**

8. **PIENSA MÁS** ¿En qué se parecen los números 342 y 324? ¿En qué se diferencian?

_____

_____

_____

_____

**PRÁCTICA MATEMÁTICA 4** **Haz un modelo de matemáticas**
Escribe el número que coincida con la pista.

9. Un modelo de mi número tiene 2 bloques de centenas, ningún bloque de decenas y 3 bloques de unidades.

**Mi número es _____.**

10. Un modelo de mi número tiene 3 bloques de centenas, 5 bloques de decenas y ningún bloque de unidades.

**Mi número es _____.**

11. **PIENSA MÁS** Hay 2 cajas de 100 lápices y algunos lápices sueltos sobre la mesa. Elige todos los números que muestran cuántos lápices puede haber en total.

- ○ 200
- ○ 106
- ○ 203
- ○ 207

**ACTIVIDAD PARA LA CASA** • Escriba el número 438. Pídale a su niño que le diga los valores de los dígitos de este número.

# Hacer un modelo de números de 3 dígitos

ESTÁNDARES COMUNES—2.NBT.A.1
Comprenden el valor posicional.

Estándares comunes

Escribe cuántas centenas, decenas y unidades hay.

Muestra con ▦ ▬. Luego haz un dibujo rápido.

1. 118

| Centenas | Decenas | Unidades |
|----------|---------|----------|
|          |         |          |

2. 246

| Centenas | Decenas | Unidades |
|----------|---------|----------|
|          |         |          |

## Resolución de problemas (En el mundo)

3. Escribe el número que coincida con las pistas.

- Mi número tiene 2 centenas.
- El dígito de las decenas tiene 9 más que el dígito de las unidades.

Mi número es _____.

| Centenas | Decenas | Unidades |
|----------|---------|----------|
|          |         |          |

4. **ESCRIBE** Matemáticas Escribe un número de 3 dígitos con los dígitos 2, 9, 4. Haz un dibujo rápido para mostrar el valor de tu número.

## Repaso de la lección (2.NBT.A.1)

I. ¿Qué número muestran estos bloques?

| Centenas | Decenas | Unidades |
|---|---|---|
|  |  |  |

_____

## Repaso en espiral (2.OA.C.3, 2.NBT.A.1a, 2.NBT.A.1b, 2.NBT.A.3)

2. Escribe el número que tenga el mismo valor que 28 decenas.

_____

3. Describe el número 59 de dos maneras.

_____ decenas _____ unidades

_____ + _____

4. Encierra en un círculo el número impar.

11            12

18            20

5. Escribe el número que sea igual a 7 decenas y 3 unidades.

_____

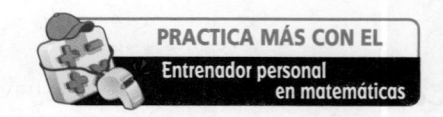

PRACTICA MÁS CON EL
**Entrenador personal en matemáticas**

Nombre _____

# Centenas, decenas y unidades

**Pregunta esencial** ¿Cómo escribes el número de 3 dígitos que se muestra con un conjunto de bloques?

**Estándares comunes** Número y operaciones en base diez—2.NBT.A.1, 2.NBT.A.3
**PRÁCTICAS MATEMÁTICAS**
MP1, MP7, MP8

Escucha y dibuja **En el mundo**

Escribe el número de centenas, decenas y unidades. Luego haz un dibujo rápido.

| Centenas | Decenas | Unidades |
|----------|---------|----------|
|          |         |          |

| Centenas | Decenas | Unidades |
|----------|---------|----------|
|          |         |          |

**Charla matemática** PRÁCTICAS MATEMÁTICAS

Describe en qué se parecen los dos números. Describe en qué se diferencian.

**PARA EL MAESTRO** • Lea el siguiente problema a los niños. Sebastion tiene 243 bloques amarillos. ¿Cuántas centenas, decenas y unidades hay en este número? Repita con 423 bloques rojos.

Escribe cuántas centenas, decenas y unidades hay en el modelo. ¿De qué dos maneras se puede escribir este número?

| Centenas | Decenas | Unidades |
|---|---|---|
| 2 | 4 | 7 |

247

200 + 40 + 7

## Comparte y muestra  MATH BOARD

Escribe cuántas centenas, decenas y unidades hay en el modelo. Escribe el número de dos maneras.

1.

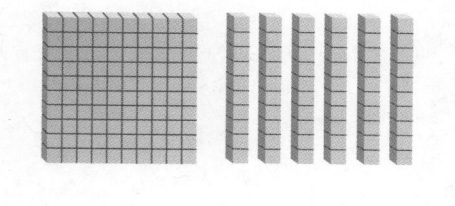

| Centenas | Decenas | Unidades |
|---|---|---|
|  |  |  |

_____

_____ + _____ + _____

2.

| Centenas | Decenas | Unidades |
|---|---|---|
|  |  |  |

_____

_____ + _____ + _____

3.

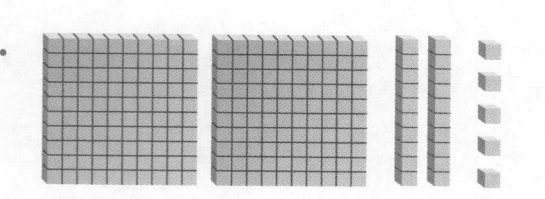

| Centenas | Decenas | Unidades |
|---|---|---|
|  |  |  |

_____

_____ + _____ + _____

Nombre _____

## Por tu cuenta

Escribe cuántas centenas, decenas y unidades hay
en el modelo. Escribe el número de dos maneras.

**4.**

| Centenas | Decenas | Unidades |
|----------|---------|----------|
|          |         |          |

_____

_____ + _____ + _____

**5.**

| Centenas | Decenas | Unidades |
|----------|---------|----------|
|          |         |          |

_____

_____ + _____ + _____

**6.**

| Centenas | Decenas | Unidades |
|----------|---------|----------|
|          |         |          |

_____

_____ + _____ + _____

Resuelve. Escribe o dibuja para explicar.

**7.** PIENSA MÁS   Un modelo de mi
número tiene 4 bloques de
unidades, 5 bloques de decenas
y 7 bloques de centenas.
¿Qué número soy?

Matemáticas
al
instante

_____

© Houghton Mifflin Harcourt Publishing Company • Image Credits: (t) ©Louis D Wiyono/Shutterstock

## Resolución de problemas • Aplicaciones En el mundo    ESCRIBE  Matemáticas

8. **MÁS AL DETALLE** El dígito de las centenas de mi número es mayor que el dígito de las decenas. El dígito de las unidades es menor que el dígito de las decenas. ¿Cuál podría ser mi número? Escríbelo de dos maneras.

_____ + _____ + _____

_____

9. **PIENSA MÁS** Karen tiene estas bolsas de canicas. ¿Cuántas canicas tiene en total?

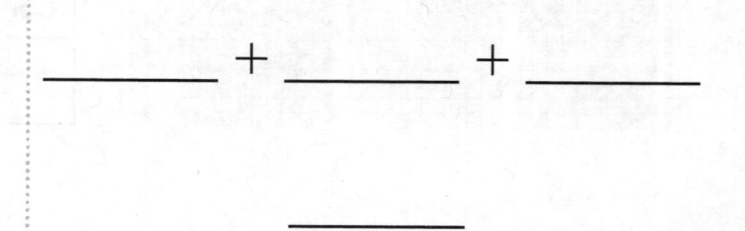

_____ canicas

Explica cómo utilizaste la imagen para hallar el número de canicas que tiene Karen.

_____

_____

_____

**ACTIVIDAD PARA LA CASA** • Diga un número de 3 dígitos, como 546. Pida a su niño que haga un dibujo rápido de ese número.

# Centenas, decenas y unidades

Estándares comunes

ESTÁNDARES COMUNES—2.NBT.A.1,
2.NBT.A.3
Comprenden el valor posicional.

**Escribe cuántas centenas, decenas y unidades hay en el modelo. Escribe el número de dos maneras.**

**1.**

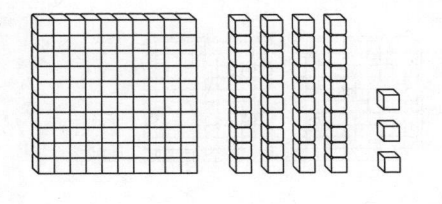

| Centenas | Decenas | Unidades |
|----------|---------|----------|
|          |         |          |

_____

_____ + _____ + _____

**2.**

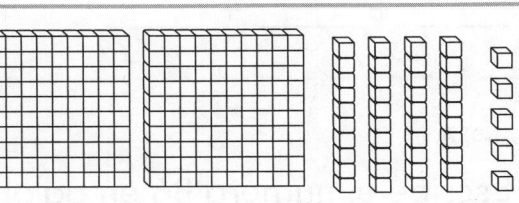

| Centenas | Decenas | Unidades |
|----------|---------|----------|
|          |         |          |

_____

_____ + _____ + _____

## Resolución de problemas En el mundo

**3.** Escribe el número que responde el acertijo. Usa la tabla. Un modelo de mi número tiene 6 bloques de unidades, 2 bloques de centenas y 3 bloques de decenas. ¿Qué número soy?

| Centenas | Decenas | Unidades |
|----------|---------|----------|
|          |         |          |

_____

**4.** ESCRIBE ▸ Matemáticas Escribe un número que tenga un cero en el lugar de las decenas. Haz un dibujo rápido de tu número.

## Repaso de la lección (2.NBT.A.1)

**1.** Escribe el número 254 como la suma de centenas, decenas y unidades.

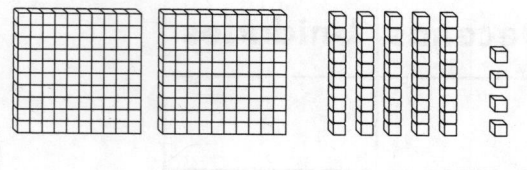

____ + ____ + ____

**2.** Escribe el número 307 como la suma de centenas, decenas y unidades.

____ + ____ + ____

## Repaso en espiral (2.OA.C.3, 2.NBT.A.1a, 2.NBT.A.1b, 2.NBT.A.3)

**3.** Describe el número 83 de dos maneras.

_____ decenas _____ unidades

____ + ____

**4.** Escribe el número 86 en palabras.

_____

**5.** Escribe el número que tenga el mismo valor que 32 decenas.

_____

**6.** Encierra en un círculo el número impar.

2          6

10          17

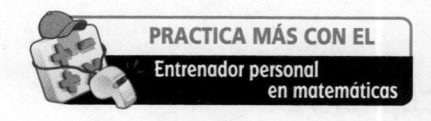

PRACTICA MÁS CON EL
Entrenador personal
en matemáticas

Nombre _____

# Valor posicional hasta el 1,000

**Pregunta esencial** ¿Cómo sabes los valores de los dígitos de los números?

**Estándares comunes** Número y operaciones en base diez—2.NBT.A1

PRÁCTICAS MATEMÁTICAS
MP1, MP2, MP3, MP7

 **Escucha y dibuja** *En el mundo*

Escribe los números. Luego haz dibujos rápidos.

_____ hojas de papel de colores

| Centenas | Decenas | Unidades |
|----------|---------|----------|
|          |         |          |

_____ hojas de papel blanco

| Centenas | Decenas | Unidades |
|----------|---------|----------|
|          |         |          |

*Charla matemática*

PRÁCTICAS MATEMÁTICAS

**Describe** en qué se diferencian 5 decenas de 5 centenas.

 **PARA EL MAESTRO** • Lea el siguiente problema. Hay 245 hojas de papel de colores en el gabinete de materiales. Hay 458 hojas de papel blanco junto a la mesa. Pida a los niños que escriban cada número y hagan dibujos rápidos para mostrar los números.

El lugar de un dígito en un número indica su valor.

327

El 3 en el 327 tiene un valor de 3 centenas, o 300.
El 2 en el 327 tiene un valor de 2 decenas, o 20.
El 7 en el 327 tiene un valor de 7 unidades, o 7.

Hay 10 centenas en 1 **millar**.

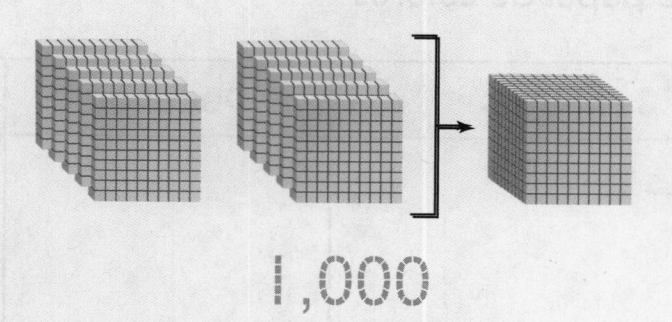

1,000

El 1 está en el lugar de los millares y tiene un valor de 1 millar.

**Comparte y muestra**

Encierra en un círculo el valor o el significado del dígito rojo.

1. 702          2 unidades          2 decenas          2 centenas

2. 459          500          50          5

3. 362          3 centenas          3 decenas          3 unidades

## Por tu cuenta

Encierra en un círculo el valor o el significado del dígito rojo.

4. 5 4 **9**     400     40     **4**

5. 60 **7**     **7 unidades**     7 decenas     7 centenas

6. **1**,000     **1 unidad**     1 centena     1 millar

7. **9** 1 4     90     **900**     9,000

8. **PIENSA MÁS** El valor del dígito de las unidades en el número favorito de George es 2. El valor del dígito de las centenas es 600 y el valor del dígito de las decenas es 90. Escribe el número favorito de George.

_____

9. **MÁS AL DETALLE** Escribe el número que coincida con las pistas.

- El valor de mi dígito de las centenas es 300.
- El valor de mi dígito de las decenas es 0.
- El valor de mi dígito de las unidades es un número par mayor que 7.

El número es _____.

## Resolución de problemas • Aplicaciones (En el mundo)   ESCRIBE Matemáticas

**10.** **PIENSA MÁS** Ty está haciendo un diagrama de Venn. ¿En qué parte del diagrama debe escribir los otros números?

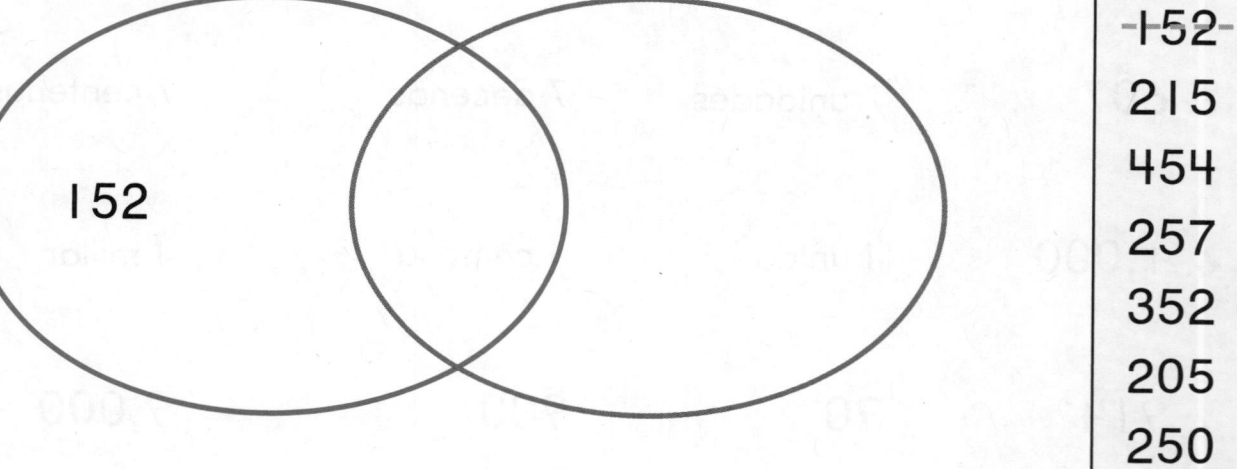

Números con un 5 en el lugar de las decenas · Números con un 2 en el lugar de las centenas

152

| 152 |
| 215 |
| 454 |
| 257 |
| 352 |
| 205 |
| 250 |

**11.** **PRÁCTICA MATEMÁTICA ③** Aplica Describe dónde se debe escribir 752 en el diagrama. Explica tu respuesta.

_____

_____

_____

**(Entrenador personal en matemáticas)**

**12.** **PIENSA MÁS ➕** Rellena los círculos que estén al lado de los números que tienen un 4 en el lugar de las decenas.

○ 764

○ 149

○ 437

○ 342

**ACTIVIDAD PARA LA CASA** • Pida a su niño que escriba números de 3 dígitos, como "un número que tenga 2 centenas" y "un número que tenga un 9 en el lugar de las unidades".

# Valor posicional hasta el 1,000

**Estándares comunes**

**ESTÁNDARES COMUNES—2.NBT.A.1**
*Comprenden el valor posicional.*

**Encierra en un círculo el valor o el significado del dígito subrayado.**

| | | | |
|---|---|---|---|
| 1. 3<u>3</u>7 | 3 | 30 | 300 |
| 2. 46<u>2</u> | 200 | 20 | 2 |
| 3. <u>5</u>72 | 5 | 50 | 500 |
| 4. 56<u>7</u> | 7 unidades | 7 decenas | 7 centenas |
| 5. <u>4</u>62 | 4 centenas | 4 unidades | 4 decenas |

## Resolución de problemas En el mundo

6. Escribe el número de 3 dígitos que responde el acertijo.

   ● Tengo el mismo dígito en mis centenas y en mis unidades.

   ● El valor del dígito de mis decenas es 50.

   ● El valor del dígito de mis unidades es 4.    El número es _____.

7. **ESCRIBE** **Matemáticas** ¿Cuál es el valor del 5 en 756? Escribe y dibuja para mostrar lo que sabes.

_____

_____

## Repaso de la lección (2.NBT.A.1)

**1.** ¿Cuál es el valor del dígito subrayado?

<u>3</u>15

_____

**2.** ¿Cuál es el significado del dígito subrayado?

6<u>4</u>8

____ decenas

## Repaso en espiral (2.OA.C.3, 2.NBT.A.1, 2.NBT.A.3)

**3.** ¿Qué número se puede escribir como 40 + 5?

_____

**4.** ¿Qué número tiene el mismo valor que 14 decenas?

_____

**5.** Escribe el número que se describe como 1 decena 16 unidades.

_____

**6.** Encierra en un círculo el número par.

7      16

21      25

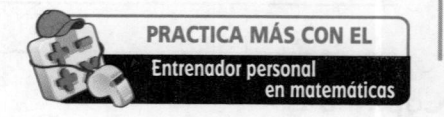

PRACTICA MÁS CON EL
Entrenador personal
en matemáticas

Nombre _____

# Nombres de los números

**Pregunta esencial** ¿Cómo escribes números de 3 dígitos en palabras?

Estándares comunes **Número y operaciones en base diez—2.NBT.A.3**
**PRÁCTICAS MATEMÁTICAS**
**MP2, MP6, MP7**

## Escucha y dibuja

Escribe los números que faltan en la tabla. Luego halla y encierra en un círculo los números en palabras abajo.

| | 12 | 13 | | 15 | 16 | 17 | 18 | 19 | 20 |
|----|----|----|----|----|----|----|----|----|----|
| 21 | 22 | 23 | 24 | 25 | 26 | 27 | 28 | | 30 |
| 31 | 32 | 33 | 34 | | 36 | 37 | 38 | 39 | 40 |
| 41 | 42 | 43 | 44 | 45 | | 47 | 48 | 49 | 50 |
| 51 | | 53 | 54 | 55 | 56 | 57 | 58 | 59 | 60 |

cuarenta y uno    noventa y dos    catorce

once    treinta y cinco    cuarenta y seis

cincuenta y tres    veintinueve    cincuenta y dos

**Charla matemática**    PRÁCTICAS MATEMÁTICAS 6

**Explica** Describe cómo escribir en palabras el número con un 5 en el lugar de las decenas y un 7 en el lugar de las unidades.

**NOTA A LA FAMILIA •** En esta actividad, su niño repasó los números menores que 100 en palabras.

© Houghton Mifflin Harcourt Publishing Company

## Representa y dibuja

Puedes escribir números de 3 dígitos en palabras. Primero, observa el dígito de las centenas. Luego, observa el dígito de las decenas y el dígito de las unidades.

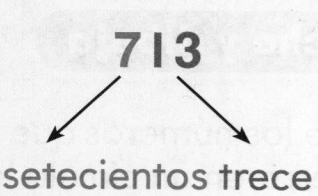

**245**

doscientos cuarenta y cinco

**713**

setecientos trece

## Comparte y muestra

Escribe el número en palabras.

1. **506**

   quinientos seis
   _____

2. **189**

   _____

✔ 3. **328**

   _____

Escribe el número.

4. cuatrocientos quince

   _____

5. doscientos noventa y uno

   _____

6. seiscientos tres

   _____

✔ 7. ochocientos cuarenta y siete

   _____

**106** ciento seis

## Por tu cuenta

Escribe el número.

**8.** setecientos diecisiete

_____

**9.** trescientos noventa

_____

Escribe el número en palabras.

**10.** 568

_____

**11.** 321

_____

**12.** **MÁS AL DETALLE** Mi número de 3 dígitos tiene un 4 en el lugar de las centenas. Tiene un número en el lugar de las decenas mayor que el de las unidades. La suma de los dígitos es 6.

¿Cuál es mi número? _____

Escribe el número usando palabras. _____

**13.** **PIENSA MÁS** Alma cuenta doscientas sesenta y ocho hojas. ¿De qué otra manera se escribe este número? Encierra en un círculo la respuesta.

Matemáticas al instante

$2 + 6 + 8$

$200 + 60 + 8$

$2 + 60 + 8$

## Resolución de problemas • Aplicaciones En el mundo

ESCRIBE Matemáticas

PRÁCTICA MATEMÁTICA ② Relaciona símbolos y palabras

Encierra en un círculo la respuesta de cada problema.

**14.** Derek cuenta ciento noventa carros. ¿De qué otra manera se escribe este número?

119

190

910

**15.** Beth contó trescientas cincuenta y seis pajillas. ¿De qué otra manera se escribe este número?

$3 + 5 + 6$

$30 + 50 + 60$

$300 + 50 + 6$

**16.** PIENSA MÁS  Hay 537 sillas en la escuela. Escribe el número con palabras.

_____

Muestra el número de otras dos maneras diferentes.

| Centenas | Decenas | Unidades |
|----------|---------|----------|
|          |         |          |

_____ + _____ + _____

 **ACTIVIDAD PARA LA CASA** • Pida a su niño que escriba el número 940 en palabras.

# Nombres de los números

**ESTÁNDARES COMUNES  2.NBT.A.3**
*Comprenden el valor posicional.*

## Escribe el número.

**I.** doscientos treinta y dos

_____

**2.** quinientos cuarenta y cuatro

_____

**3.** ciento cincuenta y ocho

_____

**4.** novecientos cincuenta

_____

**5.** cuatrocientos veinte

_____

**6.** seiscientos setenta y ocho

_____

## Escribe el número en palabras.

**7.** 317

_____

## Resolución de problemas En el mundo

Encierra en un círculo la respuesta.

**8.** Seiscientos veintiséis niños asisten a la escuela
Elm Street. ¿De qué otra manera se puede
escribir este número?

266        626        662

**9.**  **Matemáticas** Escribe un número de 3 dígitos
usando los dígitos 5, 9 y 2. Luego escribe tu
número usando palabras.

_____

# Repaso de la lección (2.NBT.A.3)

**1.** Escribe el número 851 en palabras.

_____

**2.** Escribe el número doscientos sesenta usando números.

_____

# Repaso en espiral (2.NBT.A.1, 2.NBT.A.2)

**3.** Escribe un número con el dígito 8 en el lugar de las decenas.

_____

**4.** Escribe el número que se muestra con estos bloques.

_____

**5.** Cuenta de cinco en cinco.

650, 655,

____, ____, ____

**6.** Sam tiene 128 canicas. ¿Cuántas centenas hay en este número?

____ centena

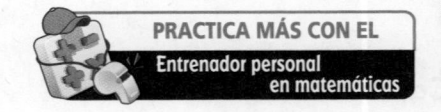

PRACTICA MÁS CON EL
Entrenador personal
en matemáticas

Nombre _____

# Diferentes formas de los números

**Pregunta esencial** ¿Cuáles son tres maneras de escribir un número de 3 dígitos?

**Estándares comunes** Número y operaciones en base diez—2.NBT.A.3
PRÁCTICAS MATEMÁTICAS
MP6, MP7

## Escucha y dibuja En el mundo

Escribe el número. Escribe cuántas centenas, decenas y unidades tiene usando los dígitos.

_____ centenas _____ decenas _____ unidades

_____ centenas _____ decenas _____ unidades

_____ centenas _____ decenas _____ unidad

**Charla matemática** PRÁCTICAS MATEMÁTICAS 6

**PARA EL MAESTRO** • Lea el siguiente problema. Evan tiene 426 canicas. ¿Cuántas centenas, decenas y unidades hay en 426? Continúe la actividad con 204 y 341.

¿Cuántas centenas hay en 368? **Explica.**

## Representa y dibuja

Puedes usar un dibujo rápido para mostrar un número.
Puedes escribir un número de diferentes maneras.

quinientos treinta y seis

_5_ centenas _3_ decenas _6_ unidades

_500_ + _30_ + _6_

_536_

## Comparte y muestra  MATH BOARD

Lee el número y haz un dibujo rápido.
Luego escribe el número de diferentes maneras.

1.  cuatrocientos siete

_____ centenas _____ decenas

_____ unidades

_____ + _____ + _____

_____

2.  trescientos veinticinco

_____ centenas _____ decenas

_____ unidades

_____ + _____ + _____

_____

3.  doscientos cincuenta y tres

_____ centenas _____ decenas

_____ unidades

_____ + _____ + _____

_____

## Por tu cuenta

Lee el número y haz un dibujo rápido.
Luego escribe el número de diferentes maneras.

4. ciento setenta y dos

\_\_\_\_ centena \_\_\_\_ decenas

\_\_\_\_ unidades

_____ + _____ + _____

_____

5. trescientos cuarenta y seis

\_\_\_\_ centenas \_\_\_\_ decenas

\_\_\_\_ unidades

_____ + _____ + _____

_____

6. **PIENSA MÁS** Piensa en un número de 3 dígitos con un cero en el lugar de las unidades. Usa palabras para escribir ese número.

_____

7. **PIENSA MÁS** Ellen usó los siguientes bloques para mostrar 452. ¿Qué está mal? Tacha bloques y haz dibujos rápidos de los bloques que faltan.

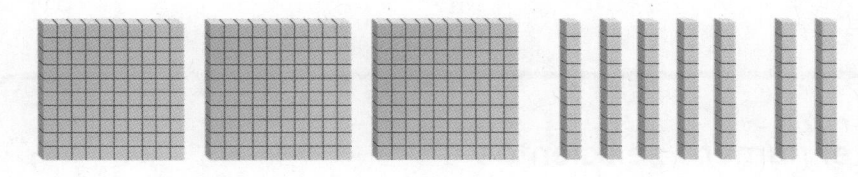

**ACTIVIDAD PARA LA CASA** • Pida a su niño que muestre el número 315 de tres maneras.

Nombre _____

# ☑ Revisión de la mitad del capítulo

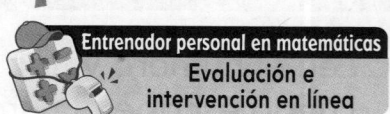

**Conceptos y destrezas**

Encierra en un círculo decenas para formar 1 centena.
Escribe el número de diferentes maneras. (2.NBT.A.3)

1.

_____ decenas

_____ centena _____ decenas

_____

Escribe cuántas centenas, decenas y unidades hay en
el modelo. Escribe el número de dos maneras. (2.NBT.A.1)

2.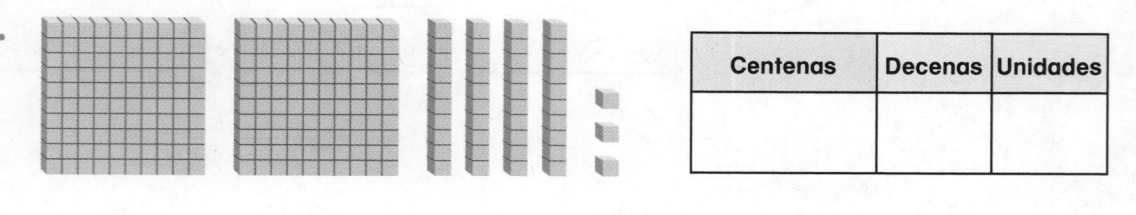

| Centenas | Decenas | Unidades |
|----------|---------|----------|
|          |         |          |

_____

_____ + _____ + _____

Encierra en un círculo el valor o el significado del dígito rojo. (2.NBT.A1)

3. 528 | 5    50    500

4. 674 | 4 unidades    4 decenas    4 centenas

5. **PIENSA MÁS** Escribe el número seiscientos
cuarenta y cinco de otra manera. (2.NBT.A.3)

_____

# Diferentes formas de los números

Estándares comunes

**ESTÁNDARES COMUNES—2.NBT.A.3**
*Comprenden el valor posicional.*

**Lee el número y haz un dibujo rápido.**
**Luego escribe el número de diferentes maneras.**

1. doscientos cincuenta y uno       _____ centenas _____ decenas _____ unidad

    _____ + _____ + _____

    _____

2. trescientos doce       _____ centenas _____ decena _____ unidades

    _____ + _____ + _____

    _____

## Resolución de problemas En el mundo

Escribe el número de otra manera.

3. $200 + 30 + 7$

    _____

4. 895

    _____

5. ESCRIBE Matemáticas Haz un dibujo rápido de 3 centenas, 5 decenas y 7 unidades. ¿Qué número muestra tu dibujo rápido? Escríbelo de tres maneras diferentes.

## Repaso de la lección (2.NBT.A.1)

1. Escribe el número 392 en centenas, decenas y unidades.

    _____ centenas _____ decenas

    _____ unidades

2. ¿De qué otra manera se puede escribir el número 271?

    _____ centenas _____ decenas

    _____ unidad

---

## Repaso en espiral (2.NBT.A.1, 2.NBT.A.3)

3. ¿Cuál es el valor del dígito subrayado?

    5̲6

    _____

4. ¿Qué número muestran estos bloques?

    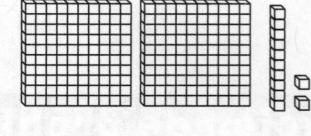

    _____

5. ¿De qué otra manera se puede escribir el número 75?

    _____ + _____

6. ¿Qué número puede escribirse como 60 + 3?

    _____

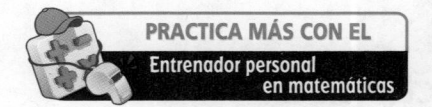

PRACTICA MÁS CON EL
Entrenador personal
en matemáticas

Nombre _____

# Álgebra • Diferentes maneras de mostrar números

**Pregunta esencial** ¿Cómo puedes usar bloques o dibujos rápidos para mostrar el valor de un número de diferentes maneras?

**Estándares comunes** Número y operaciones en base diez—2.NBT.A3
PRÁCTICAS MATEMÁTICAS
MP3, MP4, MP7

## Escucha y dibuja *En el mundo*

Haz dibujos rápidos para resolver.
Escribe cuántas decenas y unidades hay.

_____ decenas _____ unidades

_____ decenas _____ unidades

**PARA EL MAESTRO** • Lea a los niños este problema. La Sra. Peabody tiene 35 libros en un carrito para llevar a los salones de clases. Puede usar cajas que contienen 10 libros cada una y también puede poner libros sueltos en el carrito. ¿De qué dos maneras puede poner los libros en el carrito?

**Charla matemática**

PRÁCTICAS MATEMÁTICAS 4

**Representa** Describe cómo hallaste diferentes maneras de mostrar 35 libros.

Estas son dos maneras de mostrar 148.

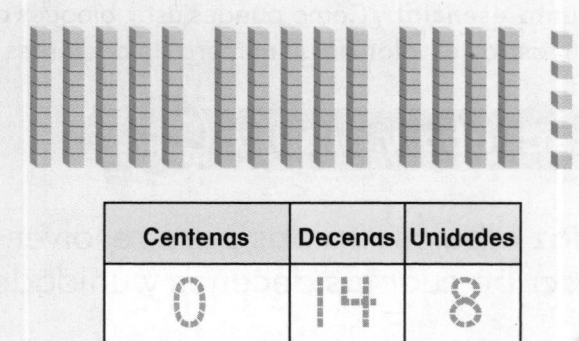

| Centenas | Decenas | Unidades |
|:---:|:---:|:---:|
| 1 | 4 | 8 |

| Centenas | Decenas | Unidades |
|:---:|:---:|:---:|
| 0 | 14 | 8 |

## Comparte y muestra

MATH BOARD

Usa dibujos rápidos para mostrar el número de una manera diferente. Escribe dos maneras de mostrar cuántas centenas, decenas y unidades hay.

1. 213

| Centenas | Decenas | Unidades |
|:---:|:---:|:---:|
| | | |

| Centenas | Decenas | Unidades |
|:---:|:---:|:---:|
| | | |

2. 132

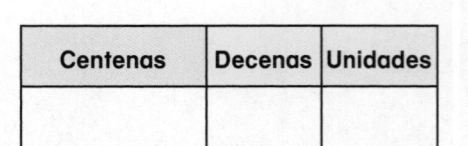

| Centenas | Decenas | Unidades |
|:---:|:---:|:---:|
| | | |

| Centenas | Decenas | Unidades |
|:---:|:---:|:---:|
| | | |

## Por tu cuenta

Usa dibujos rápidos para mostrar el número de una manera diferente. Escribe dos maneras para mostrar cuántas centenas, decenas y unidades hay.

**3.** 144

| Centenas | Decenas | Unidades |
|----------|---------|----------|
|          |         |          |

| Centenas | Decenas | Unidades |
|----------|---------|----------|
|          |         |          |

**4.** 204

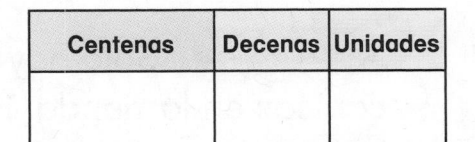

| Centenas | Decenas | Unidades |
|----------|---------|----------|
|          |         |          |

| Centenas | Decenas | Unidades |
|----------|---------|----------|
|          |         |          |

**5.** PRÁCTICA MATEMÁTICA ③ **Argumenta**

Sue dijo que 200 + 20 + 23 es igual a 200 + 30 + 3. ¿Es correcto? Explica.

_____

_____

_____

## Resolución de problemas • Aplicaciones En el mundo

ESCRIBE Matemáticas

Las canicas se venden en cajas, en bolsas o sueltas. Cada caja contiene 10 bolsas de canicas. Cada bolsa contiene 10 canicas.

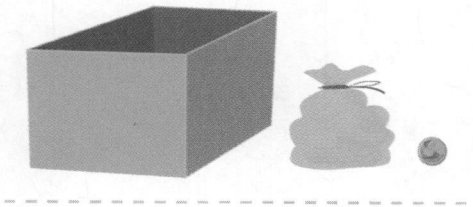

6. **PIENSA MÁS** Haz dibujos que muestren dos maneras de comprar 324 canicas.

Usa la información anterior sobre las canicas.

7. **PIENSA MÁS** Solo hay una caja de canicas en la tienda. Hay muchas bolsas de canicas y canicas sueltas. Haz un dibujo que muestre una manera de comprar 312 canicas.

¿Cuántas cajas, bolsas y canicas sueltas mostraste?

_____

_____

**ACTIVIDAD PARA LA CASA** • Escriba el número 156. Pida a su niño que haga dibujos rápidos de dos maneras de mostrar este número.

# Álgebra • Diferentes maneras de mostrar números

Estándares comunes

**ESTÁNDARES COMUNES—2.NBT.A.3**
*Comprenden el valor posicional.*

**Escribe cuántas centenas, decenas y unidades hay en el modelo.**

1. 135

| Centenas | Decenas | Unidades |
|----------|---------|----------|
|          |         |          |

| Centenas | Decenas | Unidades |
|----------|---------|----------|
|          |         |          |

## Resolución de problemas En el mundo

Los marcadores se venden en cajas, paquetes o como marcadores sueltos. Cada caja tiene 10 paquetes. Cada paquete tiene 10 marcadores.

2. Haz dibujos que muestren dos maneras de comprar 276 marcadores.

3. **ESCRIBE** **Matemáticas** Haz dibujos rápidos para mostrar el número 326.

# Repaso de la lección (2.NBT.A.3)

1. Escribe el número que se puede mostrar con este número de centenas, decenas y unidades.

| Centenas | Decenas | Unidades |
|----------|---------|----------|
| 1 | 2 | 18 |

_____

2. Escribe el número que se puede mostrar con este número de centenas, decenas y unidades.

| Centenas | Decenas | Unidades |
|----------|---------|----------|
| 2 | 15 | 6 |

_____

# Repaso en espiral (2.NBT.A.3)

3. ¿Qué número puede escribirse como 6 decenas, 2 unidades?

_____

4. ¿Qué número puede escribirse como 30 + 2?

_____

5. Escribe el número 584 usando palabras.

_____

6. Escribe el número 29 usando palabras.

_____

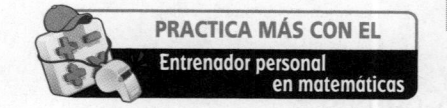

PRACTICA MÁS CON EL
Entrenador personal
en matemáticas

# Contar hacia adelante y hacia atrás de 10 en 10 y de 100 en 100

**Pregunta esencial** ¿Cómo usas el valor posicional para hallar 10 más, 10 menos, 100 más o 100 menos que un número de 3 dígitos?

**Estándares comunes** Número y operaciones en base diez—2.NBT.B.8

**PRÁCTICAS MATEMÁTICAS**
MP1, MP7

Haz dibujos rápidos de los números.

### Niñas

| Centenas | Decenas | Unidades |
|----------|---------|----------|
|          |         |          |
|          |         |          |
|          |         |          |

### Niños

| Centenas | Decenas | Unidades |
|----------|---------|----------|
|          |         |          |
|          |         |          |
|          |         |          |

**Charla matemática**

**PRÁCTICAS MATEMÁTICAS**

**Describe** en qué se diferencian los dos números.

**PARA EL MAESTRO** • Diga a los niños que hay 342 niñas en la escuela Central. Pida a los niños que hagan dibujos rápidos de 342. Luego dígales que hay 352 niños en la escuela. Pídales que hagan dibujos rápidos de 352.

Puedes mostrar 10 menos o 10 más que un número
cambiando el dígito en el lugar de las decenas.

10 menos que 264

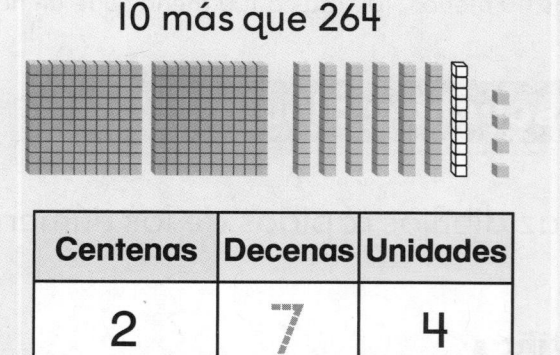

| Centenas | Decenas | Unidades |
|----------|---------|----------|
| 2 | 5 | 4 |

10 más que 264

| Centenas | Decenas | Unidades |
|----------|---------|----------|
| 2 | 7 | 4 |

Puedes mostrar 100 menos o 100 más que un número
cambiando el dígito en el lugar de las centenas.

100 menos que 264

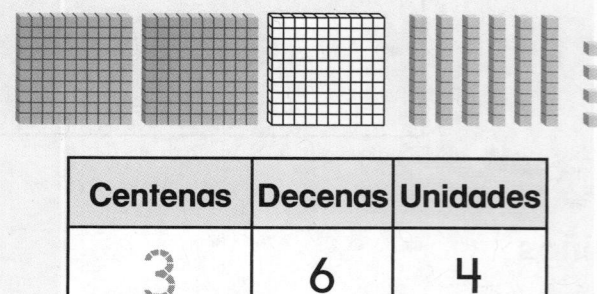

| Centenas | Decenas | Unidades |
|----------|---------|----------|
| 1 | 6 | 4 |

100 más que 264

| Centenas | Decenas | Unidades |
|----------|---------|----------|
| 3 | 6 | 4 |

## Comparte y muestra

Escribe el número.

1. 10 más que 648

_____

2. 100 menos que 513

_____

✓ 3. 100 más que 329

_____

✓ 4. 10 menos que 827

_____

## Por tu cuenta

Escribe el número.

**5.** 10 más que 471

_____

**6.** 10 menos que 143

_____

**7.** 100 más que 555

_____

**8.** 100 menos que 757

_____

**9.** 100 más que 900

_____

**10.** 10 menos que 689

_____

**11.** 100 menos que 712

_____

**12.** 10 menos que 254

_____

**13.** PIENSA MÁS  Kyla escribió el siguiente acertijo. Completa los espacios en blanco para que el enunciado sea correcto.

_____ es 10 menos que 948 y 10 más que _____.

**14.** PIENSA MÁS  Rick tiene 10 crayones más que Lori. Lori tiene 136 crayones. Tom tiene 10 crayones menos que Rick. ¿Cuántos crayones tiene cada niño?

Rojo

Rick: _____ crayones

Tom: _____ crayones

Lori: _____ crayones

## Resolución de problemas • Aplicaciones En el mundo

ESCRIBE ▸ Matemáticas

 **PRÁCTICA MATEMÁTICA ①** Analiza las relaciones

**15.** El libro de Juan tiene 248 páginas. Esto es 10 páginas más que el libro de Kevin. ¿Cuántas páginas tiene el libro de Kevin?

_____ páginas

**16.** Hay 217 dibujos en el libro de Tina. Hay 100 dibujos menos en el libro de Mark. ¿Cuántos dibujos hay en el libro de Mark?

_____ dibujos

**17.** _MÁS AL DETALLE_ Usa las pistas para responder la pregunta.

- Shawn cuenta 213 carros.

- María cuenta 100 carros menos que Shawn.

- Jayden cuenta 10 carros más que María.

¿Cuántos carros cuenta Jayden?

_____ carros

**18.** _PIENSA MÁS_ Raúl tiene 235 adhesivos. Gabby tiene 100 adhesivos más que Raúl. Thomas tiene 10 adhesivos menos que Gabby. Escribe el número de adhesivos que tiene cada niño.

_____
Raúl

_____
Gabby

_____
Thomas

 **ACTIVIDAD PARA LA CASA** • Escriba el número 596. Pida a su niño que mencione el número que tiene 100 más que 596.

© Houghton Mifflin Harcourt Publishing Company

# Contar hacia adelante y hacia atrás de 10 en 10 y de 100 en 100

**ESTÁNDARES COMUNES—2.NBT.B.8**
*Utilizan el valor posicional y las propiedades de las operaciones para sumar y restar.*

Estándares comunes

## Escribe el número.

**1.** 10 más que 451

_____

**2.** 10 menos que 770

_____

**3.** 100 más que 367

_____

**4.** 100 menos que 895

_____

**5.** 10 menos que 812

_____

**6.** 100 más que 543

_____

**7.** 10 más que 218

_____

**8.** 100 más que 379

_____

## Resolución de problemas En el mundo

Resuelve. Escribe o dibuja la explicación.

**9.** Sarah tiene 128 adhesivos.
Alex tiene 10 adhesivos menos que Sarah.
¿Cuántos adhesivos tiene Alex?

_____ adhesivos

**10.** **ESCRIBE** **Matemáticas** Elige cualquier número de 3 dígitos. Describe cómo hallar el número que es 10 más.

_____

# Repaso de la lección (2.NBT.B.8)

**1.** Escribe el número que tiene 10 menos que 526.

_____

**2.** Escribe el número que tiene 100 más que 487.

_____

# Repaso en espiral (2.NBT.A.1, 2.NBT.A.3)

**3.** Escribe otra manera de describir 14 decenas

_____ centena _____ decenas

**4.** ¿Cuál es el valor del dígito subrayado?

5<u>8</u>7

_____

**5.** ¿Qué número puede escribirse como 30 + 5?

_____

**6.** ¿Qué número puede escribirse como 9 decenas y 1 unidad?

_____

PRACTICA MÁS CON EL
**Entrenador personal en matemáticas**

# Álgebra • Patrones numéricos

**Pregunta esencial** ¿Cómo te ayuda el valor posicional a identificar y ampliar los patrones de conteo?

**Estándares comunes** Número y operaciones en base diez—2.NBT.B.8
**PRÁCTICAS MATEMÁTICAS**
MP6, MP7

## Escucha y dibuja

Sombrea los números del patrón de conteo.

| 801 | 802 | 803 | 804 | 805 | 806 | 807 | 808 | 809 | 810 |
| 811 | 812 | 813 | 814 | 815 | 816 | 817 | 818 | 819 | 820 |
| 821 | 822 | 823 | 824 | 825 | 826 | 827 | 828 | 829 | 830 |
| 831 | 832 | 833 | 834 | 835 | 836 | 837 | 838 | 839 | 840 |
| 841 | 842 | 843 | 844 | 845 | 846 | 847 | 848 | 849 | 850 |
| 851 | 852 | 853 | 854 | 855 | 856 | 857 | 858 | 859 | 860 |
| 861 | 862 | 863 | 864 | 865 | 866 | 867 | 868 | 869 | 870 |
| 871 | 872 | 873 | 874 | 875 | 876 | 877 | 878 | 879 | 880 |
| 881 | 882 | 883 | 884 | 885 | 886 | 887 | 888 | 889 | 890 |
| 891 | 892 | 893 | 894 | 895 | 896 | 897 | 898 | 899 | 900 |

**PARA EL MAESTRO** • Lea el siguiente problema y comente cómo pueden resolverlo los niños usando un patrón de conteo. En la panadería Flor se vendieron 823 pastelillos por la mañana. Por la tarde se vendieron cuatro paquetes de 10 pastelillos. ¿Cuántos pastelillos se vendieron en total?

**Charla matemática** PRÁCTICAS MATEMÁTICAS 7

**Busca la estructura**
¿Qué número sigue en el patrón de conteo que ves? Explica.

## Representa y dibuja

Observa los dígitos de los números. ¿Qué dos números son consecutivos en el patrón de conteo?

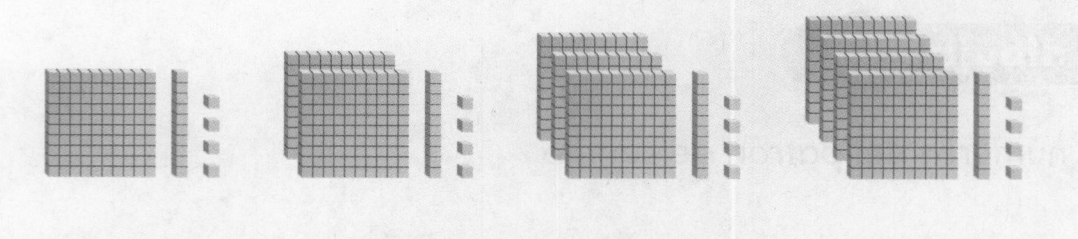

114,        214,        314,        414,    ,    ▪

El dígito de las _____ cambia de a uno por vez.

Los dos números siguientes son _____ y _____.

## Comparte y muestra   MATH BOARD

Observa los dígitos para hallar los dos números siguientes.

1. 137, 147, 157, 167, ▪, ▪

   Los dos números siguientes son _____ y _____.

2. 245, 345, 445, 545, ▪, ▪

   Los dos números siguientes son _____ y _____.

3. 421, 431, 441, 451, ▪, ▪

   Los dos números siguientes son _____ y _____.

4. 389, 489, 589, 689, ▪, ▪

   Los dos números siguientes son _____ y _____.

## Por tu cuenta

Observa los dígitos para hallar los dos números siguientes.

**5.** 193, 293, 393, 493, ⬛, ⬛

Los dos números siguientes son _____ y _____.

**6.** 484, 494, 504, 514, ⬛, ⬛

Los dos números siguientes son _____ y _____.

**7.** 500, 600, 700, 800, ⬛, ⬛

Los dos números siguientes son _____ y _____.

**8.** 655, 665, 675, 685, ⬛, ⬛

Los dos números siguientes son _____ y _____.

**9.** PIENSA MÁS  Mark leyó 203 páginas.
Laney leyó 100 páginas más que Mark.
Gavin leyó 10 páginas menos que Laney.
¿Cuántas páginas leyó Gavin?

_____ páginas

## Resolución de problemas • Aplicaciones En el mundo · ESCRIBE ▸ Matemáticas

**Resuelve**

10. **MÁS AL DETALLE** Había 135 botones en un frasco. Después de que Robin puso más botones en el frasco, había 175 botones. ¿Cuántos grupos de 10 botones colocó en el frasco?

_____ grupos de 10 botones.

**Explica** cómo resolviste el problema.

_____

_____

_____

_____

11. **PIENSA MÁS** Escribe el siguiente número de cada patrón de conteo.

162, 262, 362, 462, _____

347, 357, 367, 377, _____

609, 619, 629, 639, _____

**ACTIVIDAD PARA LA CASA** • Con su niño, túrnense para escribir patrones numéricos en los que cuenten hacia adelante de diez en diez o de cien en cien.

# Álgebra • Patrones numéricos

**ESTÁNDARES COMUNES—2.NBT.B.8**
Utilizan el valor posicional y las propiedades
de las operaciones para sumar y restar.

Estándares
comunes

**Observa los dígitos para hallar los dos números siguientes.**

1. 232, 242, 252, 262, ☐, ☐

   Los dos números siguientes son _____ y _____.

2. 185, 285, 385, 485, ☐, ☐

   Los dos números siguientes son _____ y _____.

3. 428, 528, 628, 728, ☐, ☐

   Los dos números siguientes son _____ y _____.

4. 654, 664, 674, 684, ☐, ☐

   Los dos números siguientes son _____ y _____.

## Resolución de problemas · En el mundo

5. ¿Qué números faltan en el patrón?

   431, 441, 451, 461, ☐, 481, 491, ☐

   Los números que faltan son _____ y _____.

6. **ESCRIBE** Matemáticas ¿Cómo sabes cuando un patrón muestra contar hacia adelante de diez en diez?

   _____

   _____

## Repaso de la lección (2.NBT.B.8)

**I.** ¿Qué número sigue en este patrón?

453, 463, 473, 483,

_____

**2.** ¿Qué número sigue en este patrón?

295, 395, 495, 595,

_____

## Repaso en espiral (2.NBT.A.1, 2.NBT.A.3)

**3.** Escribe el número setecientos cincuenta y uno usando dígitos.

_____

**4.** ¿Cuál es el valor del dígito subrayado?

1̲95

_____

**5.** ¿Cuál es otra manera de escribir 56?

_____ decenas _____ unidades

**6.** Escribe el número 43 en decenas y unidades.

_____ decenas _____ unidades

PRACTICA MÁS CON EL
**Entrenador personal**
en matemáticas

Nombre _____

# Resolución de problemas •
# Comparar números

**Pregunta esencial** ¿Cómo puedes hacer un modelo para resolver un problema de comparación de números?

**Estándares comunes**
**Número y operaciones en base diez—2.NBT.A.4**
**PRÁCTICAS MATEMÁTICAS**
**MP1, MP2, MP3, MP4**

Los niños compraron 217 envases de leche chocolateada y 188 envases de leche común. ¿Compraron más envases de leche chocolateada o de leche común?

## Soluciona el problema · En el mundo

**Manos a la obra**

### ¿Qué debo hallar?

Si los niños compraron ___más___ envases de leche común o de leche chocolateada

### ¿Qué información debo usar?

_____ envases de leche chocolateada

_____ envases de leche común

### Muestra cómo resolver el problema.

Haz un modelo de los números. Haz dibujos rápidos de tus modelos.

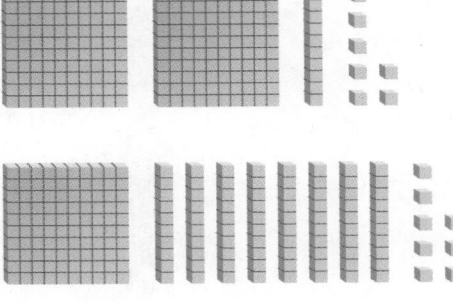

Los niños compraron más envases de leche _____.

**NOTA A LA FAMILIA •** Su niño usó bloques de base diez para representar los números del problema. Estos modelos se usaron como una herramienta para comparar números y resolver el problema.

Haz un modelo de los números. Haz dibujos rápidos que muestren cómo resolviste el problema.

- ¿Qué debo hallar?
- ¿Qué información debo usar?

1. En el zoológico hay 137 aves y 142 reptiles. ¿Hay más aves o más reptiles en el zoológico?

más _____

2. El libro de Tom tiene 105 páginas. El libro de Delia tiene 109 páginas. ¿Qué libro tiene menos páginas?

el libro de _____

**Charla matemática**

PRÁCTICAS MATEMÁTICAS 3

**Compara** Explica qué hiciste para resolver el segundo problema.

Nombre _____

Haz un modelo de los números. Haz dibujos rápidos que muestren cómo resolviste el problema.

**3.** El rompecabezas de Mary tiene 164 piezas. El rompecabezas de Jake tiene 180 piezas. ¿Qué rompecabezas tiene más piezas?

el rompecabezas de _____

**4.** Hay 246 personas en el partido. Hay 251 personas en el museo. ¿En qué lugar hay menos personas?

en el _____

**5.** Hay 131 crayones en una caja. Hay 128 crayones en una bolsa. ¿Hay más crayones en la caja o en la bolsa?

en la _____

**6.** Hay 308 libros en el primer salón. Hay 273 libros en el segundo salón. ¿En qué salón hay menos libros?

en el _____ salón

## Resolución de problemas • Aplicaciones En el mundo     ESCRIBE ▸ Matemáticas

7. **PIENSA MÁS**   Hay 748 niños en la escuela de Dan.
Hay 651 niños en la escuela de Karen. Hay 763 niños
en la escuela de Jason. ¿Qué escuela tiene más de
759 niños?

la escuela de _____

8. **PRÁCTICA MATEMÁTICA ①**   **Analiza**  Hay 136 crayones en una
caja. Usa los dígitos 4, 1 y 2 para escribir un número
mayor que 136.

Verde

_____

9. **PIENSA MÁS**   Becky tiene 134 sellos. Sara tiene 129 sellos.
¿Quién tiene más sellos?

_____

Sara compra 10 sellos más. ¿Quién tiene más
sellos ahora?

_____

Haz dibujos rápidos para
mostrar los sellos que Becky
y Sara tienen ahora.

**ACTIVIDAD PARA LA CASA** • Pida a su niño que explique
cómo resolvió uno de los problemas de esta página.

# Resolución de problemas •
# Comparar números

**ESTÁNDARES COMUNES 2.NBT.A.4**
*Comprenden el valor posicional.*

**Haz un modelo de los números. Haz dibujos
rápidos que muestren cómo resolviste el problema.**

1. Lauryn tiene 128 canicas. Kristin tiene
   118 canicas. ¿Quién tiene más canicas?

   _____

2. Nick tiene 189 tarjetas de colección. Kyle tiene
   198 tarjetas de colección. ¿Quién tiene menos
   tarjetas?

   _____

3. Un piano tiene 36 teclas negras y 52 teclas
   blancas. ¿Hay más teclas negras o más teclas
   blancas en un piano?

   _____

4. ESCRIBE  **Matemáticas** Haz un
   dibujo para mostrar cómo
   puedes usar modelos para
   comparar 345 y 391.

## Repaso de la lección (2.NBT.A.4)

**1.** Gina tiene 245 adhesivos. Encierra en un círculo el número que sea menor que 245.

285          254

245          239

**2.** El libro de Carl tiene 176 páginas. Encierra en un círculo el número que sea mayor que 176.

203          174

168          139

## Repaso en espiral (2.NBT.A.1, 2.NBT.A.3)

**3.** Escribe 63 como una suma de decenas y unidades.

_____ + _____

**4.** Escribe 58 en decenas y unidades.

_____ decenas

_____ unidades

**5.** El Sr. Ford viajó 483 millas en su carro. ¿Cuántas centenas hay en este número?

_____

**6.** Escribe 20 usando palabras.

_____

PRACTICA MÁS CON EL
Entrenador personal
en matemáticas

Nombre _____

# Álgebra • Comparar números

**Pregunta esencial** ¿Cómo se comparan los números de 3 dígitos?

**Estándares comunes** Número y operaciones en base diez—2.NBT.A.4
**PRÁCTICAS MATEMÁTICAS**
MP1, MP2, MP6, MP8

## Escucha y dibuja · En el mundo

Haz dibujos rápidos para resolver el problema.

Había más _____ en el parque.

## Charla matemática · PRÁCTICAS MATEMÁTICAS 6

Explica cómo comparaste los números.

**PARA EL MAESTRO •** Lea el siguiente problema y pida a los niños que hagan dibujos rápidos para comparar los números. Había 125 mariposas y 132 aves en el parque. ¿Había más mariposas o más aves en el parque?

Utiliza el valor posicional para **comparar** números. Comienza por observar los dígitos de mayor valor posicional.

> **es mayor que**
< **es menor que**
= **es igual a**

| Centenas | Decenas | Unidades |
|----------|---------|----------|
| 4 | 8 | 3 |
| 5 | 7 | 0 |

4 centenas < 5 centenas

483 $\bigcirc$ 570

| Centenas | Decenas | Unidades |
|----------|---------|----------|
| 3 | 5 | 2 |
| 3 | 4 | 6 |

Las centenas son iguales.

5 decenas > 4 decenas

352 $\bigcirc$ 346

## Comparte y muestra

MATH BOARD

Compara los números. Escribe >, <, o =.

**1.**

| Centenas | Decenas | Unidades |
|----------|---------|----------|
| 2 | 3 | 9 |
| 1 | 7 | 9 |

239 $\bigcirc$ 179

**2.**

| Centenas | Decenas | Unidades |
|----------|---------|----------|
| 4 | 3 | 5 |
| 4 | 3 | 7 |

435 $\bigcirc$ 437

**3.**

764
674

764 $\bigcirc$ 674

**4.**

519
572

519 $\bigcirc$ 572

## Por tu cuenta

Compara los números. Escribe >, <, o =.

**5.**
378
504

378 ◯ 504

**6.**
821
821

821 ◯ 821

**7.**
560
439

560 ◯ 439

**8.**
934
943

934 ◯ 943

**PIENSA MÁS** Escribe el número de 3 dígitos y compara los números. Usa >, < o =.

**9.**
400 + 70 + 5
400 + 70 + 5

_____ ◯ _____

**10.**
700 + 30 + 6
600 + 80 + 7

_____ ◯ _____

**PRÁCTICA MATEMÁTICA ②** **Usa razonamiento** Escribe un número de 3 dígitos en la casilla para que la comparación sea verdadera.

**11.** 526 < [    ]

**12.** 319 > [    ]

**13.** [    ] > 782

**14.** [    ] < 131

## Resolución de problemas • Aplicaciones En el mundo

**ESCRIBE** Matemáticas

Resuelve. Escribe o dibuja para explicar.

15. **PIENSA MÁS** La Sra. York tiene 300 adhesivos rojos, 50 adhesivos azules y 8 adhesivos verdes. El Sr. Reed tiene 372 adhesivos. ¿Quién tiene más adhesivos?

_____

16. **PRÁCTICA MATEMÁTICA ①** **Analiza** Jasmine tiene unas tarjetas con números. Utiliza los dígitos de estas tarjetas para formar dos números de 3 dígitos. Usa cada dígito solo una vez. Compara los números.

| 1 | 2 | 5 |
| 6 | 3 | 8 |

_____ ◯ _____

**Entrenador personal en matemáticas**

17. **PIENSA MÁS +** ¿Es verdadera la comparación? Elige Sí o No.

| | | |
|---|---|---|
| 453 > 354 | ○ Sí | ○ No |
| 253 < 164 | ○ Sí | ○ No |
| 391 > 417 | ○ Sí | ○ No |
| 490 < 528 | ○ Sí | ○ No |

**ACTIVIDAD PARA LA CASA** • Pida a su niño que explique cómo comparar los números 281 y 157.

# Álgebra • Comparar números

**Estándares comunes** **ESTÁNDARES COMUNES 2.NBT.A.4**
*Comprenden el valor posicional.*

**Compara los números. Escribe >, < o =.**

1. 489
   605

   489 $\bigcirc$ 605

2. 719
   719

   719 $\bigcirc$ 719

3. 370
   248

   370 $\bigcirc$ 248

4. 645
   654

   645 $\bigcirc$ 654

5. 205
   250

   205 $\bigcirc$ 250

6. 813
   781

   813 $\bigcirc$ 781

## Resolución de problemas *En el mundo*

Resuelve. Escribe o dibuja para explicar.

7. Toby tiene 178 monedas de 1¢.
   Berta tiene 190 monedas de 1¢.
   ¿Quién tiene más monedas de 1¢?

   _____ tiene más monedas de 1¢.

8. **ESCRIBE** **Matemáticas** Explica cómo
   comparar 645 y 738 es diferente
   a comparar 645 y 649.

   _____

   _____

# Repaso de la lección (2.NBT.A.4)

**1.** Escribe >, <, o = para comparar.

315 $\bigcirc$ 351

**2.** Escribe >, <, o = para comparar.

401 $\bigcirc$ 399

# Repaso en espiral (2.OA.C.3, 2.NBT.A.1, 2.NBT.A.1a, 2.NBT.A.1b, 2.NBT.A.2)

**3.** ¿Qué número tiene el mismo valor que 50 decenas?

_____

**4.** Escribe un número que tenga un 8 en el lugar de las centenas.

_____

**5.** Ned cuenta de cinco en cinco. Comienza en el 80. ¿Qué número debería decir después?

_____

**6.** El Sr. Dean tiene un número par de gatos y un número impar de perros. Muestra cuántos perros y gatos puede tener.

6 gatos y _____ perros

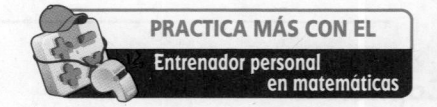

PRACTICA MÁS CON EL
Entrenador personal
en matemáticas

# ✓ Repaso y prueba del Capítulo 2

1.

[bloques de base diez]

**Entrenador personal en matemáticas**
Evaluación e
intervención en línea

¿Las siguientes opciones muestran una manera de
representar los bloques? Elige Sí o No.

| | | |
|---|---|---|
| 3 centenas | ○ Sí | ○ No |
| 30 unidades | ○ Sí | ○ No |
| 30 centenas | ○ Sí | ○ No |
| 30 decenas | ○ Sí | ○ No |

2. Robin tiene 180 adhesivos. ¿Cuántas páginas de
10 adhesivos necesita para tener 200 adhesivos
en total?

_____ páginas de adhesivos

3. Sanjo tiene 348 canicas. Harry tiene 100 canicas
menos que Sanjo. Ari tiene 10 canicas más que
Harry. Escribe el número de canicas que tiene
cada niño.

_____        _____        _____
   Sanjo                    Ari                    Harry

**4.** Escribe el siguiente número de cada patrón de conteo.

214, 314, 414, 514, _____

123, 133, 143, 153, _____

**5.** **PIENSA MÁS +** ¿Es verdadera la comparación? Elige Sí o No.

| | | |
|---|---|---|
| 787 < 769 | ○ Sí | ○ No |
| 405 > 399 | ○ Sí | ○ No |
| 396 > 402 | ○ Sí | ○ No |
| 128 < 131 | ○ Sí | ○ No |

**6.** **MÁS AL DETALLE** Cody piensa en el número 627.
Escríbelo con palabras.

_____

Muestra el número de Cody de otras dos maneras.

| Centenas | Decenas | Unidades |
|---|---|---|
| | | |

_____ + _____ + _____

© Houghton Mifflin Harcourt Publishing Company

Nombre _____

**7.** Matty necesita 200 botones. Amy le da 13 bolsas con 10 botones en cada una. ¿Cuántos botones necesita ahora?

_____ botones

---

**8.** Hay 4 cajas de 100 hojas de papel y varias hojas sueltas en el gabinete de materiales. Elige todos los números que muestren cuántas hojas de papel puede haber en total.

- ○ 348
- ○ 406
- ○ 324
- ○ 411

---

**9.** Los bloques se venden en cajas, en bolsas o sueltos. Cada caja contiene 10 bolsas. Cada bolsa contiene 10 bloques. Tara necesita 216 bloques. Haz un dibujo para mostrar una manera de comprar 216 bloques.

¿Cuántas cajas, bolsas y bloques sueltos mostraste?

_____

_____

10. Daniel y Hannah coleccionan carros de juguete. Daniel tiene 132 carros y Hannah tiene 138 carros. ¿Quién tiene más carros?

_____

Daniel recibe 10 carros más y Hannah recibe 3 carros más. ¿Quién tiene más carros ahora?

_____

Haz dibujos rápidos para mostrar cuántos carros tienen Daniel y Hannah ahora.

| Carros de Daniel | Carros de Hannah |
|---|---|
|  |  |

11. Elige todos los números que tienen el dígito 2 en el lugar de las decenas.

- ○ 721
- ○ 142
- ○ 425
- ○ 239

12. Ann tiene 239 caracoles. Escribe el número en palabras.

_____

# Todo sobre los animales

## por John Hudson

**Estándares comunes** **ÁREA DE ATENCIÓN** Desarrollar la fluidez con la suma y la resta

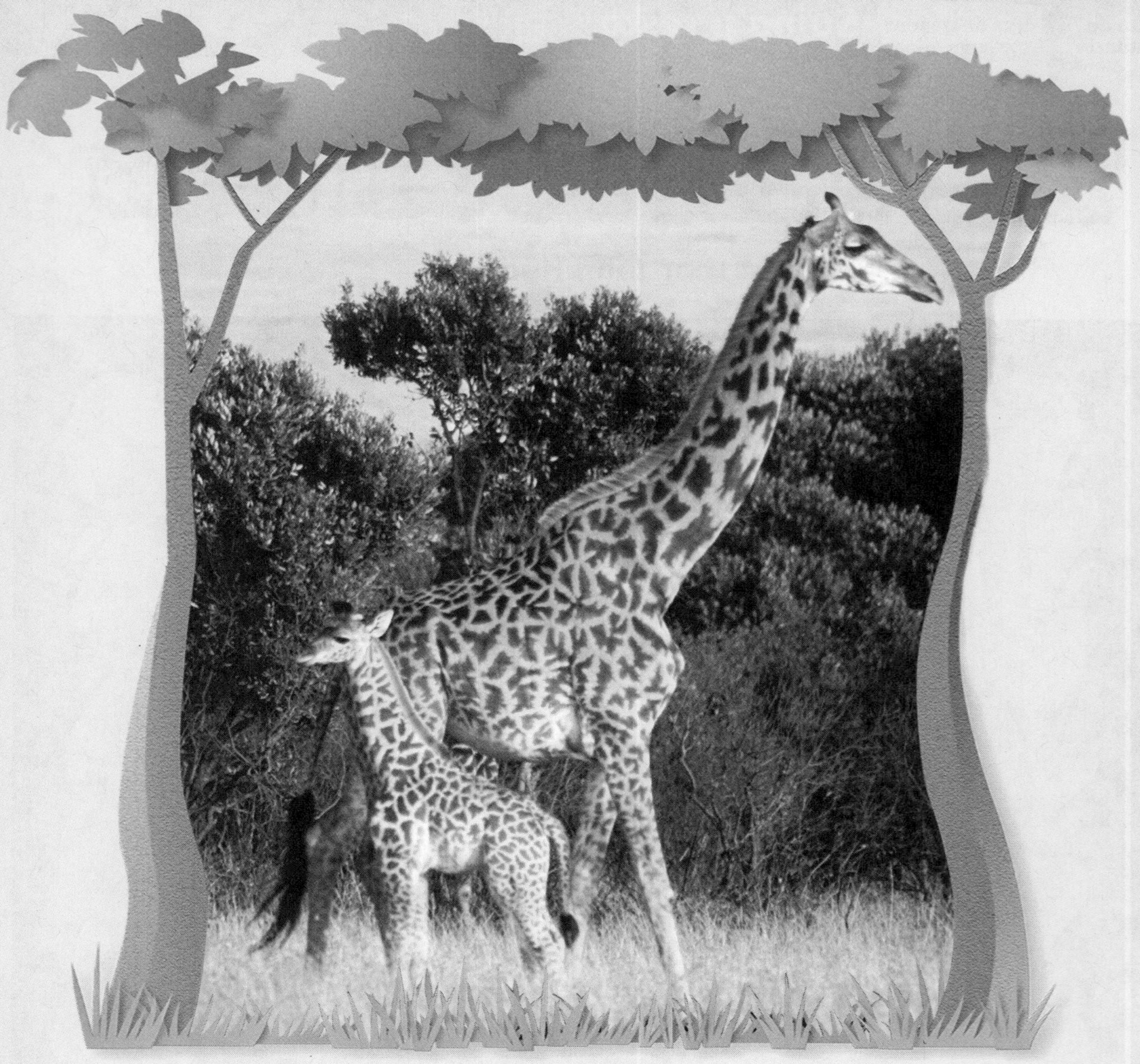

La jirafa es el animal terrestre más alto del mundo. Las jirafas adultas miden de 13 a 17 pies de altura. Las jirafas recién nacidas miden unos 6 pies de altura.

Un grupo de 5 jirafas bebe agua en un abrevadero. Otro grupo de 5 jirafas come hojas de un árbol. ¿Cuántas jirafas hay en total?

_____ jirafas

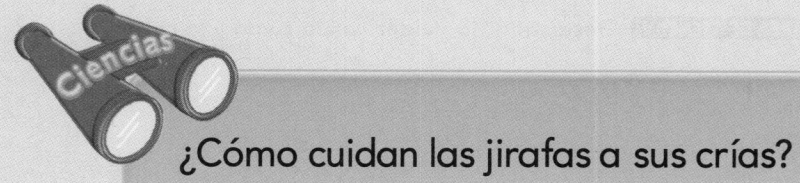

¿Cómo cuidan las jirafas a sus crías?

El avestruz es el ave más grande del mundo.
Los avestruces no pueden volar, pero pueden correr
rápido. ¡Los huevos de avestruz pesan unas 3 libras
cada uno! Varias avestruces ponen huevos en
un nido compartido.

Hay 6 huevos en un nido. Luego ponen 5 huevos más
en ese nido. ¿Cuántos huevos hay en el nido ahora?

_____ huevos

© Houghton Mifflin Harcourt Publishing Company • Image Credits: ©Stan Osolinski/Photolibrary/Getty Images

Ciencias

¿Cómo cuidan los avestruces a sus crías?

Los canguros saltan con las dos patas
traseras para moverse rápido. Cuando se
mueven lentamente, usan las cuatro patas.

Los canguros grises occidentales viven en grupos
llamados manadas. En una manada hay 8 canguros.
Luego se unen 4 canguros más a la manada.
¿Cuántos canguros tiene la manada en total?

_____ canguros

¿Cómo cuidan los canguros a sus crías?

Ciencias

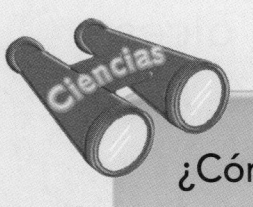

A los jabalíes les gusta comer raíces. Cavan con sus fuertes hocicos. Los jabalíes pueden medir hasta 6 pies de largo.

Los jabalíes viven en grupos llamados piaras. En una piara hay 14 jabalíes. Si hay 7 jabalíes comiendo, ¿cuántos jabalíes no están comiendo?

_____ jabalíes

Ciencias

¿Cómo cuidan los jabalíes a sus crías?

Los alces son el tipo de ciervo más grande.
Los machos tienen cuernos que miden
de 5 a 6 pies de ancho. Los alces saben trotar
y galopar. ¡También son buenos nadadores!

Un guardabosques vio 7 alces por la mañana
y 6 alces por la tarde. ¿Cuántos alces vio el
guardabosques ese día?

_____ alces

Ciencias

¿Cómo cuidan los alces a sus crías?

Nombre _____

# Escribe sobre el cuento

Elige un tipo de animal.
Haz un dibujo y escribe tu propio
cuento sobre ese tipo de animal.
Haz sumas en tu cuento.

**Repaso del vocabulario**

suma     en total

jirafa     avestruz     canguro

**ESCRIBE** ▸ **Matemáticas**

_____

_____

_____

_____

© Houghton Mifflin Harcourt Publishing Company • Image Credits: (l) ©Eric Nathan/Alamy; (c) ©Stan Osolinski/Photolibrary/Getty Images; (r) © Danita Delimont /Alamy

157

# ¿Cuántos huevos hay?

Dibuja más huevos de avestruz en cada nido.
Escribe un enunciado de suma debajo
de cada nido para mostrar cuántos huevos
hay en cada nido ahora.

_____

_____

Elige otro animal del cuento.
Escribe otro cuento que tenga suma.

# Operaciones básicas y relaciones

**Piensa como matemático**

El pez loro vive cerca de los arrecifes de coral en aguas oceánicas tropicales. Desprende con sus dientes afilados el alimento del coral.

Imagina que hay 10 peces loro comiendo en el coral. 3 peces se van nadando. ¿Cuántos peces están aún comiendo?

Nombre _____

✓ **Muestra lo que sabes**

Entrenador personal en matemáticas
Evaluación e
intervención en línea

## Usa símbolos para sumar

Usa el dibujo. Usa + e = para completar el
enunciado de suma. (K.OA.A.5)

1.

3 ◯ 1 ◯ 4

2.

2 ◯ 3 ◯ 5

## Sumas hasta el 10

Escribe la suma. (1.OA.C.6)

3.  $\begin{array}{r} 4 \\ +3 \\ \hline \end{array}$   4.  $\begin{array}{r} 5 \\ +0 \\ \hline \end{array}$   5.  $\begin{array}{r} 2 \\ +7 \\ \hline \end{array}$   6.  $\begin{array}{r} 6 \\ +2 \\ \hline \end{array}$   7.  $\begin{array}{r} 9 \\ +1 \\ \hline \end{array}$

## Dobles y dobles más uno

Escribe el enunciado de suma. (1.OA.C.6)

8.

___ ◯ ___ ◯ ___

9.

___ ◯ ___ ◯ ___

Esta página es para verificar la comprensión de destrezas
importantes que se necesitan para tener éxito en el Capítulo 3.

## Desarrollo del vocabulario

### Palabras de repaso

suma

resta

más

menos

igual

contar hacia adelante

contar hacia atrás

## Visualízalo

Clasifica las palabras de repaso en el organizador gráfico.

Palabras de **suma**                    Palabras de **resta**

más

## Comprende el vocabulario

1. Encierra en un círculo el enunciado de **suma**.

    $3 + 6 = 9$     $9 - 6 = 3$

2. Encierra en un círculo el enunciado de **resta**.

    $8 + 2 = 10$     $10 - 2 = 8$

3. Encierra en un círculo la operación de **contar hacia adelante**.

    $5 - 1 = 4$     $4 + 1 = 5$

4. Encierra en un círculo la operación de **contar hacia atrás**.

    $8 - 2 = 6$     $6 + 2 = 8$

- **Libro interactivo del estudiante**
- **Glosario multimedia**

# Juego En busca de la oruga

## Materiales

- 1 🔲
- 1 🔲
- 1 🎲

Juega con un compañero.

1 Coloca el cubo en la SALIDA.

2 Lanza el 🎲 y muévete esa cantidad de espacios.

3 Di la suma o la diferencia. Tu compañero revisa tu respuesta.

4 Túrnense. El primer jugador que alcanza la LLEGADA gana.

**LLEGADA**

| | | | | |
|---|---|---|---|---|
| 7<br>+3 | 3<br>−1 | 3<br>+4 | 6<br>−0 | 5<br>+2 |

2
+4

| | | | | |
|---|---|---|---|---|
| 1<br>+6 | 4<br>−1 | 3<br>+0 | 6<br>−3 | 5<br>−2 |

5
−5

| | | | | |
|---|---|---|---|---|
| 7<br>−4 | 3<br>+5 | 0<br>+4 | 7<br>−5 | 2<br>+3 | 5<br>−3 |

**SALIDA**

| | | | |
|---|---|---|---|
| 4<br>+4 | 6<br>−1 | 2<br>+2 | 5<br>+3 |

8
−2

# Vocabulario del Capítulo 3

| | |
|---|---|
| **decenas**<br>tens<br>18 | **diferencia**<br>difference<br>20 |
| **dígito**<br>digit<br>21 | **es igual a**<br>is equal to (=)<br>25 |
| **números impares**<br>odd numbers<br>46 | **números pares**<br>even numbers<br>47 |
| **suma**<br>sum<br>59 | **sumandos**<br>addends<br>60 |

5 − 3 = 2

diferencia

= 

**10 unidades = 1 decena**

2    más    1    es igual a    3

2    +    1    =    3

0, 1, 2, 3, 4, 5, 6, 7, 8, y 9 son **dígitos**.

**Los números pares muestran pares sin cubos que sobren.**

**Los números impares muestran pares con un cubo de sobra.**

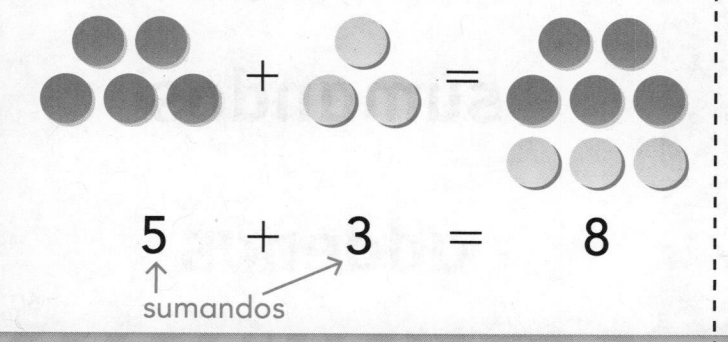

5    +    3    =    8

sumandos

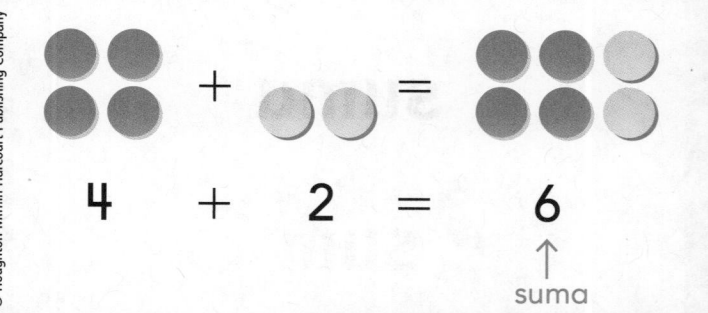

4    +    2    =    6

suma

# ¡Vamos al arrecife de coral!

**Jugadores:** 2

## Materiales

- I
- I
- I

## Instrucciones

1. Cada jugador elige un y lo coloca en la SALIDA.

2. Lanza el para jugar tu turno. Mueve el esa cantidad de espacio alrededor del recorrido hacia la derecha.

3. Si caes en estos cuadrados:

   **Espacio blanco** Di el significado de la palabra de matemáticas o úsala en una oración. Si es correcto, salta hacia el siguiente espacio con esa palabra.

   **Espacio verde** Sigue las instrucciones del espacio. Si no hay instrucciones, te quedas en el mismo lugar.

4. El primer jugador que llega a la META, es el ganador.

**Recuadro de palabras**

decena

diferencia

dígito

es igual a (=)

números pares

números impares

suma

sumandos

## Juego

© Houghton Mifflin Harcourt Publishing Company

### INSTRUCCIONES

1. Cada jugador elige un 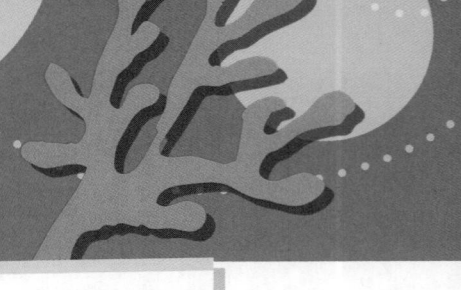 y lo coloca en la SALIDA.
2. Lanza el 🎲 para jugar tu turno. Mueve el ⬛ esa cantidad de espacios alrededor del recorrido hacia la derecha.
3. Si caes en estos cuadrados:

   **Espacio blanco** Di el significado de la palabra de matemática o úsala en una oración. Si es correcto, salta hacia el siguiente espacio que tenga esa palabra.

   **Espacio verde** Sigue las instrucciones del espacio. Si no hay instrucciones, te quedas en el mismo lugar.
4. El primer jugador que llega a la META, es el ganador.

**MATERIALES** • 🎲 • 🎲 • 🎲

### META

| suma | números pares | números impares | sumandos |

| suma | sumandos | Retrocede | diferencia | decenas |

| números pares | números impares | dígito | es igual a | |

| dígito | números | números pares | suma | sumandos |

| es igual a | decenas | Retrocede | sumandos | suma |

### SALIDA

| decenas | es igual a | dígito | números impares |

162B ciento sesenta y dos

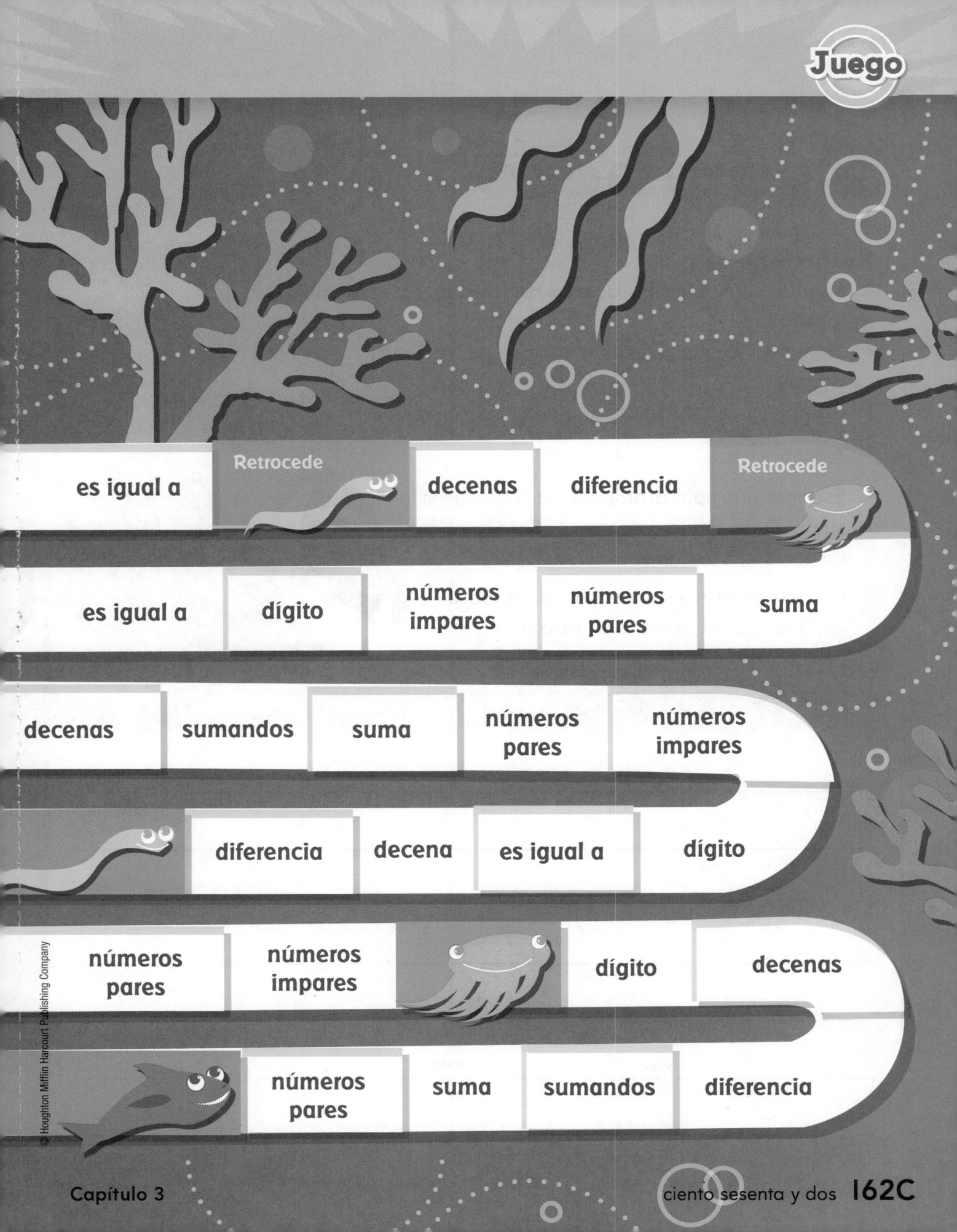

es igual a

Retrocede

decenas

diferencia

Retrocede

es igual a

dígito

números impares

números pares

suma

decenas

sumandos

suma

números pares

números impares

diferencia

decena

es igual a

dígito

números pares

números impares

dígito

decenas

números pares

suma

sumandos

diferencia

# Diario

# Escríbelo

**Reflexiona**

**Elige una idea. Escribe acerca de la idea en el espacio de abajo.**

- Piensa en lo que hiciste en la clase de matemáticas de hoy.
Completa esta oración:

  **Aprendí que _____.**

- Escribe tu propio problema para que uses la suma. Luego pide a un compañero que resuelva el problema.

- Usa las palabras *sumandos* y *suma* para explicar cómo se resuelve este problema:

  12 + 23 = _____.

Nombre _____

# Usar operaciones de dobles

**Pregunta esencial** ¿Cómo puedes usar operaciones de dobles para hallar la suma de operaciones de dobles cercanas?

**Estándares comunes** Operaciones y pensamiento algebraico—2.OA.B.2
PRÁCTICAS MATEMÁTICAS
MP1, MP4, MP7

Haz un dibujo para mostrar el problema. Luego escribe un enunciado de suma para el problema.

_____ ◯ _____ ◯ _____

_____ carritos

**Charla matemática**
**PRÁCTICAS MATEMÁTICAS** 4

**Representa** Explica por qué decimos que 4 + 4 = 8 es una operación de dobles.

🍎 **PARA EL MAESTRO** • Lea el siguiente problema y pida a los niños que hagan un dibujo del problema. Nathan tiene 6 carritos. Alisha le regala 6 carritos más. ¿Cuántos carritos tiene Nathan ahora? Después de que los niños escriban el enunciado de suma, pídales que mencionen otras operaciones de dobles que conozcan.

Puedes usar operaciones de dobles para hallar las **sumas** de otras operaciones.

$3 + 4 = ?$

$\downarrow$

$3 + 3 + 1 = ?$

$3 + 3 = 6$

$6 + 1 = 7$

Por lo tanto, $3 + 4 =$ _____.

$7 + 6 = ?$

$\downarrow$

$7 + 7 - 1 = ?$

$7 + 7 = 14$

$14 - 1 = 13$

Por lo tanto, $7 + 6 =$ _____.

**Comparte y muestra**  MATH BOARD

Escribe una operación de dobles que te sirva para hallar la suma. Escribe la suma.

1. $2 + 3 =$ _____

   _____ $+$ _____ $=$ _____

2. $4 + 5 =$ _____

   _____ $+$ _____ $=$ _____

3. $4 + 3 =$ _____

   _____ $+$ _____ $=$ _____

4. $6 + 7 =$ _____

   _____ $+$ _____ $=$ _____

5. $5 + 6 =$ _____

   _____ $+$ _____ $=$ _____

6. $8 + 7 =$ _____

   _____ $+$ _____ $=$ _____

**Por tu cuenta**

Escribe una operación de dobles que te
sirva para hallar la suma. Escribe la suma.

7. $5 + 4 =$ _____

_____ + _____ = _____

8. $6 + 5 =$ _____

_____ + _____ = _____

9. $6 + 7 =$ _____

_____ + _____ = _____

10. $7 + 8 =$ _____

_____ + _____ = _____

11. $8 + 9 =$ _____

_____ + _____ = _____

12. $5 + 6 =$ _____

_____ + _____ = _____

13. $7 + 6 =$ _____

_____ + _____ = _____

14. $9 + 8 =$ _____

_____ + _____ = _____

15. **PIENSA MÁS** El Sr. Norris escribió una operación
de dobles. Tiene una suma mayor que 6. Los números
que sumó son menores que 6. ¿Qué operación pudo
haber escrito?

_____

## Resolución de problemas • Aplicaciones En el mundo

 **ESCRIBE** Matemáticas

Resuelve. Escribe o dibuja para explicar.

**16.** PRÁCTICA MATEMÁTICA ① **Analiza**

Andrea tiene 8 botones rojos y 9 botones azules. ¿Cuántos botones tiene Andrea?

_____ botones

**17.** *MÁS AL DETALLE* Henry ve 3 conejos. Callie ve el doble de ese número de conejos. ¿Cuántos conejos ve Callie más que Henry?

_____ conejos **más**

**18.** PIENSA MÁS ¿Podrías usar la operación de dobles para hallar la suma de $4 + 5$? Elige Sí o No.

| | | |
|---|---|---|
| $4 + 4 = 8$ | ○ Sí | ○ No |
| $5 + 5 = 10$ | ○ Sí | ○ No |
| $9 + 9 = 18$ | ○ Sí | ○ No |

 **ACTIVIDAD PARA LA CASA** • Pida a su niño que escriba tres operaciones de dobles con sumas menores que 17.

# Usar operaciones de dobles

Estándares comunes

**ESTÁNDARES COMUNES—2.OA.B.2**
Suman y restan hasta el número 20.

**Escribe una operación de dobles que puedas usar para hallar la suma. Escribe la suma.**

1. $2 + 3 = $ ____

____ $+$ ____ $=$ ____

2. $7 + 6 = $ ____

____ $+$ ____ $=$ ____

3. $3 + 4 = $ ____

____ $+$ ____ $=$ ____

4. $8 + 9 = $ ____

____ $+$ ____ $=$ ____

## Resolución de problemas · En el mundo

Resuelve. Escribe o dibuja la explicación.

5. Hay 4 hormigas en un tronco. Luego 5 hormigas trepan al tronco. ¿Cuántas hormigas hay en el tronco ahora?

_____ hormigas

6. **ESCRIBE** · **Matemáticas** Dibuja o escribe para mostrar dos formas de usar operaciones de dobles para hallar $6 + 7$.

_____

_____

## Repaso de la lección (2.OA.B.2)

1. Escribe una operación de dobles que puedas usar para hallar la suma. Escribe la suma.

$$4 + 3 = \underline{\hspace{1cm}}$$

$$\underline{\hspace{1cm}} + \underline{\hspace{1cm}} = \underline{\hspace{1cm}}$$

2. Escribe una operación de dobles que puedas usar para hallar la suma. Escribe la suma.

$$6 + 7 = \underline{\hspace{1cm}}$$

$$\underline{\hspace{1cm}} + \underline{\hspace{1cm}} = \underline{\hspace{1cm}}$$

## Repaso en espiral (2.OA.C.3, 2.NBT.A.1, 2.NBT.A.3, 2.NBT.A.4)

3. En la escuela de Lia hay 451 niños. ¿Qué número es mayor que 451?

$$\underline{\hspace{1cm}}$$

4. ¿Qué número muestran estos bloques?

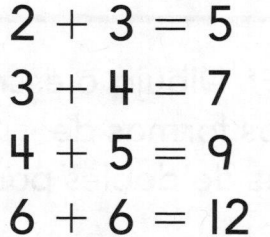

5. Escribe un número con el dígito 8 en el lugar de las decenas.

$$\underline{\hspace{1cm}}$$

6. Encierra en un círculo la suma que es un número par.

$$2 + 3 = 5$$
$$3 + 4 = 7$$
$$4 + 5 = 9$$
$$6 + 6 = 12$$

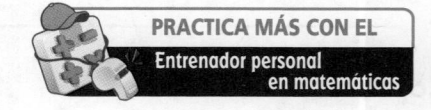

PRACTICA MÁS CON EL
Entrenador personal
en matemáticas

Nombre _____

# Practicar operaciones de suma

**Pregunta esencial** ¿De qué maneras se pueden recordar las sumas?

**Estándares comunes** Operaciones y pensamiento algebraico—2.OA.B.2
PRÁCTICAS MATEMÁTICAS
MP1, MP7, MP8

Haz dibujos para mostrar los problemas.

_____

_____

**PARA EL MAESTRO** • Lea los dos problemas siguientes. Pida a los niños que hagan un dibujo y que escriban un enunciado numérico para cada uno. El lunes, Tony vio 3 perros y 6 gatos. ¿Cuántos animales vio? El martes, Tony vio 6 perros y 3 gatos. ¿Cuántos animales vio?

**Charla matemática** PRÁCTICAS MATEMÁTICAS

**Analiza** Explica en qué se parecen los dos problemas. Explica en qué se diferencian.

Estas son maneras de recordar operaciones.

Puedes contar hacia adelante 1, 2 ó 3.

Cambiar el orden de los **sumandos** no cambia la suma.

$6 + 1 = \underline{7}$

$6 + 2 = \underline{8}$

$6 + 3 = \underline{9}$

$\underline{8} = 2 + 6$

$\underline{8} = 6 + 2$

## Comparte y muestra    MATH BOARD

Escribe las sumas.

1. $4 + 4 = \underline{\phantom{00}}$

   $4 + 5 = \underline{\phantom{00}}$

2. $5 + 0 = \underline{\phantom{00}}$

   $2 + 0 = \underline{\phantom{00}}$

3. $3 + 8 = \underline{\phantom{00}}$

   $8 + 3 = \underline{\phantom{00}}$

4. $\underline{\phantom{00}} = 5 + 5$

   $\underline{\phantom{00}} = 5 + 4$

5. $5 + 7 = \underline{\phantom{00}}$

   $7 + 5 = \underline{\phantom{00}}$

6. $\underline{\phantom{00}} = 7 + 7$

   $\underline{\phantom{00}} = 7 + 8$

7. $\underline{\phantom{00}} = 3 + 7$

   $\underline{\phantom{00}} = 7 + 3$

8. $9 + 3 = \underline{\phantom{00}}$

   $3 + 9 = \underline{\phantom{00}}$

9. $\underline{\phantom{00}} = 6 + 6$

   $\underline{\phantom{00}} = 6 + 5$

## Por tu cuenta

Escribe las sumas.

10. $7 + 1 =$ _____

    $1 + 7 =$ _____

11. _____ $= 4 + 0$

    _____ $= 9 + 0$

12. $5 + 5 =$ _____

    $5 + 4 =$ _____

13. $8 + 2 =$ _____

    $2 + 8 =$ _____

14. $3 + 3 =$ _____

    $3 + 4 =$ _____

15. $7 + 8 =$ _____

    $8 + 7 =$ _____

16. _____ $= 4 + 1$

    _____ $= 1 + 4$

17. $0 + 7 =$ _____

    $0 + 6 =$ _____

18. $8 + 8 =$ _____

    $8 + 9 =$ _____

19. $5 + 3 =$ _____

    $3 + 5 =$ _____

20. _____ $= 9 + 9$

    _____ $= 9 + 8$

21. $6 + 7 =$ _____

    $7 + 6 =$ _____

22. **PIENSA MÁS** Sam pintó 3 cuadros. Ellie pintó el doble que ese número de cuadros. ¿Cuántos cuadros pintaron en total?

_____ cuadros

## Resolución de problemas • Aplicaciones  *En el mundo*

Resuelve. Escribe o dibuja para explicar.

**23.** *MÁS AL DETALLE* Chloe hace 8 dibujos.
Reggie hace I dibujo más que Chloe.
¿Cuántos dibujos hacen en total?

_____ dibujos

**24.** PRÁCTICA MATEMÁTICA ① **Analiza** Joanne
hizo 9 tazones de arcilla la semana
pasada. Hizo el mismo número de
tazones esta semana. ¿Cuántos
tazones de arcilla hizo en las dos
semanas?

_____ tazones de arcilla

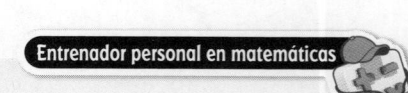
Entrenador personal en matemáticas

**25.** PIENSA MÁS ✛ Hay 9 pasas en el tazón.
Devon coloca 8 pasas más. Completa el
enunciado de suma para hallar cuántas pasas
hay en el tazón ahora.

_____ + _____ = _____

_____ uvas pasas

**ACTIVIDAD PARA LA CASA** • Pida a su niño que escriba
varias operaciones de suma que conozca.

# Practicar operaciones de suma

Estándares comunes

**ESTÁNDARES COMUNES—2.OA.B.2**
*Suman y restan hasta el número 20.*

**Escribe las sumas.**

1. $9 + 1 =$ _____

   $1 + 9 =$ _____

2. $7 + 6 =$ _____

   $6 + 7 =$ _____

3. $8 + 0 =$ _____

   $5 + 0 =$ _____

4. _____ $= 7 + 9$

   _____ $= 9 + 7$

5. $4 + 4 =$ _____

   $4 + 5 =$ _____

6. $9 + 9 =$ _____

   $9 + 8 =$ _____

7. $8 + 8 =$ _____

   $8 + 7 =$ _____

8. $2 + 2 =$ _____

   $2 + 3 =$ _____

9. _____ $= 6 + 3$

   _____ $= 3 + 6$

10. $6 + 6 =$ _____

    $6 + 7 =$ _____

11. _____ $= 0 + 7$

    _____ $= 0 + 9$

12. $5 + 5 =$ _____

    $5 + 6 =$ _____

## Resolución de problemas En el mundo

Resuelve. Escribe o dibuja para explicar.

13. Jason tiene 7 rompecabezas. Quincy tiene el mismo número de rompecabezas que Jason. ¿Cuántos rompecabezas tienen los dos?

    _____ rompecabezas

14. **ESCRIBE** **Matemáticas** Escribe o dibuja para explicar una forma de hallar las sumas: $6 + 7$, $8 + 4$, $2 + 9$.

    _____

    _____

# Repaso de la lección (2.OA.B.2)

**1.** ¿Cuál es la suma?

$$8 + 7 = \underline{\hspace{1cm}}$$

**2.** ¿Cuál es la suma?

$$2 + 9 = \underline{\hspace{1cm}}$$

# Repaso en espiral (2.NBT.A.2, 2.NBT.A.3, 2.NBT.A.4, 2.NBT.B.8)

**3.** Escribe otra manera de describir 43.

$$\underline{\hspace{1cm}} + \underline{\hspace{1cm}}$$

**4.** Escribe el número que es 100 más que 276.

$$\underline{\hspace{2cm}}$$

**5.** Cuenta de diez en diez.

20, 30, 40,_____,_____,_____

**6.** Escribe <, >, o = para comparar.

127 _____ 142

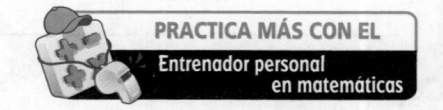
PRACTICA MÁS CON EL
Entrenador personal
en matemáticas

Nombre _____

# Álgebra • Formar una decena para sumar

**Pregunta esencial** ¿Cómo se usa la estrategia de formar una decena para hallar la suma?

**Estándares comunes** Operaciones y pensamiento algebraico—2.OA.B.2
**PRÁCTICAS MATEMÁTICAS**
MP1, MP7, MP8

 **Escucha y dibuja** En el mundo

Escribe la operación debajo del cuadro de diez cuando escuches el problema que coincida con el modelo.

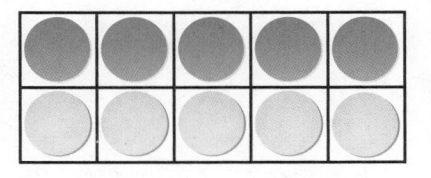

_____

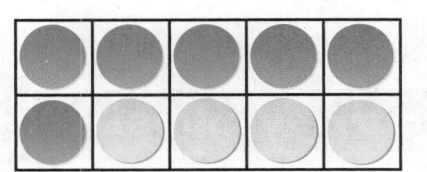

_____

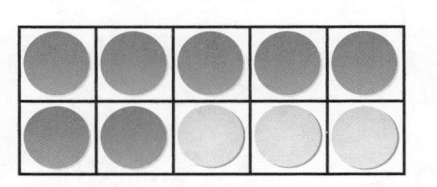

_____

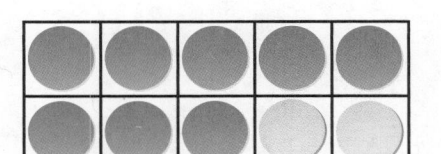

_____

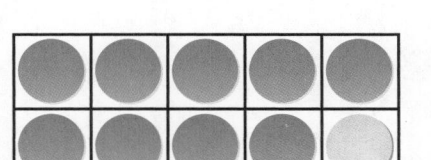

_____

**PARA EL MAESTRO** • Lea el siguiente problema. Hay 6 perros grandes y 4 perros pequeños. ¿Cuántos perros hay en total? Pida a los niños que hallen el cuadro de diez que represente el problema y escriban el enunciado de suma. Repita el problema con cada operación de suma que representan los otros cuadros de diez.

**Charla matemática**
PRÁCTICAS MATEMÁTICAS 7

**Buscar estructuras**
Describe el patrón que ves en estas operaciones para formar una decena.

7 + 5 = ?

Debes sumar 3 y 7 para formar una decena. Separa 5 en 3 y 2.

7 + 5

7 + 3 + 2

10 + 2 = __12__

Por lo tanto, 7 + 5 = _____.

## Comparte y muestra   MATH BOARD

Muestra cómo formar una decena para hallar la suma.
Escribe la suma.

1. 8 + 3 = _____

2 |

10 + _____ = _____

2. 2 + 9 = _____

|

10 + _____ = _____

3. 8 + 5 = _____

10 + _____ = _____

4. 4 + 7 = _____

10 + _____ = _____

5. 3 + 9 = _____

10 + _____ = _____

6. 7 + 6 = _____

10 + _____ = _____

**Por tu cuenta** MATH BOARD

Muestra cómo formar una decena para hallar la suma.
Escribe la suma.

7. $4 + 9 =$ _____

3 |

$10 +$ _____ $=$ _____

8. $9 + 8 =$ _____

7

$10 +$ _____ $=$ _____

9. $8 + 6 =$ _____

$10 +$ _____ $=$ _____

10. $5 + 9 =$ _____

$10 +$ _____ $=$ _____

11. $7 + 9 =$ _____

$10 +$ _____ $=$ _____

12. $8 + 4 =$ _____

$10 +$ _____ $=$ _____

13. **MÁS AL DETALLE** Álex está pensando en una operación de dobles. Tiene una suma mayor que la suma de $7 + 7$ pero menor que la suma de $8 + 9$. ¿En qué operación está pensando Álex?

_____ $+$ _____ $=$ _____

14. **PIENSA MÁS** Hay 5 abejas en una colmena. ¿Cuántas abejas más tienen que entrar en la colmena para que haya 14 en total?

_____ abejas **más**

## Resolución de problemas • Aplicaciones (En el mundo)

ESCRIBE ▸ Matemáticas

Resuelve. Escribe o dibuja para explicar.

**15.** PRÁCTICA MATEMÁTICA ① Analiza Hay 9 bicicletas grandes en la tienda. Hay 6 bicicletas pequeñas en la tienda. ¿Cuántas bicicletas hay en la tienda?

_____ bicicletas

**16.** MÁS AL DETALLE Max está pensando en una operación de dobles. Tiene una suma mayor que la suma de 6 + 4 pero menor que la suma de 8 + 5. ¿En qué operación está pensando Max?

_____ + _____ = _____

**17.** PIENSA MÁS Natasha tiene 8 caracoles. Luego encuentra 5 caracoles más. Haz un dibujo para mostrar cómo hallar el total de caracoles que tiene.

¿Cuántos caracoles tiene ahora? _____ caracoles

 **ACTIVIDAD PARA LA CASA** • Pida a su niño que diga pares de números que tengan una suma de 10. Luego pídale que escriba los enunciados de suma.

# Álgebra • Formar una decena para sumar

**Estándares comunes** ESTÁNDARES COMUNES—2.0A.B.2
*Suman y restan hasta el número 20.*

**Muestra cómo formar una decena para hallar la suma. Escribe la suma.**

1. $9 + 7 =$ ___

   $1 \quad 6$

   $10 +$ ___ $=$ ___

2. $8 + 5 =$ ___

   $10 +$ ___ $=$ ___

3. $8 + 6 =$ ___

   $10 +$ ___ $=$ ___

4. $3 + 9 =$ ___

   $10 +$ ___ $=$ ___

5. $8 + 7 =$ ___

   $10 +$ ___ $=$ ___

6. $6 + 5 =$ ___

   $10 +$ ___ $=$ ___

## Resolución de problemas (En el mundo)

**Resuelve. Escribe o dibuja para explicar.**

7. Hay 9 niños en el autobús. Luego suben 8 niños más al autobús. ¿Cuántos niños hay en el autobús ahora?

   ____ niños

8. **ESCRIBE Matemáticas** Describe cómo puedes usar la estrategia de formar una decena para hallar la suma de $7 + 9$.

## Repaso de la lección (2.OA.B.2)

**1.** Encierra en un círculo la operación que tenga la misma suma que $8 + 7$.

$10 + 3$

$10 + 4$

$10 + 5$

$10 + 6$

**2.** Escribe una operación que tenga la misma suma que $7 + 5$.

_____ + _____

## Repaso en espiral (2.OA.C.3, 2.NBT.A.3)

**3.** Escribe el número que se muestra como $200 + 10 + 7$.

_____

**4.** Encierra en un círculo el número impar.

2      4      6      7

**5.** ¿Cuál es el valor del dígito subrayado?

6̲5

_____

**6.** ¿Cuál es otra manera de escribir el número 47?

_____ decenas _____ unidades

PRACTICA MÁS CON EL
**Entrenador personal**
en matemáticas

Nombre _____

# Álgebra • Sumar 3 sumandos

**Pregunta esencial** ¿Cómo sumas tres números?

Estándares comunes — Operaciones y pensamiento algebraico—2.OA.B.2
También 2.NBT.5
PRÁCTICAS MATEMÁTICAS
MP1, MP7, MP8

## Escucha y dibuja

Escribe la suma de cada par de sumandos.

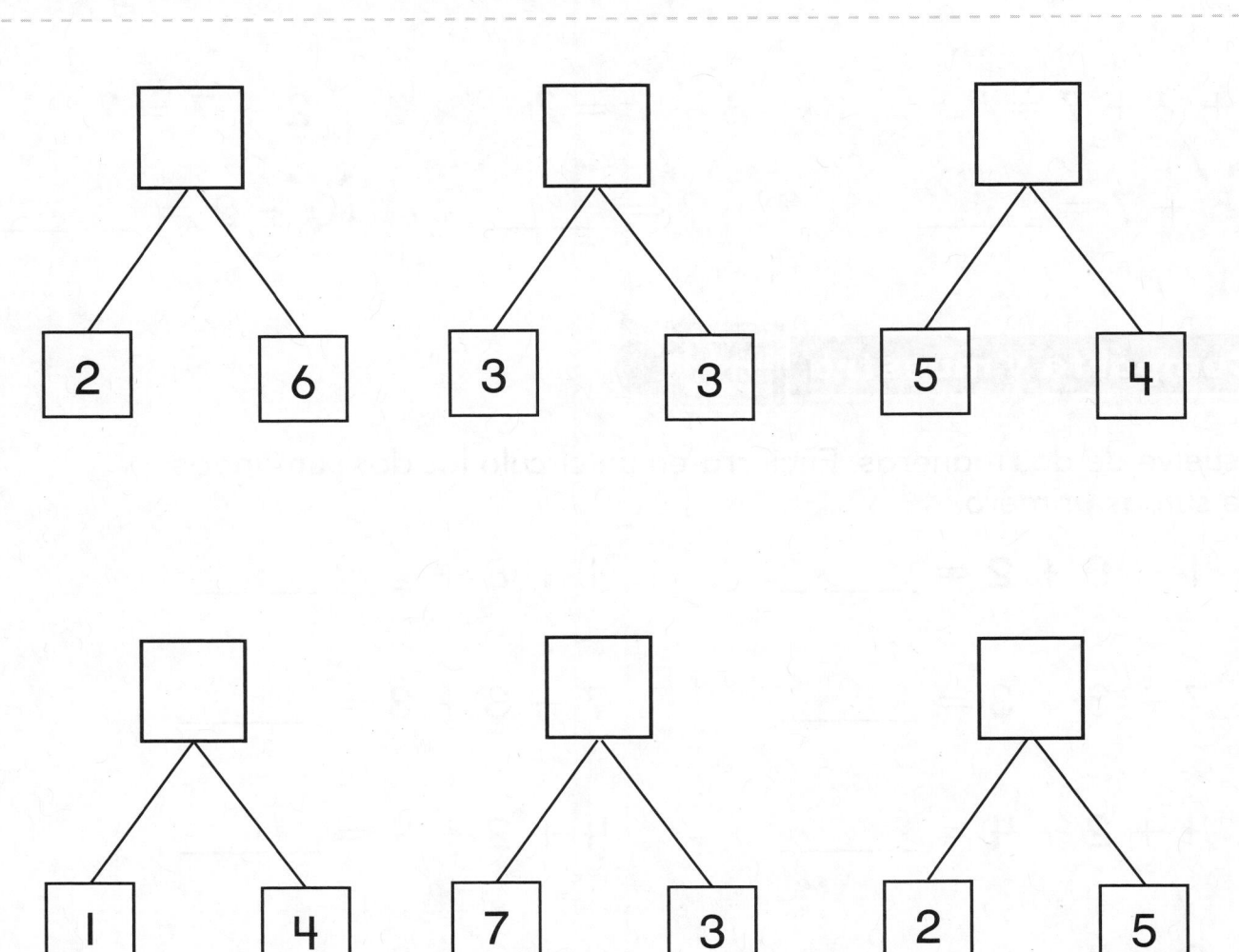

© Houghton Mifflin Harcourt Publishing Company

🍎 **PARA EL MAESTRO •** Después de que los niños anoten la suma de cada par de sumandos, pídales que compartan sus resultados y comenten las estrategias que usaron.

**Charla matemática**

**PRÁCTICAS MATEMÁTICAS** 1

**Describe** cómo hallaste la suma de 5 y 4.

Puedes agrupar números de diferentes maneras para sumar.

Elige dos sumandos.
Busca operaciones que conozcas.

Cambiar la manera en que los números están agrupados no cambia la suma.

$3 + 2 + 7 = ?$

$5 + 7 = \underline{12}$

$3 + 2 + 7 = ?$

$3 + 9 = \underline{\phantom{000}}$

$3 + 2 + 7 = ?$

$10 + 2 = \underline{\phantom{000}}$

## Comparte y muestra  MATH BOARD

Resuelve de dos maneras. Encierra en un círculo los dos sumandos que sumas primero.

1. $1 + 8 + 2 = \underline{\phantom{000}}$    $1 + 8 + 2 = \underline{\phantom{000}}$

2. $7 + 3 + 3 = \underline{\phantom{000}}$    $7 + 3 + 3 = \underline{\phantom{000}}$

3. $4 + 2 + 4 = \underline{\phantom{000}}$    $4 + 2 + 4 = \underline{\phantom{000}}$

4. $2 + 8 + 2 = \underline{\phantom{000}}$    $2 + 8 + 2 = \underline{\phantom{000}}$

5.

$$\begin{array}{r} 3 \\ 2 \\ + 6 \\ \hline \end{array} \qquad \begin{array}{r} 3 \\ 2 \\ + 6 \\ \hline \end{array}$$

6.

$$\begin{array}{r} 7 \\ 0 \\ + 2 \\ \hline \end{array} \qquad \begin{array}{r} 7 \\ 0 \\ + 2 \\ \hline \end{array}$$

Nombre _____

## Por tu cuenta

Resuelve de dos maneras. Encierra en un círculo los dos sumandos que sumas primero.

7. $4 + 1 + 6 =$ _____     $4 + 1 + 6 =$ _____

8. $4 + 3 + 3 =$ _____     $4 + 3 + 3 =$ _____

9. $1 + 5 + 3 =$ _____     $1 + 5 + 3 =$ _____

10. $6 + 4 + 4 =$ _____     $6 + 4 + 4 =$ _____

11. $5 + 5 + 5 =$ _____     $5 + 5 + 5 =$ _____

12. $7 + 0 + 6 =$ _____     $7 + 0 + 6 =$ _____

13.
$$\begin{array}{r} 5 \\ 3 \\ + 4 \\ \hline \end{array} \qquad \begin{array}{r} 5 \\ 3 \\ + 4 \\ \hline \end{array}$$

14.
$$\begin{array}{r} 4 \\ 2 \\ + 5 \\ \hline \end{array} \qquad \begin{array}{r} 4 \\ 2 \\ + 5 \\ \hline \end{array}$$

**PRÁCTICA MATEMÁTICA 7** Busca una estructura

Escribe el sumando que falta.

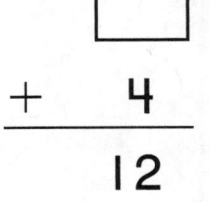
15.
$$\begin{array}{r} 5 \\ 5 \\ + \boxed{\phantom{0}} \\ \hline 14 \end{array}$$

16.
$$\begin{array}{r} 4 \\ \boxed{\phantom{0}} \\ + 4 \\ \hline 12 \end{array}$$

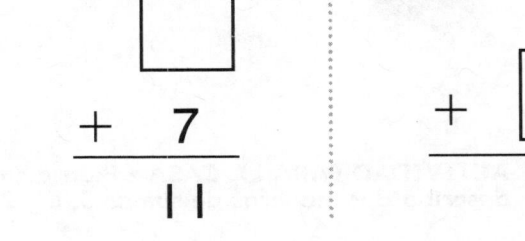
17.
$$\begin{array}{r} 3 \\ \boxed{\phantom{0}} \\ + 7 \\ \hline 11 \end{array}$$

18.
$$\begin{array}{r} 5 \\ 3 \\ + \boxed{\phantom{0}} \\ \hline 13 \end{array}$$

## Resolución de problemas • Aplicaciones (En el mundo)

ESCRIBE Matemáticas

Elige una manera de resolver.
Escribe o dibuja para explicar.

19. **PIENSA MÁS** Nick, Alex y
Sophia comen 15 pasas en
total. Nick y Alex comen
4 pasas cada uno. ¿Cuántas
pasas come Sophia?

_____ pasas

20. **PRÁCTICA MATEMÁTICA ①** Analiza
Hay 5 uvas verdes y 4 uvas rojas
en un tazón. Eli pone 4 uvas
más en el tazón. ¿Cuántas uvas
hay en el tazón ahora?

_____ uvas

21. **PIENSA MÁS** La Sra. Moore compró
4 manzanas pequeñas, 6 manzanas
medianas y 3 manzanas grandes.
¿Cuántas manzanas compró?

_____ manzanas

**ACTIVIDAD PARA LA CASA** • Pida a su niño que
describa dos maneras de sumar 3, 6 y 2.

# Álgebra • Sumar 3 sumandos

**Estándares comunes**

**ESTÁNDARES COMUNES—2.0A.B.2**
*Suman y restan hasta el número 20.*

**Resuelve de dos maneras. Encierra en un círculo los dos sumandos que sumas primero.**

1. $2 + 3 + 7 =$ ___          $2 + 3 + 7 =$ ___

2. $5 + 3 + 3 =$ ___          $5 + 3 + 3 =$ ___

3. $4 + 5 + 4 =$ ___          $4 + 5 + 4 =$ ___

4.
$$\begin{array}{r} 5 \\ 4 \\ + 5 \\ \hline \end{array} \qquad \begin{array}{r} 5 \\ 4 \\ + 5 \\ \hline \end{array}$$

5.
$$\begin{array}{r} 6 \\ 3 \\ + 4 \\ \hline \end{array} \qquad \begin{array}{r} 6 \\ 3 \\ + 4 \\ \hline \end{array}$$

## Resolución de problemas · En el mundo

Elige una manera de resolver. Escribe o dibuja para explicar.

6. Amber tiene 2 crayones rojos, 5 crayones azules y 4 crayones amarillos. ¿Cuántos crayones tiene en total?

_____ crayones

7. **ESCRIBE** ) **Matemáticas** Escribe o dibuja para explicar dos formas de hallar la suma de $3 + 4 + 5$.

_____

## Repaso de la lección (2.OA.B.2)

**1.** ¿Cuál es la suma de 2 + 4 + 6?

_____

**2.** ¿Cuál es la suma de 5 + 4 + 2?

_____

## Repaso en espiral (2.NBT.A.1a, 2.NBT.A.1b, 2.NBT.A.3, 2.NBT.A.4, 2.NBT.B.8)

**3.** Escribe >, < o = para comparar.

688 ____ 648

**4.** ¿Qué número puede escribirse como 4 decenas, 2 unidades?

_____

**5.** ¿Qué número tiene el mismo valor que 50 decenas?

_____

**6.** ¿Cuál es el siguiente número del patrón?

420, 520, 620, 720, _____

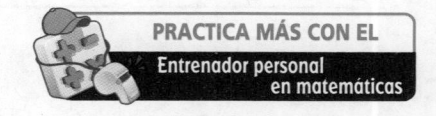

PRACTICA MÁS CON EL
**Entrenador personal**
en matemáticas

# Álgebra • Relacionar la suma y la resta

**Pregunta esencial** ¿Cómo se relacionan la suma y la resta?

**Estándares comunes** Operaciones y pensamiento algebraico—2.OA.B.2
**PRÁCTICAS MATEMÁTICAS**
MP2, MP6, MP8

## Escucha y dibuja En el mundo

Completa el modelo de barras para mostrar el problema.

| 8 | 7 |
|---|---|

_____

_____ pelotas de fútbol

| _____ | 7 |
|---|---|

15

_____ pelotas de fútbol

**PARA EL MAESTRO** • Lea los siguientes problemas. Pida a los niños que completen el modelo de barras de cada uno. El equipo de fútbol tiene 8 pelotas rojas y 7 pelotas amarillas. ¿Cuántas pelotas de fútbol tiene el equipo? El equipo de fútbol tiene 15 pelotas en el vestuario. Los niños sacaron las 7 pelotas amarillas para el campo. ¿Cuántas pelotas de fútbol quedan adentro?

**Charla matemática**

**PRÁCTICAS MATEMÁTICAS** 6

**Explica** en qué se parecen y en qué se diferencian los modelos de barras.

Puedes usar operaciones de suma para recordar **diferencias**. Las operaciones relacionadas tienen las mismas partes y el mismo entero.

Piensa en los sumandos de una operación de suma para hallar la diferencia en una operación de resta relacionada.

| 6 | 7 |
|---|---|

13

| | 7 |
|---|---|

13

$6 + 7 =$ ___13___

$13 - 7 =$ _____

**Comparte y muestra** MATH BOARD

Escribe la suma y la diferencia de las operaciones relacionadas.

1.  $5 + 4 =$ ___

    $9 - 4 =$ ___

2.  $2 + 7 =$ ___

    $9 - 2 =$ ___

3.  $3 + 8 =$ ___

    $11 - 8 =$ ___

4.  $5 + 8 =$ ___

    $13 - 5 =$ ___

5.  ___ $= 1 + 8$

    ___ $= 9 - 1$

6.  $9 + 9 =$ ___

    $18 - 9 =$ ___

7.  ___ $= 8 + 7$

    ___ $= 15 - 8$

8.  $4 + 7 =$ ___

    $11 - 7 =$ ___

9.  $7 + 5 =$ ___

    $12 - 7 =$ ___

Nombre _____

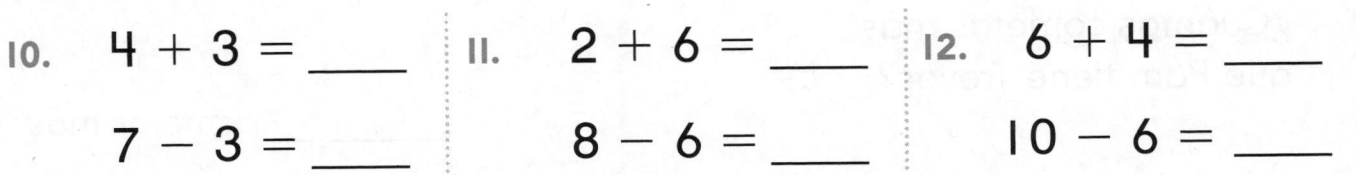

## Por tu cuenta

Escribe la suma y la diferencia de las
operaciones relacionadas.

10.   $4 + 3 =$ _____    11.   $2 + 6 =$ _____    12.   $6 + 4 =$ _____

    $7 - 3 =$ _____      $8 - 6 =$ _____      $10 - 6 =$ _____

13.   $7 + 3 =$ _____    14.   $8 + 6 =$ _____    15.   _____ $= 3 + 9$

    $10 - 7 =$ _____      $14 - 6 =$ _____      _____ $= 12 - 9$

16.   $6 + 5 =$ _____    17.   $7 + 7 =$ _____    18.   $9 + 6 =$ _____

    $11 - 5 =$ _____      $14 - 7 =$ _____      $15 - 9 =$ _____

19.   $5 + 9 =$ _____    20.   _____ $= 4 + 8$    21.   $9 + 7 =$ _____

    $14 - 9 =$ _____      _____ $= 12 - 4$      $16 - 7 =$ _____

**PRÁCTICA MATEMÁTICA 6**   Haz conexiones

Escribe una operación de resta relacionada para cada operación de suma.

22. $7 + 8 = 15$

_____

23. $5 + 7 = 12$

_____

24. $6 + 7 = 13$

_____

25. $9 + 8 = 17$

_____

## Resolución de problemas • Aplicaciones

ESCRIBE Matemáticas

Resuelve. Escribe o dibuja para explicar.

**26.** Trevor tiene 7 cometas.
Pam tiene 4 cometas.
¿Cuántas cometas más
que Pam tiene Trevor?

_____ cometas **más**

**27.** **PIENSA MÁS** El Sr. Sims tiene
una bolsa de 7 peras y otra
bolsa de 6 peras. Su familia
come 5 peras. ¿Cuántas
peras quedan?

_____ peras

**28.** **PIENSA MÁS** Elin cuenta 7 gansos en el agua y
otros en la orilla. Hay 16 gansos en total. Haz un
dibujo para mostrar los dos grupos de gansos.

Escribe un enunciado numérico que te ayude a hallar cuántos
gansos hay en total en la orilla.

_____

¿Cuántos gansos hay en la orilla?     _____ gansos

**ACTIVIDAD PARA LA CASA** • Pida a su niño que le diga
algunas operaciones de resta que conozca bien.

# Álgebra • Relacionar la suma y la resta

Estándares comunes

**ESTÁNDARES COMUNES—2.0A.B.2**
*Suman y restan hasta el número 20.*

**Escribe la suma y la diferencia de las operaciones relacionadas.**

| | | |
|---|---|---|
| 1. $9 + 6 =$ ___<br><br>$15 - 6 =$ ___ | 2. $8 + 5 =$ ___<br><br>$13 - 5 =$ ___ | 3. $9 + 9 =$ ___<br><br>$18 - 9 =$ ___ |
| 4. $7 + 3 =$ ___<br><br>$10 - 3 =$ ___ | 5. $7 + 5 =$ ___<br><br>$12 - 5 =$ ___ | 6. $6 + 8 =$ ___<br><br>$14 - 6 =$ ___ |
| 7. $6 + 7 =$ ___<br><br>$13 - 6 =$ ___ | 8. $8 + 8 =$ ___<br><br>$16 - 8 =$ ___ | 9. $6 + 4 =$ ___<br><br>$10 - 4 =$ ___ |

## Resolución de problemas En el mundo

Resuelve. Escribe o dibuja para explicar.

**10.** Hay 13 niños en el autobús. Luego bajan 5 niños del autobús. ¿Cuántos niños hay en el autobús ahora?

_____ niños

**11.** ESCRIBE ) **Matemáticas** Escribe una operación de resta relacionada para $9 + 3 = 12$. Explica qué relación hay entre las dos operaciones.

_____

## Repaso de la lección (2.OA.B.2)

**1.** Escribe una operación de suma relacionada para $15 - 6 = 9$.

_____ + _____ = _____

**2.** Escribe una operación de resta relacionada para
$5 + 7 = 12$.

_____ − _____ = _____

## Repaso en espiral (2.NBT.A.1, 2.NBT.A.3, 2.NBT.B.8)

**3.** ¿Cuál es otra manera de escribir 4 centenas?

_____

**4.** ¿Cuál es el siguiente número del patrón?

515, 615, 715, 815, _____

**5.** ¿Qué número tiene 10 más que 237?

_____

**6.** Escribe el número 110 en centenas y decenas.

_____ + _____

PRACTICA MÁS CON EL
Entrenador personal
en matemáticas

Nombre _____

# Practicar operaciones de resta

**Pregunta esencial** ¿De qué maneras se pueden recordar las diferencias?

Estándares comunes) **Operaciones y pensamiento algebraico—2.OA.B.2**
PRÁCTICAS MATEMÁTICAS
**MP1, MP3**

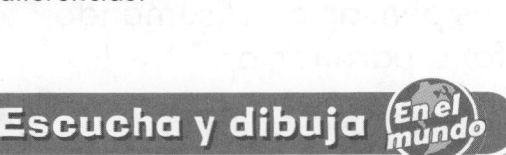

Usa el modelo de Gina para responder la pregunta.

## Modelo de Gina

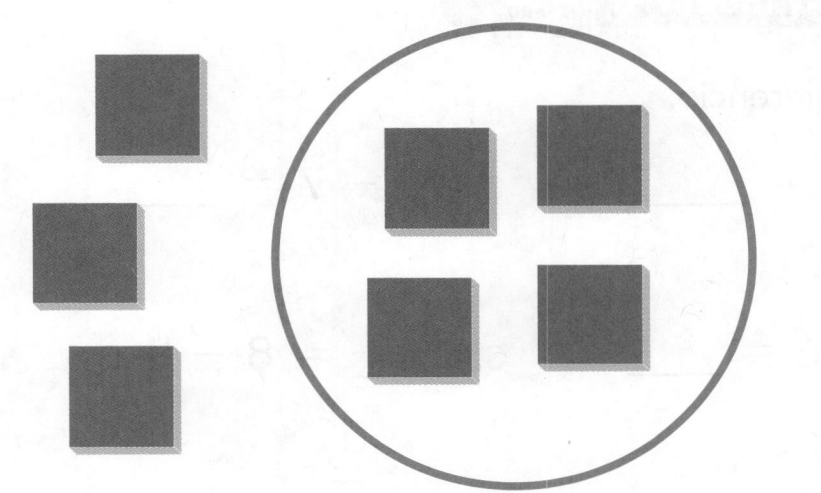

_____    _____

_____    _____

**PARA EL MAESTRO •** Diga a los niños que Gina puso 4 fichas cuadradas de colores dentro del círculo y luego puso 3 fichas cuadradas de colores fuera del círculo. Luego pregunte: ¿Qué operación de suma podría escribirse para el modelo de Gina? Repita con problemas para las tres operaciones que están relacionadas con esta operación de suma.

Charla matemática

PRÁCTICAS MATEMÁTICAS 3

**Compara estrategias**
Explica cómo se relacionan las diferentes operaciones del modelo de Gina.

## Representa y dibuja

Estas son algunas maneras de hallar diferencias.

Puedes contar hacia atrás de 1 en 1, de 2 en 2 o de 3 en 3.

$7 - 2 =$ _____

> Comienza con 7.
> Di 6, 5.

$9 - 3 =$ _____

> Comienza con 9.
> Di 8, 7, 6.

Puedes pensar en el sumando que falta para restar.

$8 - 5 =$ ▪

> $5 + 3 = 8$

Por lo tanto, $8 - 5 =$ _____.

## Comparte y muestra  MATH BOARD

Escribe la diferencia.

1. $6 - 4 =$ _____

2. $10 - 7 =$ _____

3. _____ $= 5 - 2$

4. $14 - 6 =$ _____

5. _____ $= 8 - 4$

6. $11 - 3 =$ _____

7. _____ $= 7 - 5$

8. $10 - 4 =$ _____

9. $5 - 0 =$ _____

10. $13 - 9 =$ _____

11. $9 - 3 =$ _____

12. _____ $= 7 - 6$

13. $12 - 3 =$ _____

14. $6 - 3 =$ _____

15. $9 - 5 =$ _____

16. $10 - 6 =$ _____

☑ 17. _____ $= 8 - 3$

☑ 18. $13 - 5 =$ _____

## Por tu cuenta

Escribe la diferencia.

**19.** $11 - 2 =$ _____    **20.** $9 - 7 =$ _____    **21.** _____ $= 7 - 4$

**22.** $12 - 5 =$ _____    **23.** $8 - 6 =$ _____    **24.** _____ $= 7 - 0$

**25.** _____ $= 10 - 5$    **26.** $15 - 8 =$ _____    **27.** $13 - 7 =$ _____

**28.** $10 - 8 =$ _____    **29.** $8 - 5 =$ _____    **30.** _____ $= 9 - 6$

**31.** _____ $= 9 - 4$    **32.** $11 - 8 =$ _____    **33.** $12 - 7 =$ _____

**34.** PIENSA MÁS

Escribe las diferencias. Luego escribe la
siguiente operación del patrón.

$10 - 1 =$ _____      $12 - 9 =$ _____      $18 - 9 =$ _____

$8 - 1 =$ _____      $13 - 9 =$ _____      $17 - 8 =$ _____

$6 - 1 =$ _____      $14 - 9 =$ _____      $16 - 7 =$ _____

$4 - 1 =$ _____      $15 - 9 =$ _____      $15 - 6 =$ _____

_____      _____      _____

**ACTIVIDAD PARA LA CASA** • Practique en voz alta las
operaciones de resta de esta lección con su niño.

Nombre_____

# ✓Revisión de la mitad del capítulo

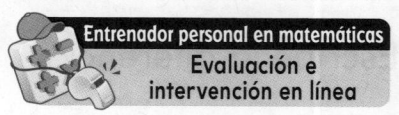

**Entrenador personal en matemáticas**
Evaluación e
intervención en línea

**Conceptos y destrezas**

Escribe la suma. (2.OA.B.2)

1. 3 + 6 = _____    2. 8 + 0 = _____    3. 7 + 7 = _____

4. 9 + 4 = _____    5. _____ = 5 + 6    6. 2 + 8 = _____

7. 3 + 7 + 2 = _____         8. 4 + 4 + 6 = _____

Muestra cómo formar una decena para hallar la suma.
Escribe la suma. (2.OA.B.2)

9. 9 + 7 = _____              10. 6 + 8 = _____




10 + _____ = _____           10 + _____ = _____

Escribe la suma y la diferencia de las operaciones relacionadas. (2.OA.B.2)

11. 5 + 4 = _____    12. 3 + 9 = _____    13. 8 + 7 = _____

9 − 4 = _____        12 − 9 = _____       15 − 8 = _____

14. **PIENSA MÁS** Lily tiene 6 carritos de juguete
y Yong tiene 5 carritos de juguete. ¿Cuántos
carritos de juguete tienen en total? (2.OA.B.2)

_____ carritos de juguete

# Practicar operaciones de resta

Estándares comunes

**ESTÁNDARES COMUNES—2.0A.B.2**
Suman y restan hasta el número 20.

## Escribe la diferencia.

1. $15 - 9 = $ ____

2. $13 - 8 = $ ____

3. ____ $ - 13 = 5$

4. $14 - 7 = $ ____

5. $10 - 8 = $ ____

6. $12 - 7 = $ ____

7. ____ $ - 10 = 7$

8. $16 - 7 = $ ____

9. $8 - 4 = $ ____

10. $11 - 5 = $ ____

11. $13 - 6 = $ ____

12. ____ $ - 12 = 9$

13. $16 - 9 = $ ____

14. ____ $ - 11 = 9$

15. $12 - 8 = $ ____

## Resolución de problemas En el mundo

Resuelve. Escribe o dibuja para explicar.

16. El maestro Li tiene 16 lápices. Les da 9 lápices a algunos estudiantes. ¿Cuántos lápices tiene el maestro Li ahora?

____ lápices

17. **ESCRIBE Matemáticas** Escribe o dibuja para explicar dos formas distintas de hallar la diferencia de $12 - 3$.

_____

# Repaso de la lección (2.OA.B.2)

**1.** Escribe la diferencia.

$$13 - 6 = \underline{\hspace{2em}}$$

**2.** Escribe la diferencia.

$$12 - 3 = \underline{\hspace{2em}}$$

# Repaso en espiral (2.NBT.A.1, 2.NBT.A.1a, 2.NBT.A.1b, 2.NBT.A.2, 2.NBT.A.3)

**3.** ¿Cuál es el valor del dígito subrayado?

6<u>2</u>5

\_\_\_\_

**4.** Cuenta de cinco en cinco.

405, \_\_\_\_, \_\_\_\_, \_\_\_\_

**5.** Devin tiene 39 bloques. ¿Cuál es el valor del dígito 9 en este número?

\_\_\_\_

**6.** ¿Qué número tiene el mismo valor que 20 decenas?

\_\_\_\_

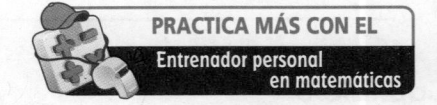

PRACTICA MÁS CON EL
Entrenador personal
en matemáticas

# Restar usando una decena

**Pregunta esencial** ¿Por qué es más fácil hallar diferencias si se obtiene 10 en una resta?

**Estándares comunes** Operaciones y pensamiento algebraico—2.OA.B.2
También 2.MD.B.6

**PRÁCTICAS MATEMÁTICAS**
**MP5, MP7,MP8**

Encierra en un círculo la cantidad que restas en cada problema.

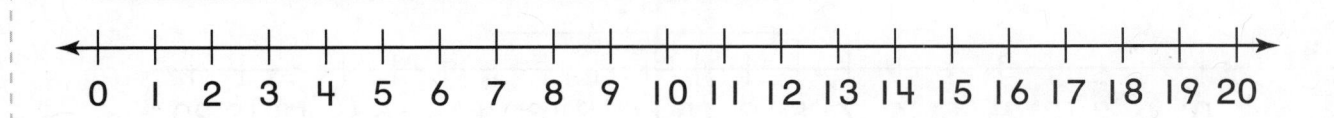

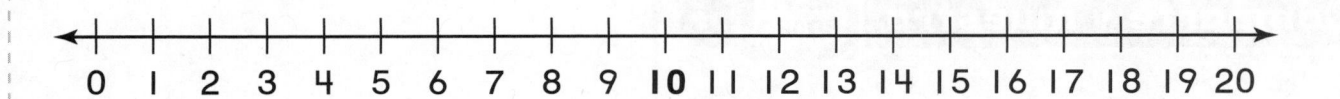

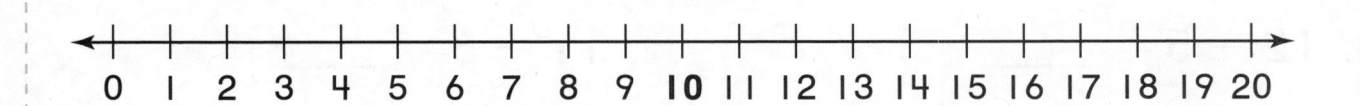

**PARA EL MAESTRO** • Lea el siguiente problema. Deveron tiene 13 crayones. Le da 3 crayones a Tyler. ¿Cuántos crayones tiene Deveron ahora? Pida a los niños que encierren en un círculo la parte del segmento de recta azul que muestre lo que se resta del entero. Repita la actividad con dos problemas más.

**Charla matemática**

**PRÁCTICAS MATEMÁTICAS 7**

**Busca estructuras**
Describe un patrón de los tres problemas y sus respuestas.

Puedes restar por pasos para hacer una operación con decenas.

$$14 - 6 = ?$$

4    2

Resta por pasos:
$$14 - 4 = 10$$
$$10 - 2 = 8$$

- 2      - 4

```
+--+--+--+--+--+--+--+--+--+--+--+--+--+--+--+--+--+--+--+--+--+
0  1  2  3  4  5  6  7  8  9  10 11 12 13 14 15 16 17 18 19 20
```

Por lo tanto, $14 - 6 = \underline{8}$ .

## Comparte y muestra   MATH BOARD

Muestra la operación con decenas que hiciste. Escribe la diferencia.

```
+--+--+--+--+--+--+--+--+--+--+--+--+--+--+--+--+--+--+--+--+--+
0  1  2  3  4  5  6  7  8  9  10 11 12 13 14 15 16 17 18 19 20
```

1. $12 - 5 = \underline{\quad}$

2    3

$$10 - \underline{\quad} = \underline{\quad}$$

2. $11 - 6 = \underline{\quad}$

1    5

$$10 - \underline{\quad} = \underline{\quad}$$

✓3. $15 - 7 = \underline{\quad}$

$$10 - \underline{\quad} = \underline{\quad}$$

✓4. $13 - 7 = \underline{\quad}$

$$10 - \underline{\quad} = \underline{\quad}$$

## Por tu cuenta

Muestra la operación con decenas que hiciste.
Escribe la diferencia.

0  1  2  3  4  5  6  7  8  9  **10**  11  12  13  14  15  16  17  18  19  20

**5.** $13 - 5 =$ _____

3  2

$10 -$ _____ $=$ _____

**6.** $15 - 6 =$ _____

5  1

$10 -$ _____ $=$ _____

**7.** $12 - 8 =$ _____

$10 -$ _____ $=$ _____

**8.** $14 - 8 =$ _____

$10 -$ _____ $=$ _____

**9.** PIENSA MÁS  Chris tenía 15 adhesivos. Dio a Ann
y Suzy el mismo número de adhesivos. Ahora
Chris tiene 7 adhesivos. ¿Cuántos
adhesivos dio a cada niña?

_____ adhesivos

Resuelve. Escribe o dibuja para explicar.

**10.** PIENSA MÁS  Beth tiene una caja
de 16 crayones. Le da 3 crayones
a Jake y 7 crayones a Wendy.
¿Cuántos crayones tiene
Beth ahora?

_____ crayones

## Resolución de problemas • Aplicaciones

**ESCRIBE** Matemáticas

**MÁS AL DETALLE** Escribe enunciados numéricos que tienen tanto suma como resta. Usa cada opción solo una vez.

11.

$$9 - 2 = 3 + 4$$
$$7 = 7$$

9 2
3 4
1 + 4
14 − 6
5 + 4
15 − 6
10 − 5
4 + 4

12.

_____ = _____

13.

_____ = _____

14.

_____ = _____

15. **PIENSA MÁS** ¿La oración numérica tiene la misma diferencia que $15 - 7 =$ ▮?
Elige Sí o No.

| | | |
|---|---|---|
| $10 - 6 =$ ▮ | ○ Sí | ○ No |
| $10 - 2 =$ ▮ | ○ Sí | ○ No |
| $10 - 4 =$ ▮ | ○ Sí | ○ No |

**ACTIVIDAD PARA LA CASA** • Pida a su niño que diga pares de números que tengan una diferencia de 10. Luego pídale que escriba los enunciados numéricos.

# Restar usando una decena

Estándares comunes

**ESTÁNDARES COMUNES—2.OA.B.2**
Suman y restan hasta el número 20.

**Muestra la operación con decenas que usaste.
Escribe la diferencia.**

1. $14 - 6 =$ _____

$10 -$ _____ $=$ _____

2. $12 - 7 =$ _____

$10 -$ _____ $=$ _____

3. $13 - 7 =$ _____

$10 -$ _____ $=$ _____

4. $15 - 8 =$ _____

$10 -$ _____ $=$ _____

## Resolución de problemas En el mundo

Resuelve. Escribe o dibuja la explicación.

5. Carl leyó 15 páginas el lunes en la noche
y 9 páginas el martes en la noche.
¿Cuántas páginas más leyó el lunes
en la noche que el martes en la noche?

_____ páginas más

6. **ESCRIBE ) Matemáticas** Describe cómo
usar una operación con decenas
para hallar la diferencia de 15–8.

_____

© Houghton Mifflin Harcourt Publishing Company

## Repaso de la lección (2.OA.B.2)

1. Muestra la operación de decenas que usaste.
Escribe la diferencia.

   $12 - 6 =$ _____

   $10 - 4 =$ _____

2. Muestra la operación de decenas que usaste.
Escribe la diferencia.

   $13 - 8 =$ _____

   $10 - 5 =$ _____

## Repaso en espiral (2.OA.B.2, 2.NBT.A.4)

3. Escribe una operación de resta relacionada para $7 + 3 = 10$.

   _____

4. Joe tiene 8 camioncitos. Carmen tiene 1 camioncito más que Joe. ¿Cuántos camioncitos tienen los dos en total?

   _____

5. Hay 276 personas en el avión. Escribe un número que sea mayor que 276.

   _____

6. Escribe >, < o = para comparar.

   537 _____ 375

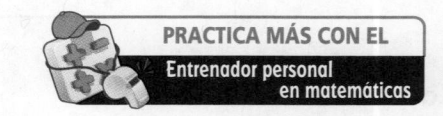
PRACTICA MÁS CON EL
Entrenador personal
en matemáticas

Nombre _____

# Álgebra • Hacer dibujos para representar problemas

Estándares comunes **Operaciones y pensamiento algebraico—2.OA.A.1**
PRÁCTICAS MATEMÁTICAS
MP1, MP4, MP6

**Pregunta esencial** ¿Cómo se usan los modelos de barras para mostrar problemas de suma y de resta?

## Escucha y dibuja En el mundo

Completa el modelo de barras para mostrar el problema.
Completa el enunciado numérico para resolver.

_____ + _____ = _____   _____ monedas de 1¢

_____ − _____ = _____   _____ monedas de 1¢

**PARA EL MAESTRO** • Lea cada problema y pida a los niños que completen los modelos de barras. Hailey tiene 5 monedas de 1¢ en el bolsillo y 7 monedas de 1¢ en la cartera. ¿Cuántas monedas de 1¢ tiene en total? Blake tiene 12 monedas de 1¢ en su alcancía. Le da 5 monedas de 1¢ a su hermana. ¿Cuántas monedas de 1¢ tiene ahora?

Charla matemática

PRÁCTICAS MATEMÁTICAS 6

**Explica** en qué se parecen y en qué se diferencian los problemas.

Puedes usar modelos de barras para mostrar problemas.

Ben come 14 galletas. Ron come 6 galletas. ¿Cuántas galletas más que Ron come Ben?

| 14 |

| 6 |

$$14 - 6 = 8$$

_____ galletas más

Suzy tenía 14 galletas. Le dio 6 galletas a Grace. ¿Cuántas galletas tiene Suzy ahora?

| 6 | _____ |
| 14 |

_____

_____ galletas

## Comparte y muestra  MATH BOARD

Completa el modelo de barras. Luego escribe un enunciado numérico para resolver.

1. El Sr. James compró 15 rosquillas simples y 9 rosquillas con pasas. ¿Cuántas rosquillas simples más que rosquillas con pasas compró?

| 15 |

| 9 | _____ |

_____ _____

_____ rosquillas simples más

Nombre _____

## Por tu cuenta

Completa el modelo de barras. Luego escribe
un enunciado numérico para resolver.

**2.** Cole tiene 5 libros sobre perros y
6 libros sobre gatos. ¿Cuántos
libros tiene Cole?

| 5 | 6 |

_____

_____

_____ libros

**3.** **PIENSA MÁS** Anne tiene 16 clips
azules y 9 clips rojos. ¿Cuántos
clips azules más que clips rojos
tiene?

_____

 _____ clips azules **más**

**4.** **MÁS AL DETALLE** Completa los espacios en
blanco. Luego rotula el modelo de
barras y resuelve. La señorita Gore
tenía 18 lápices.
Le dio _____ lápices a Erin.
¿Cuántos lápices tiene la señorita
Gore ahora?

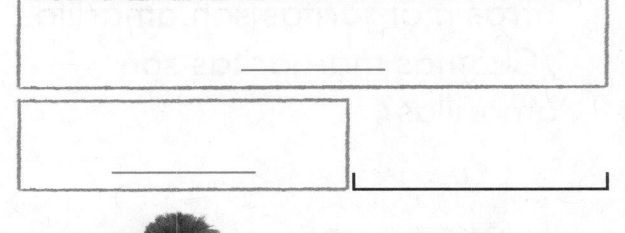

_____ lápices

Capítulo 3 • Lección 8

© Houghton Mifflin Harcourt Publishing Company • Image Credits: (©Getty Images

## Resolución de problemas • Aplicaciones En el mundo     ESCRIBE  Matemáticas

Usa la información de la tabla para resolver. Escribe o dibuja para explicar.

| Flores que recogió Jenna | |
|---|---|
| **Flores** | **Número** |
| rosas | 6 |
| tulipanes | 8 |
| margaritas | 11 |

5. Jenna pone todas las rosas y los tulipanes en un florero. ¿Cuántas flores puso en el florero?

_____ flores

6. **PIENSA MÁS**  Cuatro de las margaritas son blancas. Las otras margaritas son amarillas. ¿Cuántas margaritas son amarillas?

_____ margaritas amarillas

7. **PIENSA MÁS**  Rita cuenta 4 ranas en la hierba y otras en el agua. Hay 10 ranas en total. ¿Cuántas ranas hay en el agua? Haz un dibujo y escribe un enunciado numérico para resolver.

_____

_____ ranas están en el agua.

**ACTIVIDAD PARA LA CASA** • Pida a su niño que describa lo que aprendió en esta lección.

# Álgebra • Hacer dibujos para representar problemas

ESTÁNDARES COMUNES—2.0A.A.1
*Representan y resuelven problemas relacionados a la suma y a la resta.*

Estándares comunes

**Completa el modelo de barras. Luego escribe un enunciado numérico para resolver.**

1. Adam tiene 12 camioncitos. Le regala 4 camioncitos a Ed. ¿Cuántos camioncitos tiene Adam ahora?

| ____ | 4 |

12

_____

____ camioncitos

2. La abuela tiene 14 rosas rojas y 7 rosas rosadas. ¿Cuántas rosas rojas más que rosas rosadas tiene?

| 14 |

| 7 | |

____

_____

____ rosas rojas más

3. **ESCRIBE ‣ Matemáticas** Explica cómo usaste el modelo de barras para resolver el problema del Ejercicio 2.

_____

_____

## Repaso de la lección (2.OA.A.1)

1. Completa el modelo de barras. Luego resuelve. Abby tiene 16 uvas. Jason tiene 9 uvas. ¿Cuántas uvas más que Jason tiene Abby?

| 16 |
|---|

| 9 | |
|---|---|

_____

_____ uvas más

## Repaso en espiral (2.OA.B.2, 2.NBT.A.3)

2. Escribe una operación de resta que tenga la misma diferencia que 16 − 7.

_____

3. ¿Cuál es la diferencia?

$$18 - 9 = \underline{\quad}$$

4. ¿Cuál es otra manera de escribir 300 + 20 + 5?

_____

5. ¿Cuál es el valor del dígito subrayado?

2̲8

_____

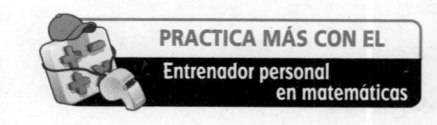

PRACTICA MÁS CON EL
Entrenador personal
en matemáticas

Nombre _____

# Álgebra • Usar ecuaciones para representar problemas

**Pregunta esencial** ¿Cómo se usan los enunciados numéricos para mostrar situaciones de suma y resta?

Estándares comunes  Operaciones y pensamiento algebraico—2.OA.A.1
PRÁCTICAS MATEMÁTICAS
MP1, MP2, MP4

## Escucha y dibuja En el mundo

Escribe un problema que pueda resolverse con este modelo de barras.

| | 9 |
|---|---|

15

_____

_____

_____

_____

_____

**Charla matemática**  PRÁCTICAS MATEMÁTICAS  2

¿Deberías sumar o restar para resolver tu problema? **Explica.**

© Houghton Mifflin Harcourt Publishing Company • Image Credits: (t) ©Virinaflora/Shutterstock

**PARA EL MAESTRO** • Comente con los niños cómo puede usarse este modelo de barras para representar una situación de suma o resta.

Un problema puede representarse con un enunciado numérico.

Había varias niñas y 4 niños en el parque.
Había 9 niños y niñas en total. ¿Cuántas niñas
había en el parque?

 $+ 4 = 9$

Piensa: $5 + 4 = 9$

Por lo tanto, había ___5___ niñas en el parque.

> El  es un marcador de posición para el número que falta.

**Comparte y muestra**   MATH BOARD

Escribe un enunciado numérico para el problema.
Usa un ▢ para el número que falta. Luego resuelve.

**1.** Había 14 hormigas en la acera.
Luego 6 hormigas se fueron al
césped. ¿Cuántas hormigas
quedaron en la acera?

_____

_____ hormigas

**2.** Había 7 perros grandes y
4 perros pequeños en el
parque. ¿Cuántos perros
había en el parque?

_____

_____ perros

## Por tu cuenta MATH BOARD

Escribe un enunciado numérico para el problema.

Usa un ▒ para el número que falta. Luego resuelve.

3. Un grupo de niños estaba volando 13 cometas. Algunas cometas se guardaron. Luego los niños estaban volando 7 cometas. ¿Cuántas cometas se guardaron?

_____

_____ cometas

4. Hay 18 niños en el campo. 9 de los niños están jugando fútbol. ¿Cuántos niños no están jugando fútbol?

_____

_____ niños

5. PRÁCTICA MATEMÁTICA ② Usa razonamiento
Mathew encontró 9 bellotas. Greg encontró 6 bellotas. ¿Cuántas bellotas encontraron ambos niños?

_____

_____ bellotas

6. PIENSA MÁS Había algunos patos en un estanque. Llegaron cuatro patos más. Entonces había 12 patos en el estanque. ¿Cuántos patos había en el estanque al comienzo?

_____ patos

## Resolución de problemas • Aplicaciones (En el mundo) ✏️ ESCRIBE Matemáticas

Lee el problema. Escribe o dibuja para
mostrar cómo resolviste los problemas.

> En el campamento hay 5 niños jugando
> y 4 niños haciendo manualidades. Hay
> otros 5 niños merendando.

**7.** ¿Cuántos niños hay en el
campamento en total?

_____ niños

**8.** MÁS AL DETALLE Imagina que llegan
7 niños más al campamento y
se unen a los niños que están
jugando. ¿Cuántos niños más
hay jugando que niños que no
están jugando?

_____ niños más

Entrenador personal en matemáticas

**9.** PIENSA MÁS ➕ Ashley tenía 9 crayones. Le dio
4 crayones a su hermano. ¿Cuántos crayones tiene
Ashley ahora? Escribe un enunciado numérico para el
problema. Usa un ▨ para el número que falta.
Luego resuelve.

_____

Ashley tiene _____ crayones ahora.

**ACTIVIDAD PARA LA CASA** • Pida a su niño que
explique cómo resolvió uno de los problemas de
esta página.

Práctica y tarea
Lección 3.9

Nombre ______________________

# Álgebra • Usar ecuaciones para representar problemas

**ESTÁNDARES COMUNES—2.OA.A.1**
*Representan y resuelven problemas relacionados a la suma y a la resta.*

**Escribe un enunciado numérico para el problema. Usa ■ para el número que falta. Luego resuelve.**

1. Había 15 manzanas en un tazón. Dany usó algunas manzanas para hacer un pastel. Ahora hay 7 manzanas en el tazón. ¿Cuántas manzanas usó Dany para hacer el pastel?

   ______________

   _____ manzanas

2. Amy tiene 16 bolsas de regalo. Llena 8 bolsas de regalo con silbatos. ¿Cuántas bolsas de regalo no tienen silbatos?

   ______________

   _____ bolsas de regalo

## Resolución de problemas (En el mundo)

Escribe o haz un dibujo que muestre cómo resolviste el problema.

3. Tony tiene 7 cubos azules y 6 cubos rojos. ¿Cuántos cubos tiene en total?

   _____ cubos

4. ESCRIBE Matemáticas Escribe un problema para el enunciado de suma 7 + ■ = 9. Resuelve el problema.

   ______________________

   ______________________

   ______________________

## Repaso de la lección (2.OA.A.1)

**I.** Fred peló 9 zanahorias. Nancy peló 6 zanahorias. ¿Cuántas zanahorias menos que Fred peló Nancy?

_____ zanahorias menos

**2.** Omar tiene 8 canicas. Joy tiene 7 canicas. ¿Cuántas canicas tienen en total?

_____ canicas

## Repaso en espiral (2.OA.B.2, 2.NBT.A.1)

**3.** ¿Cuál es la suma?

$$8 + 8 = \_\_\_$$

**4.** ¿Cuál es la suma?

$$5 + 4 + 3 = \_\_\_$$

**5.** ¿Qué número tiene el mismo valor que 1 centena, 7 decenas?

_____

**6.** ¿Cuál es otra manera de escribir el número 358?

_____ centenas _____ decenas _____ unidades

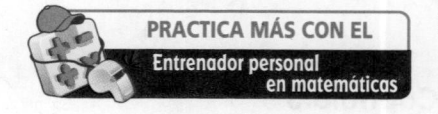

PRACTICA MÁS CON EL
Entrenador personal
en matemáticas

Nombre _____

# Resolución de problemas •
# Grupos iguales

**Pregunta esencial** ¿Cómo ayuda la representación cuando se resuelve un problema de grupos iguales?

**Estándares comunes** Operaciones y pensamiento algebraico—2.OA.C.4
**PRÁCTICAS MATEMÁTICAS**
MP1, MP5, MP7

Theo pone sus adhesivos en 5 hileras. Hay 3 adhesivos en cada hilera. ¿Cuántos adhesivos tiene Theo?

 Manos a la obra

---

**🔑 Soluciona el problema** En el mundo

### ¿Qué debo hallar?

cuántos adhesivos

tiene Theo

### ¿Qué información debo usar?

___5 hileras___ de adhesivos

___3 adhesivos___ en cada hilera

---

**Muestra cómo resolver el problema.**

_____ adhesivos

---

**NOTA A LA FAMILIA:** Su niño representó el problema con fichas. Las fichas son una herramienta concreta que ayuda a los niños a representar el problema.

© Houghton Mifflin Harcourt Publishing Company

## Haz otro problema

Representa el problema.
Haz un dibujo que muestre lo que hiciste.

¿Qué debo hallar?
• ¿Qué debo hallar?
• ¿Qué información debo usar?

I. María pone sus postales en 4 hileras.
Hay 3 postales en cada hilera.
¿Cuántas postales tiene María?

_____ postales

2. Jamal pone 4 juguetes en cada caja.
¿Cuántos juguetes pondrá en 4 cajas?

_____ juguetes

**Charla matemática**

PRÁCTICAS MATEMÁTICAS 7

**Explica** cómo te ayudó la representación y el conteo salteado a resolver el segundo problema.

© Houghton Mifflin Harcourt Publishing Company

218 doscientos dieciocho

## Comparte y muestra MATH BOARD

Representa el problema.
Haz un dibujo que muestre lo que hiciste.

3. El Sr. Fulton pone 3 bananas en cada bandeja. ¿Cuántas bananas hay en 4 bandejas?

_____ bananas

4. Hay 3 hileras de manzanas. Hay 5 manzanas en cada hilera. ¿Cuántas manzanas hay en total?

_____ manzanas

5. PIENSA MÁS Hay 4 platos. Dexter pone 2 uvas en cada plato. Luego pone 2 uvas en 6 platos más. ¿Cuántas uvas pone en los platos en total?

Matemáticas al instante

_____ uvas

## Resolución de problemas • Aplicaciones

ESCRIBE Matemáticas

6. **PRÁCTICA MATEMÁTICA 6** **Haz conexiones**

Ángela representó un problema con estas fichas.

Escribe un problema de grupos iguales que Ángela podría haber representado con estas fichas.

_____

_____

_____

7. **PIENSA MÁS** Max y 4 amigos toman prestados unos libros de la biblioteca. Cada persona toma 3 libros. Haz un dibujo que muestre los grupos de libros.

¿Cuántos libros tomaron prestados en total?

_____ libros

**ACTIVIDAD PARA LA CASA** • Pida a su niño que explique cómo resolvió uno de los problemas de esta lección.

# Resolución de problemas •
# Grupos iguales

**ESTÁNDARES COMUNES—2.0A.C.4**
*Trabajan con grupos equivalentes de objetos para establecer los fundamentos para la multiplicación.*

**Haz una dramatización del problema.**
**Haz un dibujo que muestre lo que hiciste.**

**1.** El Sr. Anderson tiene 4 platos de galletas. Hay 5 galletas en cada plato. ¿Cuántas galletas hay en total?

_____ galletas

**2.** La Sra. Trane pone algunos adhesivos en 3 hileras. Hay 2 adhesivos en cada hilera. ¿Cuántos adhesivos tiene la Sra. Trane?

_____ adhesivos

**3.** **ESCRIBE** **Matemáticas** Dibuja 3 hileras con 2 fichas en cada hilera. Escribe un problema que se pueda dramatizar usando esas fichas.

_____

_____

© Houghton Mifflin Harcourt Publishing Company

## Repaso de la lección (2.OA.C.4)

**1.** Jaime pone 3 naranjas en cada bandeja. ¿Cuántas naranjas hay en 5 bandejas?

_____ naranjas

**2.** Maurice tiene 4 hileras de juguetes de 4 juguetes cada una. ¿Cuántos juguetes tiene en total?

_____ juguetes

## Repaso en espiral (2.OA.A.1, 2.OA.B.2, 2.OA.C.3)

**3.** Jack tiene 12 lápices y 7 bolígrafos. ¿Cuántos lápices más que bolígrafos tiene?

_____ lápices

**4.** Laura tiene 9 manzanas. Jon tiene 6 manzanas. ¿Cuántas manzanas tienen los dos?

_____ manzanas

**5.** Encierra en un círculo el número par.

1        3        5        8

**6.** ¿Cuál es la suma?

$7 + 9 =$ _____

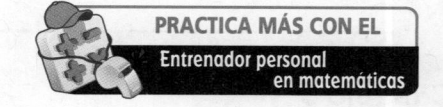

PRACTICA MÁS CON EL
Entrenador personal
en matemáticas

Nombre _____

# Álgebra • Suma repetida

**Pregunta esencial** ¿Cómo puedes escribir un enunciado de suma para problemas de grupos iguales?

**Estándares comunes** Operaciones y pensamiento algebraico—2.OA.C.4
PRÁCTICAS MATEMÁTICAS
MP1, MP4, MP6

## Escucha y dibuja En el mundo

Usa fichas para representar el problema.
Luego haz un dibujo de tu modelo.

**PARA EL MAESTRO** • Lea el siguiente problema y pida a los niños que primero hagan un modelo del problema con fichas y después hagan un dibujo de su modelo. Clayton tiene 3 hileras de tarjetas. Hay 5 tarjetas en cada hilera. ¿Cuántas tarjetas tiene Clayton?

**Charla matemática**
**PRÁCTICAS MATEMÁTICAS**

**Describe** cómo hallaste el número total de fichas de tu modelo.

## Representa y dibuja

Si tienes grupos iguales, puedes sumar para hallar la cantidad total.

3 hileras de 4

Escribe: ___4___ + ___4___ + ___4___ = _____

_____ en total

## Comparte y muestra

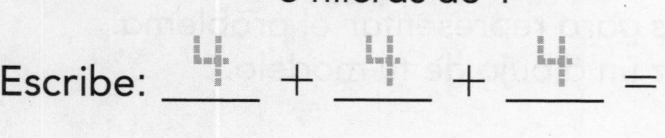

Halla el número de figuras de cada hilera.
Completa el enunciado de suma para hallar el total.

1.

3 hileras de _____

___ + ___ + ___ = _____

2.

4 hileras de _____

__ + __ + __ + __ = _____

3.

5 hileras de _____

___ + ___ + ___ + ___ + ___ = _____

**224** doscientos veinticuatro

Nombre _____

## Por tu cuenta

Halla el número de figuras de cada hilera.
Completa el enunciado de suma para hallar el total.

**4.**

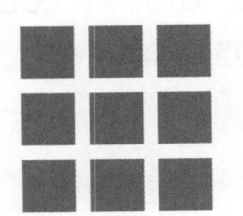

2 hileras de _____

_____ + _____ = _____

**5.**

3 hileras de _____

_____ + _____ + _____ = _____

**6.**

4 hileras de _____

__ + __ + __ + __ = _____

**7.**

4 hileras de _____

__ + __ + __ + __ = _____

**8.**

5 hileras de _____

_____ + _____ + _____ + _____ + _____ = _____

## Resolución de problemas • Aplicaciones En el mundo

Resuelve. Escribe o dibuja para explicar.

9. **PIENSA MÁS** Hay 6 fotos en la pared. Hay 2 fotos en cada hilera. ¿Cuántas hileras de fotos hay?

_____ hileras

10. **MÁS AL DETALLE** La Sra. Chen pone 5 hileras de 2 sillas y 2 hileras de 3 sillas. ¿Cuántas sillas usa la Sra. Chen?

_____ sillas

11. **PIENSA MÁS** Halla el número de fichas de cada hilera. Completa el enunciado numérico para hallar el número total de fichas.

____ + ____ + ____ = ____

_____ fichas

**ACTIVIDAD PARA LA CASA** • Pida a su niño que haga 2 hileras con 4 objetos pequeños en cada una. Luego pida a su niño que halle el número total de objetos.

# Álgebra • Suma repetida

 **ESTÁNDARES COMUNES—2.OA.C.4**
*Trabajan con grupos equivalentes de objetos para establecer los fundamentos para la multiplicación.*

**Halla el número de figuras de cada hilera. Completa el enunciado de suma para hallar el total.**

1.

3 hileras de _____

____ + ____ + ____ = ____

2.

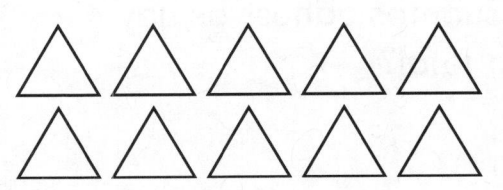

2 hileras de _____

____ + ____ = ____

## Resolución de problemas En el mundo

Resuelve. Escribe o dibuja la explicación.

3. Un salón de clases tiene 3 hileras de pupitres.
Hay 5 pupitres en cada hilera.
¿Cuántos pupitres hay en total?

_____ pupitres

4. **ESCRIBE** **Matemáticas** Explica cómo se escribe un enunciado de suma para un dibujo de 4 hileras con 3 objetos en cada una.

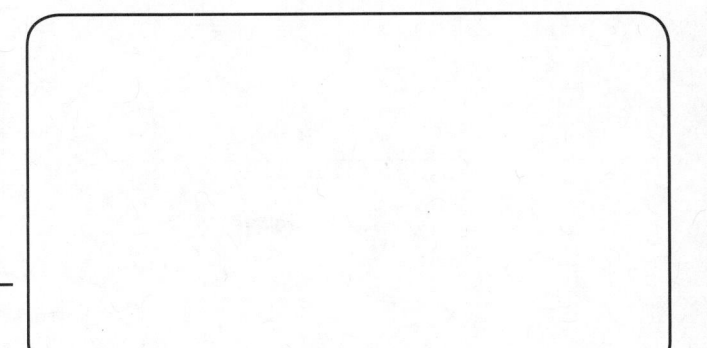

_____

_____

## Repaso de la lección (2.OA.C.4)

**I.** Un álbum tiene 4 páginas. Hay 2 adhesivos en cada página. ¿Cuántos adhesivos hay en total?

\_\_\_\_ adhesivos

**2.** Ben forma 5 hileras de monedas. Coloca 3 monedas en cada hilera. ¿Cuántas monedas hay en total?

\_\_\_\_ monedas

## Repaso en espiral (2.OA.B.2, 2.NBT.A.2, 2.NBT.A.3)

**3.** Hay 5 manzanas y 4 naranjas. ¿Cuántas frutas hay?

\_\_\_\_ frutas

**4.** Cuenta de diez en diez.

40, \_\_\_\_, \_\_\_\_, \_\_\_\_, \_\_\_\_

**5.** Escribe el número 260 de otra manera.

_____

**6.** Escribe una operación que tenga la misma suma que $7 + 5$.

_____

PRACTICA MÁS CON EL
Entrenador personal
en matemáticas

Nombre _____

Entrenador personal en matemáticas
Evaluación e
intervención en línea

# ✓ Repaso y prueba del Capítulo 3

1. Erin pone 3 latas pequeñas, 4 latas medianas y 5 latas grandes en un estante. ¿Cuántas latas pone en el estante?

    _____ latas

2. Rellena el círculo que está al lado de todas las operaciones de dobles que podrías usar para hallar la suma de 3 + 2.

    ○ 2 + 2

    ○ 5 + 5

    ○ 3 + 3

    ○ 1 + 1

3. ¿Tiene el enunciado numérico la misma diferencia que $14 - 6 = $ ▮ ?
   Elige Sí o No.

    $10 - 1 = $ ▮      ○ Sí        ○ No

    $10 - 2 = $ ▮      ○ Sí        ○ No

    $10 - 3 = $ ▮      ○ Sí        ○ No

    $10 - 4 = $ ▮      ○ Sí        ○ No

4. El Sr. Brown vendió 5 mochilas rojas y 8 mochilas azules. Escribe el enunciado numérico. Muestra cómo puedes formar una decena para hallar la suma. Escribe la suma.

$5 + 8 =$ _____

$10 +$ _____ $=$ _____

---

5. Halla el número de figuras de cada hilera.

3 hileras de _____

Completa el enunciado de suma para hallar el total.

_____ + _____ + _____ = _____

---

6. Tania y 3 amigos colocaron piedras sobre la mesa. Cada persona colocó 2 piedras sobre la mesa. Haz un dibujo que muestre los grupos de piedras.

¿Cuántas piedras pusieron sobre la mesa?

_____ piedras

Entrenador personal en matemáticas

**7.** PIENSA MÁS  Lily ve 15 perritos marrones y 8 perritos blancos en la tienda de animales. ¿Cuántos perritos marrones más que perritos blancos vio? Haz un dibujo y escribe un enunciado numérico para resolver.

_____

_____ perritos marrones más

**8.** Mark cuenta 6 patos en un estanque y algunos patos en el césped. Hay 14 patos en total. Haz un dibujo que muestre los dos grupos de patos.

Escribe un enunciado numérico que te ayude a hallar cuántos patos hay en el césped.

_____ + _____ = _____

¿Cuántos patos hay en el césped? _____ patos

**9.** Hay 8 duraznos en una canasta. La Sra. Dalton pone 7 duraznos más en la canasta. Completa el enunciado de suma para hallar cuántos duraznos hay en la canasta ahora.

_____ + _____ = _____

_____ duraznos

10. MÁS AL DETALLE Usa los números de las fichas cuadradas para escribir las diferencias.
Luego escribe la operación que sigue en el patrón.

| 4 | 5 | 6 | 7 |
|---|---|---|---|

| | |
|---|---|
| 12 − 6 = ______ | 11 − 6 = ______ |
| 12 − 7 = ______ | 12 − 6 = ______ |
| 12 − 8 = ______ | 13 − 6 = ______ |

____________________  ____________________

11. José quería compartir 18 fresas con su hermano a partes iguales. Haz un dibujo para mostrar cómo puede compartir José las fresas.

¿Cuántas fresas recibirá José?

______ fresas

12. Hank tiene 13 uvas. Le da 5 uvas a su hermana. ¿Cuántas uvas tiene Hank ahora? Escribe un enunciado numérico para el problema. Usa un ■ para el número que falta. Luego resuelve.

____________________

______ uvas

# Suma de 2 dígitos

**Aprendo más con**

*Jorge el Curioso*

Las teclas de un piano moderno están hechas de madera o plástico. Un piano moderno tiene 36 teclas negras y 52 teclas blancas. ¿Cuántas teclas tiene en total?

Nombre _____

✓ **Muestra lo que sabes**

Entrenador personal en matemáticas
Evaluación e
intervención en línea

## Patrones de suma

Suma 2. Completa cada enunciado de suma. (1.OA.A.1)

1. $1 + \underline{2} = \underline{3}$

2. $2 + \underline{\phantom{0}} = \underline{\phantom{0}}$

3. $3 + \underline{\phantom{0}} = \underline{\phantom{0}}$

4. $4 + \underline{\phantom{0}} = \underline{\phantom{0}}$

5. $5 + \underline{\phantom{0}} = \underline{\phantom{0}}$

6. $6 + \underline{\phantom{0}} = \underline{\phantom{0}}$

## Operaciones de suma

Escribe la suma. (1.OA.C.6)

7. $\begin{array}{r} 7 \\ +3 \\ \hline \end{array}$

8. $\begin{array}{r} 8 \\ +8 \\ \hline \end{array}$

9. $\begin{array}{r} 6 \\ +7 \\ \hline \end{array}$

10. $\begin{array}{r} 4 \\ +4 \\ \hline \end{array}$

11. $\begin{array}{r} 9 \\ +5 \\ \hline \end{array}$

12. $\begin{array}{r} 8 \\ +7 \\ \hline \end{array}$

## Decenas y unidades

Escribe cuántas decenas y unidades hay en cada número. (1.NBT.B.2b)

13. 43

_____ decenas _____ unidades

14. 68

_____ decenas _____ unidades

Esta página es para verificar la comprensión de destrezas
importantes que se necesitan para tener éxito en el Capítulo 4.

Nombre _____

## Desarrollo del vocabulario

## Visualízalo

Completa el organizador gráfico con las palabras de repaso.

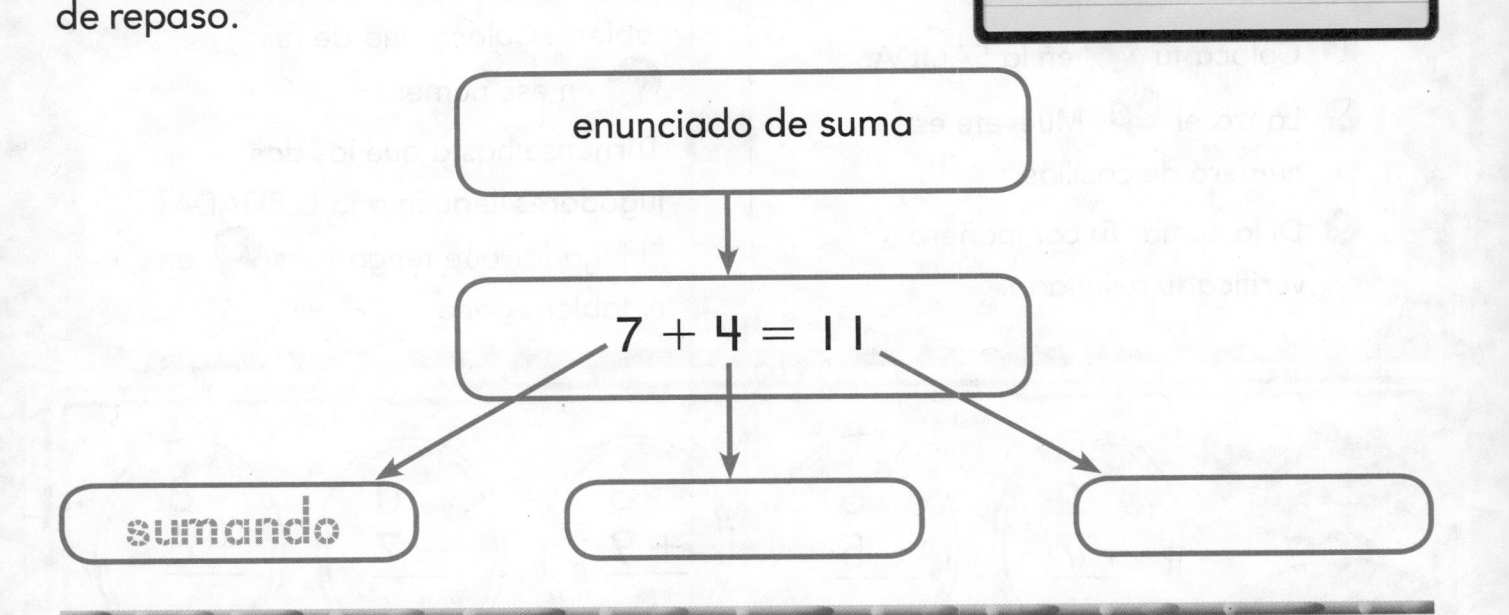

enunciado de suma

$7 + 4 = 11$

sumando

---

## Comprende el vocabulario

1. Escribe un número que tenga el **dígito**
   3 en el lugar de las **decenas.** _____

2. Escribe un número que tenga el **dígito**
   5 en el lugar de las **unidades.** _____

3. Escribe un número que tenga el mismo
   dígito en el lugar de las **decenas**
   que en el lugar de las **unidades.** _____

4. Escribe un número que tenga **dígitos**
   que sumen una **suma** de 8. _____

# Juego

# ¿Cuál es la suma?

**Materiales**

- 12 ● • 12 ○ • 1 🎲

Juega con un compañero.

1. Coloca tu ● en la SALIDA.

2. Lanza el 🎲. Muévete ese número de casillas.

3. Di la suma. Tu compañero verifica tu resultado.

4. Si tu resultado es correcto, halla ese número en el centro del tablero. Coloca una de tus ● en ese número.

5. Túrnense hasta que los dos jugadores lleguen a la LLEGADA. El jugador que tenga más ● en el tablero gana.

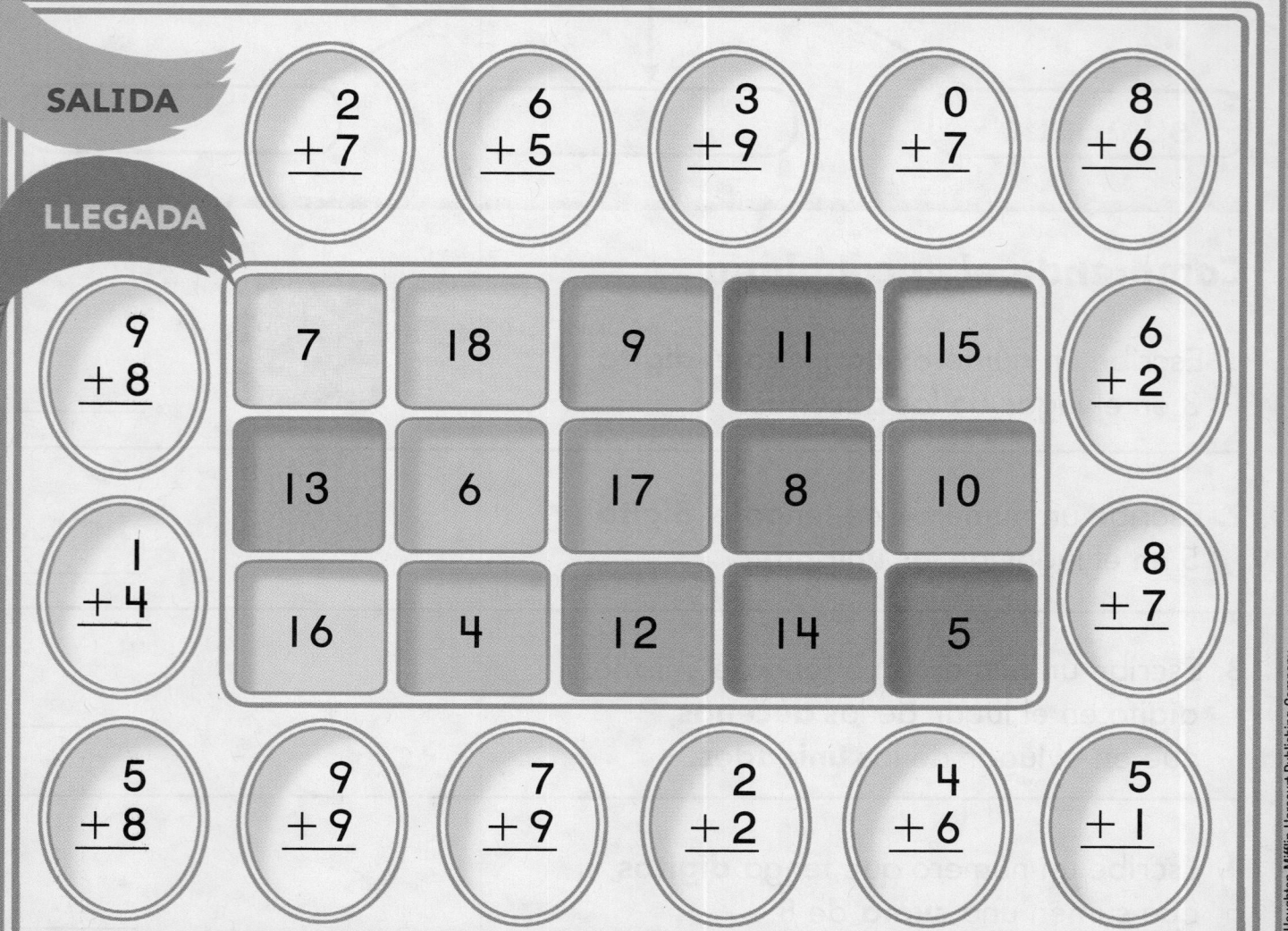

SALIDA

$$\begin{array}{r} 2 \\ +7 \\ \hline \end{array}$$  $$\begin{array}{r} 6 \\ +5 \\ \hline \end{array}$$  $$\begin{array}{r} 3 \\ +9 \\ \hline \end{array}$$  $$\begin{array}{r} 0 \\ +7 \\ \hline \end{array}$$  $$\begin{array}{r} 8 \\ +6 \\ \hline \end{array}$$

LLEGADA

$$\begin{array}{r} 9 \\ +8 \\ \hline \end{array}$$

| 7 | 18 | 9 | 11 | 15 |
| 13 | 6 | 17 | 8 | 10 |
| 16 | 4 | 12 | 14 | 5 |

$$\begin{array}{r} 6 \\ +2 \\ \hline \end{array}$$

$$\begin{array}{r} 1 \\ +4 \\ \hline \end{array}$$

$$\begin{array}{r} 8 \\ +7 \\ \hline \end{array}$$

$$\begin{array}{r} 5 \\ +8 \\ \hline \end{array}$$  $$\begin{array}{r} 9 \\ +9 \\ \hline \end{array}$$  $$\begin{array}{r} 7 \\ +9 \\ \hline \end{array}$$  $$\begin{array}{r} 2 \\ +2 \\ \hline \end{array}$$  $$\begin{array}{r} 4 \\ +6 \\ \hline \end{array}$$  $$\begin{array}{r} 5 \\ +1 \\ \hline \end{array}$$

# Vocabulario del Capítulo 4

**centena**

hundred

5

**columna**

column

10

**decenas**

tens

18

**dígito**

digit

21

**es igual a**

is equal to (=)

25

**reagrupar**

regroup

55

**suma**

sum

59

**unidades**

ones

64

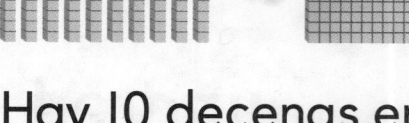

columna

$$3\ 3$$
$$3\ 4$$
$$+\ 3\ 2$$

---

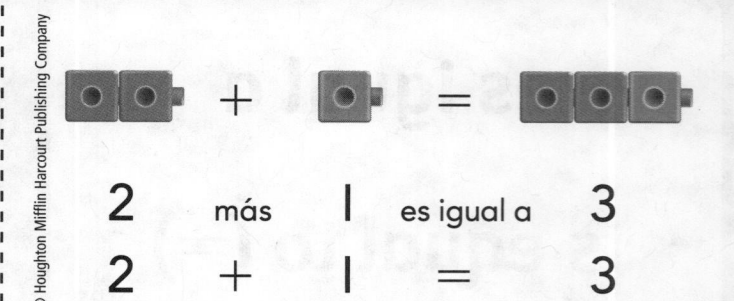

Hay 10 decenas en 1 **centena**.

---

0, 1, 2, 3, 4, 5, 6, 7, 8, y 9 son **dígitos**.

---

10 unidades = 1 decena

---

| Decenas | Unidades |
|---|---|

Puedes intercambiar 10 unidades por 1 decena para **reagrupar**.

---

2   más   1   es igual a   3

2   +   1   =   3

---

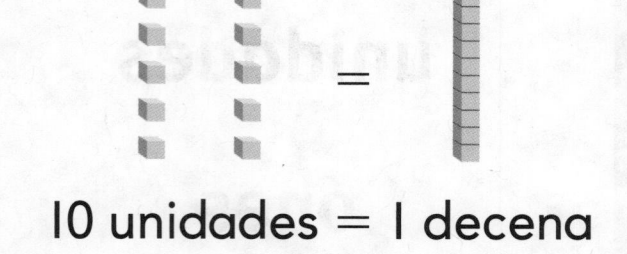

10 unidades = 1 decena

---

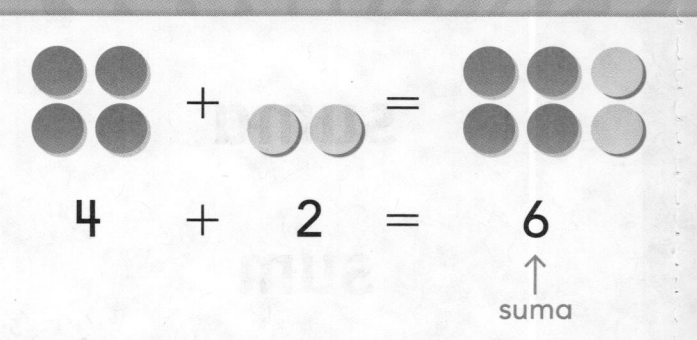

4   +   2   =   6

↑
suma

# Concentración

**Jugadores:** 2 a 3

## Materiales

- un juego de tarjetas de palabras

## Instrucciones

1. Coloquen las tarjetas boca abajo en hileras. Túrnense para jugar.

2. Elige dos tarjetas. Colócalas boca arriba.

   - Si las tarjetas coinciden, te quedas con el par y juegas un turno más.

   - Si las tarjetas no coinciden, colócalas boca abajo de nuevo.

3. El juego termina cuando todas las tarjetas están emparejadas. Los jugadores cuentan sus pares. El jugador con la mayor cantidad de pares es el ganador.

# Escríbelo

### Reflexiona

**Elige una idea. Escribe acerca de la idea en el espacio de abajo.**

- Explica de qué manera los dibujos rápidos te ayudan a sumar números de 2 dígitos.
- Di todas las maneras diferentes en que puedes sumar números de 2 dígitos.
- Escribe tres cosas que sabes acerca de reagrupar.

Nombre _____

# Separar unidades para sumar

**Pregunta esencial** ¿Por qué es más fácil sumar un número si lo separamos?

**Estándares comunes** Números y operaciones en base diez—2.NBT.B.5
PRÁCTICAS MATEMÁTICAS
MP1, MP4, MP6

Usa ▭▭▭▭ ▪. Haz un dibujo para mostrar lo que hiciste.

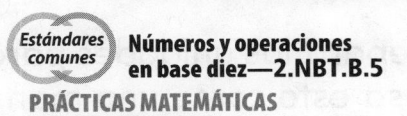

**PARA EL MAESTRO** • Lea el siguiente problema. Pida a los niños que lo resuelvan usando bloques. Griffin leyó 27 libros sobre animales y 6 libros sobre el espacio. ¿Cuántos libros leyó?

**Charla matemática**

PRÁCTICAS MATEMÁTICAS 6

**Describe** lo que hiciste con los bloques.

Separa las unidades para formar una decena.
Usa esto como una manera de sumar.

27 + 8 = _____?_____

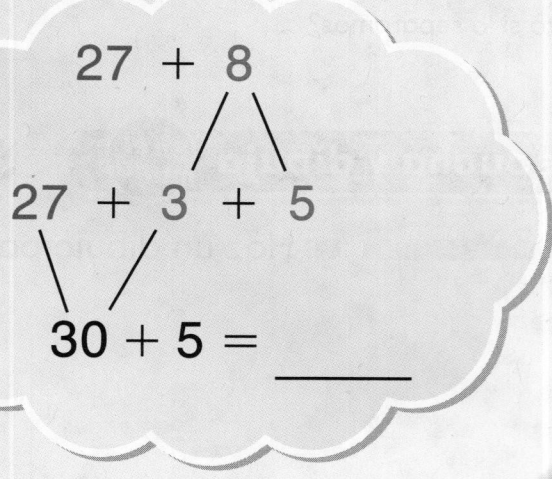

27 + 8

27 + 3 + 5

30 + 5 = _____

27 + 8 = _____

**Comparte y muestra** MATH BOARD

Haz dibujos rápidos. Separa las unidades para formar
una decena. Luego suma y escribe la suma.

1. 15 + 7 = _____

2. 26 + 5 = _____

3. 37 + 8 = _____

4. 28 + 6 = _____

## Por tu cuenta

Separa las unidades para formar una decena.
Luego suma y escribe la suma.

5. 23 + 9 = _____

6. 48 + 5 = _____

7. 18 + 5 = _____

8. 33 + 9 = _____

9. 27 + 6 = _____

10. 49 + 4 = _____

11. **MÁS AL DETALLE** Alex pone en una sala 32 mesas
pequeñas y 9 mesas grandes. Luego pone
otras 9 mesas grandes al lado de la pared.
¿Cuántas mesas pone Alex?

_____ mesas

12. **PIENSA MÁS** Bruce ve 29 robles
y 4 arces en el parque. Luego ve
el doble de pinos que de arces.
¿Cuántos árboles ve Bruce?

_____ árboles

## Resolución de problemas • Aplicaciones (En el mundo)

ESCRIBE ▸ **Matemáticas**

Resuelve. Escribe o dibuja para explicar.

**13.** MÁS AL DETALLE Megan tiene 38 fotos de animales, 5 fotos de personas y 3 fotos de insectos. ¿Cuántas fotos tiene?

_____ fotos

**14.** PRÁCTICA MATEMÁTICA ❶ **Analiza**

Jamal tiene una caja con 22 carritos de juguete. Coloca otros 9 carritos de juguete en la caja. Luego saca 3 carritos de juguete de la caja. ¿Cuántos carritos de juguete quedan en la caja ahora?

_____ carritos de juguete

**15.** PIENSA MÁS   Dan tiene 16 lápices. Quentin le da 5 lápices más. Elige todas las formas que puedes usar para hallar el número de lápices que tiene Dan en total.

○ $16 + 5$

○ $16 + 4 + 1$

○ $16 - 5$

**ACTIVIDAD PARA LA CASA** • Diga un número de 0 a 9. Pida a su niño que diga un número para sumarlo al suyo y obtener una suma de 10.

# Separar unidades para sumar

**ESTÁNDARES COMUNES 2.NBT.B.5**
*Utilizan la comprensión del valor posicional y las propiedades de las operaciones para sumar y restar.*

**Separa las unidades para formar una decena. Luego suma y escribe la suma.**

1. $62 + 9 =$ _____

2. $27 + 7 =$ _____

3. $28 + 5 =$ _____

4. $17 + 8 =$ _____

5. $57 + 6 =$ _____

6. $23 + 9 =$ _____

7. $39 + 7 =$ _____

8. $26 + 5 =$ _____

9. $13 + 8 =$ _____

10. $18 + 7 =$ _____

## Resolución de problemas En el mundo

Resuelve. Escribe o dibuja para explicar.

11. Jimmy tiene 18 avioncitos. Su madre le trajo 7 avioncitos más. ¿Cuántos avioncitos tiene ahora?

_____ avioncitos

12. **ESCRIBE** Matemáticas Explica cómo hallarías la suma de $46 + 7$.

_____

_____

## Repaso de la lección (2.NBT.B.5)

**I.** ¿Cuál es la suma?

$$26 + 7 = \underline{\phantom{...}}$$

**2.** ¿Cuál es la suma?

$$15 + 8 = \underline{\phantom{...}}$$

## Repaso en espiral (2.OA.A.1, 2.OA.B.2, 2.NBT.A.3)

**3.** Hanna tiene 4 cuentas azules y 8 cuentas rojas. ¿Cuántas cuentas tiene Hanna?

$$4 + 8 = \underline{\phantom{...}} \text{ cuentas}$$

**4.** Rick tiene 4 adhesivos. Luego gana 2 más. ¿Cuántos adhesivos tiene Rick ahora?

$$4 + 2 = \underline{\phantom{...}} \text{ adhesivos}$$

**5.** ¿Cuál es el total?

$$4 + 5 + 4 = \underline{\phantom{...}}$$

**6.** Escribe 281 usando centenas, decenas y unidades.

\_\_\_\_ centenas \_\_\_\_ decenas

\_\_\_\_ unidades

PRACTICA MÁS CON EL
Entrenador personal
en matemáticas

Nombre _____

# Hacer una compensación

**Pregunta esencial** ¿Cómo puedes convertir un sumando en una decena para resolver un problema de suma?

Estándares comunes
**Números y operaciones en base diez—2.NBT.B.5**
PRÁCTICAS MATEMÁTICAS
MP1, MP4, MP6

 **Escucha y dibuja** *En el mundo*

Haz dibujos rápidos para mostrar los problemas.

**Charla matemática**

PRÁCTICAS MATEMÁTICAS

**Analiza** cómo hallaste la cantidad de adhesivos que tiene Tyrone.

**PARA EL MAESTRO** • Pida a los niños que hagan dibujos rápidos para resolver este problema. Kara tiene 47 adhesivos. Compra 20 adhesivos más. ¿Cuántos adhesivos tiene ahora? Repita lo mismo con este problema. Tyrone tiene 30 adhesivos y compra 52 más. ¿Cuántos adhesivos tiene ahora?

**Capítulo 4**

## Representa y dibuja

Saca unidades de un sumando para que el otro sumando sea el siguiente número de decenas.

> La suma es más fácil cuando uno de los sumandos es un número de decenas.

$$25 + 48 = ?$$

$$\underline{23} + \underline{50} = \underline{\phantom{00}}$$

## Comparte y muestra MATH BOARD

Muestra cómo hacer que un sumando sea el siguiente número de decenas. Completa el nuevo enunciado de suma.

1. $37 + 25 = ?$

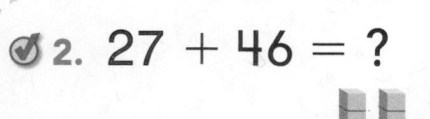

$$\underline{40} + \underline{\phantom{00}} = \underline{\phantom{00}}$$

2. $27 + 46 = ?$

$$\underline{\phantom{00}} + \underline{\phantom{00}} = \underline{\phantom{00}}$$

3. $14 + 29 = ?$

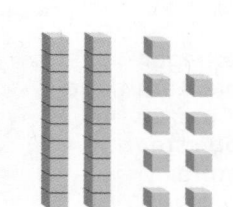

$$\underline{\phantom{00}} + \underline{\phantom{00}} = \underline{\phantom{00}}$$

**244** doscientos cuarenta y cuatro

Nombre _____

## Por tu cuenta

Muestra cómo hacer que un sumando sea el siguiente número de decenas. Completa el nuevo enunciado de suma.

4. $18 + 13 = ?$

_____ + _____ = _____

5. $24 + 18 = ?$

_____ + _____ = _____

6. **MÁS AL DETALLE** Luis encuentra 44 caracoles. Wayne encuentra 39 caracoles. ¿Cuántos caracoles necesitan si quieren tener 90 caracoles en total?

_____ caracoles

Resuelve. Escribe o haz un dibujo para explicar.

7. **PIENSA MÁS** Zach encuentra 38 ramas. Kelly encuentra 27 ramas. ¿Cuántas ramas más necesitan los dos niños si quieren conseguir 70 ramas en total?

_____ ramas **más**

## Resolución de problemas • Aplicaciones En el mundo

ESCRIBE Matemáticas

Resuelve. Escribe o dibuja para explicar.

8. **PRÁCTICA MATEMÁTICA 6** **Haz conexiones**
La tabla muestra las hojas que recogió Philip. Quiere tener una colección de 52 hojas de solo dos colores. ¿Qué dos colores de hojas debe usar?

| Hojas recogidas | |
|---|---|
| **Color** | **Número** |
| verde | 27 |
| marrón | 29 |
| amarillo | 25 |

_____ y _____

9. **PIENSA MÁS** Ava tiene 39 hojas de papel blancas. Tiene 22 hojas de papel verdes. Haz un dibujo y escribe para explicar cómo hallar el número de hojas de papel que tiene Ava.

Ava tiene _____ hojas de papel.

**ACTIVIDAD PARA LA CASA** • Pida a su niño que elija un problema de esta página y explique cómo resolverlo de otra manera.

# Hacer una compensación

ESTÁNDARES COMUNES—2.NBT.B.5
Utilizan el valor posicional y las propiedades de
las operaciones para sumar y restar.

Estándares
comunes

**Muestra cómo hacer que un sumando sea el siguiente
número de decenas. Completa el nuevo enunciado de suma.**

1. $15 + 37 = ?$

_____ + _____ = _____

2. $22 + 49 = ?$

_____ + _____ = _____

3. $38 + 26 = ?$

_____ + _____ = _____

## Resolución de problemas (En el mundo)

Resuelve. Escribe o dibuja para explicar.

4. El roble de la escuela medía 34 pies de alto.
   Luego creció 18 pies más.
   ¿Cuánto mide el roble ahora?

   _____ pies de alto

5. ESCRIBE ▸ Matemáticas Explica por qué harías de uno de los
   sumandos una decena para resolver un problema de suma.

   _____

   _____

# Repaso de la lección (2.NBT.B.5)

1. ¿Cuál es la suma?

$$18 + 25 = \underline{\phantom{00}}$$

2. ¿Cuál es la suma?

$$27 + 24 = \underline{\phantom{00}}$$

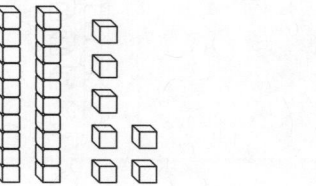

# Repaso en espiral (2.OA.B.2, 2.OA.C.3)

3. Encierra en un círculo el número par.

27    14    11    5

4. Andrew ve 4 peces. Kim ve el doble de ese número de peces. ¿Cuántos peces ve Kim?

\_\_\_\_ peces

5. ¿Cuál es la operación de resta relacionada para $7 + 6 = 13$?

_____

6. ¿Cuál es la suma?

$$2 + 8 = \underline{\phantom{00}}$$

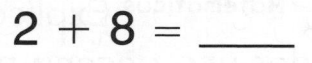
PRACTICA MÁS CON EL
Entrenador personal
en matemáticas

Nombre _____

# Separar los sumandos en decenas y unidades

**Pregunta esencial** ¿Cómo separas sumandos para sumar decenas y después sumar unidades?

**Estándares comunes** Números y operaciones en base diez—2.NBT.B.5
PRÁCTICAS MATEMÁTICAS
MP1, MP6, MP8

## Escucha y dibuja

Escribe el número. Luego escribe el número como decenas más unidades.

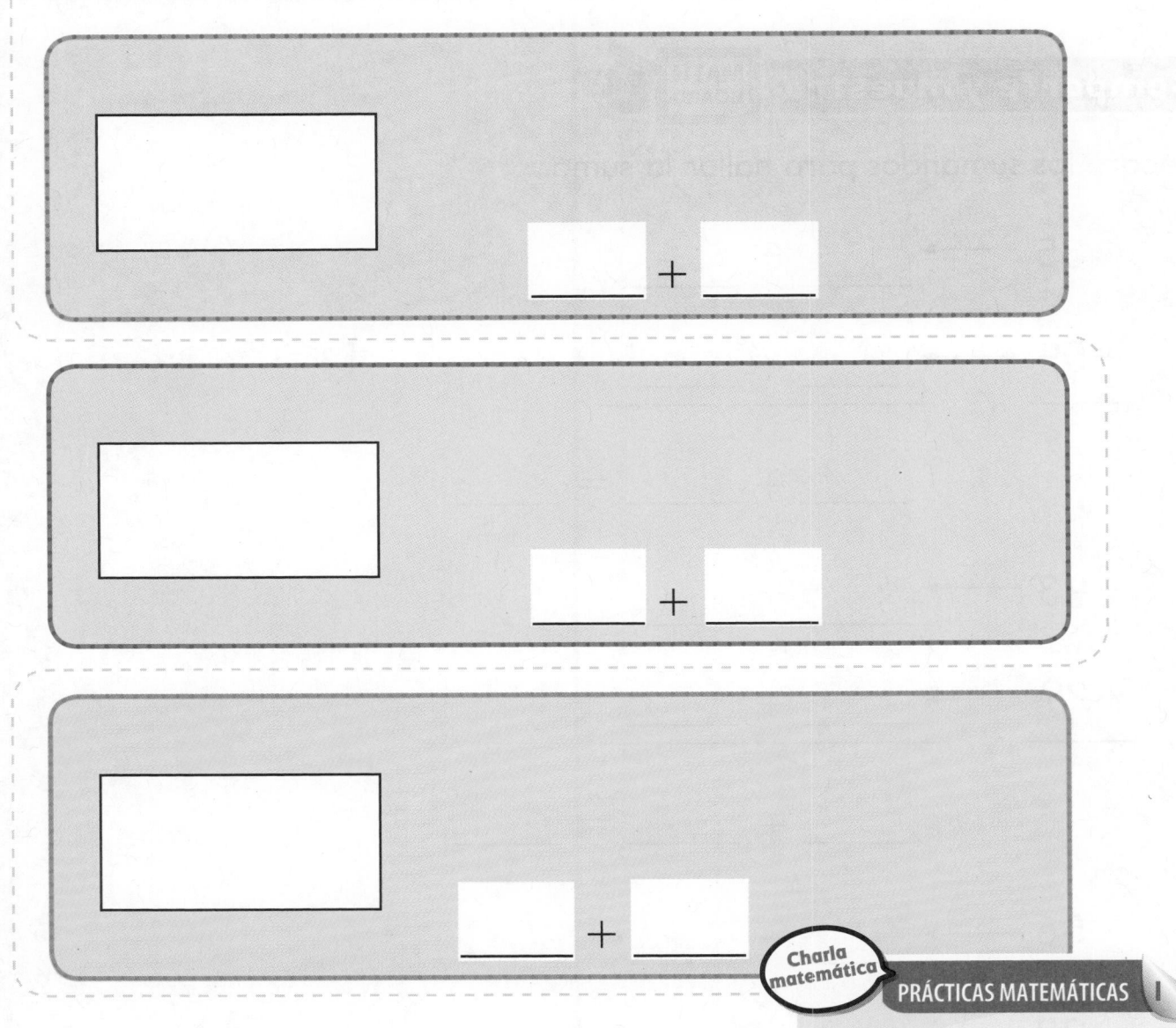

_____ + _____

_____ + _____

_____ + _____

**Charla matemática**
PRÁCTICAS MATEMÁTICAS

¿Cuál es el valor del 6 en el número 63? **Explica** cómo lo sabes.

**PARA EL MAESTRO** • Dirija la atención de los niños a la casilla anaranjada. Pida a los niños que escriban 25 dentro del rectángulo grande. Luego pida a los niños que escriban 25 como decenas más unidades. Repita la actividad con 36 y 42.

Capítulo 4

Separa los sumandos en decenas y unidades.
Suma las decenas y suma las unidades.
Luego halla la suma.

$$27 \longrightarrow 20 + 7$$
$$+48 \longrightarrow 40 + 8$$
$$\underline{60} + \underline{15} = \underline{\phantom{00}}$$

$$60 + 15$$

$$10 \quad 5$$

$$70 + 5 = \underline{\phantom{00}}$$

## Comparte y muestra  MATH BOARD

Separa los sumandos para hallar la suma.

1.
$$35 \longrightarrow \underline{\phantom{0}} + \underline{\phantom{0}}$$
$$+54 \longrightarrow \underline{\phantom{0}} + \underline{\phantom{0}}$$
$$\underline{\phantom{0}} + \underline{\phantom{0}} = \underline{\phantom{0}}$$

2.
$$43 \longrightarrow \underline{\phantom{0}} + \underline{\phantom{0}}$$
$$+29 \longrightarrow \underline{\phantom{0}} + \underline{\phantom{0}}$$
$$\underline{\phantom{0}} + \underline{\phantom{0}} = \underline{\phantom{0}}$$

3.
$$56 \longrightarrow \underline{\phantom{0}} + \underline{\phantom{0}}$$
$$+38 \longrightarrow \underline{\phantom{0}} + \underline{\phantom{0}}$$
$$\underline{\phantom{0}} + \underline{\phantom{0}} = \underline{\phantom{0}}$$

## Por tu cuenta

Separa los sumandos para hallar la suma.

4.  $14 \longrightarrow$ ____ + ____

    $+23 \longrightarrow$ ____ + ____

    ____ + ____ = ____

5.  $37 \longrightarrow$ ____ + ____

    $+45 \longrightarrow$ ____ + ____

    ____ + ____ = ____

6.  MÁS AL DETALLE  Chris leyó 15 páginas de su libro.
Tony leyó 4 páginas más que Chris. ¿Cuántas
páginas leyeron Chris y Tony?

_____ páginas

7.  PIENSA MÁS  Julie leyó 18 páginas
de su libro en la mañana. Leyó
el mismo número de páginas
en la tarde. ¿Cuántas
páginas leyó en total?

_____ páginas

## Resolución de problemas • Aplicaciones En el mundo

**ESCRIBE** Matemáticas

Escribe o dibuja para explicar.

**8.** **PRÁCTICA MATEMÁTICA ①** **Comprende los problemas** Christopher tiene 35 tarjetas de béisbol. El resto son tarjetas de básquetbol. Tiene 58 tarjetas en total. ¿Cuántas tarjetas de básquetbol tiene?

_____ tarjetas de básquetbol

**9.** **PRÁCTICA MATEMÁTICA ①** **Evalúa** Tomás tiene 17 lápices. Compra 26 lápices más. ¿Cuántos lápices tiene ahora?

_____ lápices

**Entrenador personal en matemáticas**

**10.** **PIENSA MÁS ➕** Sasha usó 38 adhesivos rojos y 22 adhesivos azules. Muestra cómo puedes separar los sumandos para hallar cuántos adhesivos usó Sasha.

38 ⟶ \_\_\_\_ + \_\_\_\_

+22 ⟶ \_\_\_\_ + \_\_\_\_

\_\_\_\_ + \_\_\_\_ = \_\_\_\_ adhesivos

**ACTIVIDAD PARA LA CASA** • Escriba 32 + 48 en una hoja de papel. Pida a su niño que separe los números y halle la suma.

# Separar los sumandos en decenas y unidades

ESTÁNDARES COMUNES—2.NBT.B.5
Utilizan el valor posicional y las propiedades
de las operaciones para sumar y restar.

**Separa los sumandos para hallar la suma.**

1.   18 → ___ + ___

  + 21 → ___ + ___

   ___ + ___ = ___

2.   33 → ___ + ___

  + 49 → ___ + ___

   ___ + ___ = ___

## Resolución de problemas En el mundo

Elige una manera de resolver.
Escribe o dibuja para explicar.

3. Christopher tiene 28 tarjetas de béisbol.
   Justin tiene 18 tarjetas de béisbol.
   ¿Cuántas tarjetas de béisbol tienen
   los dos en total?

   _____ tarjetas de béisbol

4.   **ESCRIBE** **Matemáticas** Explica cómo separar los sumandos
   para hallar la suma de 25 + 16.

   _____

   _____

## Repaso de la lección (2.NBT.B.5)

1. ¿Cuál es la suma?

$$\begin{array}{r} 27 \\ +\ 12 \\ \hline \end{array}$$

2. ¿Cuál es la suma?

$$\begin{array}{r} 17 \\ +\ 35 \\ \hline \end{array}$$

## Repaso en espiral (2.OA.B.2, 2.NBT.A.1, 2.NBT.A.3, 2.NBT.B.5)

3. ¿Cuál es el valor del dígito subrayado?

2<u>5</u>

_____

4. ¿Qué número tiene el mismo valor que 12 decenas?

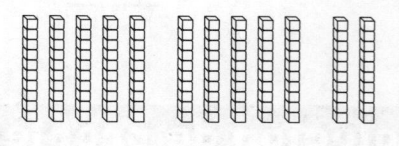

_____

5. Ally tiene 7 cubos interconectables. Greg tiene 4 cubos interconectables. ¿Cuántos cubos interconectables tienen los dos?

_____ cubos

6. Juan pintó un cuadro de un árbol. Primero pintó 15 hojas. Luego pintó 23 hojas más. ¿Cuántas hojas pintó?

_____ hojas

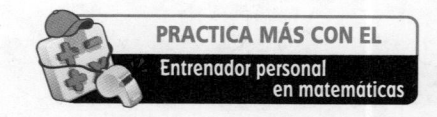

PRACTICA MÁS CON EL
Entrenador personal
en matemáticas

Nombre _____

# Reagrupar modelos para sumar

**Pregunta esencial** ¿Cuándo reagrupas en la suma?

**Estándares comunes** Números y operaciones en base diez—2.NBT.B.5

**PRÁCTICAS MATEMÁTICAS**
MP1, MP5, MP7

## Escucha y dibuja En el mundo · Manos a la obra

Usa ▭▭▭▭ ▫ para representar el problema.
Haz dibujos rápidos para mostrar lo que hiciste.

| Decenas | Unidades |
|---|---|
| | |

**Charla matemática**

**PRÁCTICAS MATEMÁTICAS 5**

**Usa herramientas**
Describe cómo formaste la decena en tu modelo.

**PARA EL MAESTRO** • Lea el siguiente problema. Brandon tiene 24 libros. Su amigo Mario tiene 8 libros. ¿Cuántos libros tienen los dos?

## Representa y dibuja

Suma 37 y 25.

**Paso 1** Observa las unidades. ¿Puedes formar una decena?

| Decenas | Unidades |
|---------|----------|
|         |          |

sí          no

**Paso 2** Si puedes formar una decena, **reagrupa**.

| Decenas | Unidades |
|---------|----------|
|         |          |

Cambia 10 unidades por 1 decena para reagrupar.

**Paso 3** Escribe la cantidad de decenas y unidades. Escribe la suma.

| Decenas | Unidades |
|---------|----------|
|         |          |

_____ decenas

_____ unidades

_____

## Comparte y muestra

MATH BOARD

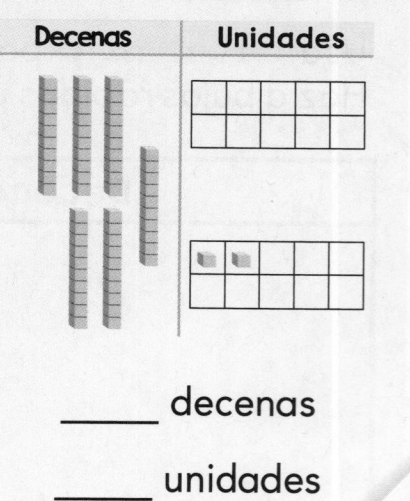

Haz un dibujo que muestre la reagrupación. Escribe cuántas decenas y unidades hay en la suma. Escribe la suma.

1. Suma 47 y 15.

| Decenas | Unidades |
|---------|----------|
|         |          |

_____ decenas

_____ unidades

_____

2. Suma 48 y 8.

| Decenas | Unidades |
|---------|----------|
|         |          |

_____ decenas

_____ unidades

_____

3. Suma 26 y 38.

| Decenas | Unidades |
|---------|----------|
|         |          |

_____ decenas

_____ unidades

_____

## Por tu cuenta

Haz un dibujo que muestre si reagrupas. Escribe cuántas decenas y unidades hay en la suma. Escribe la suma.

**4.** Suma 79 y 6.

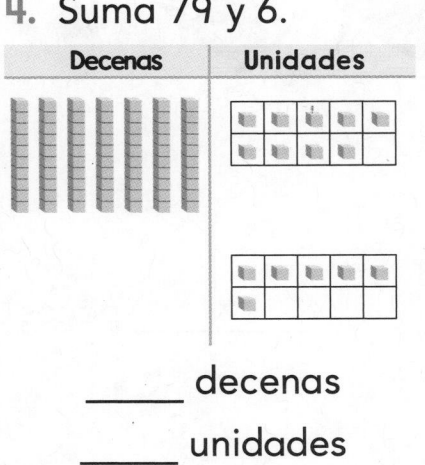

| Decenas | Unidades |
|---------|----------|

_____ decenas

_____ unidades

_____

**5.** Suma 18 y 64.

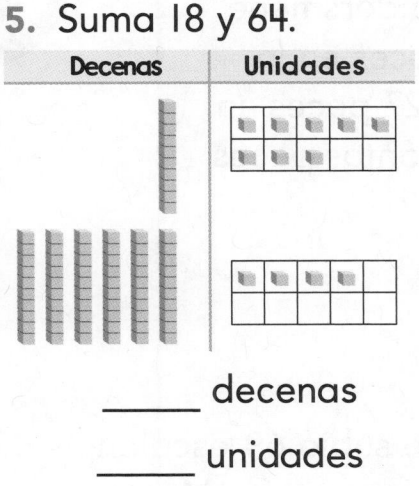

| Decenas | Unidades |
|---------|----------|

_____ decenas

_____ unidades

**6.** Suma 23 y 39.

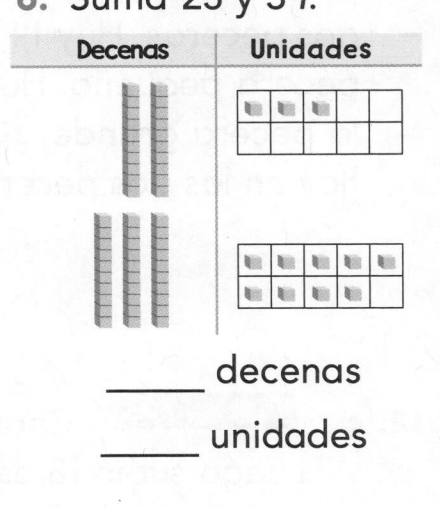

| Decenas | Unidades |
|---------|----------|

_____ decenas

_____ unidades

**7.** Suma 54 y 25.

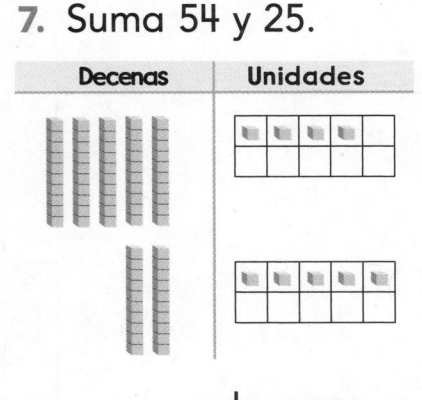

| Decenas | Unidades |
|---------|----------|

_____ decenas

_____ unidades

_____

**8.** Suma 33 y 7.

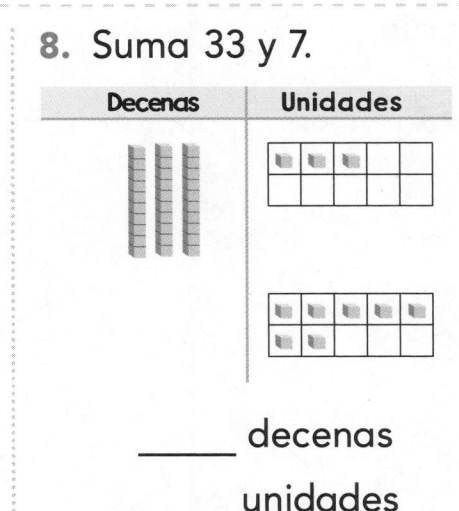

| Decenas | Unidades |
|---------|----------|

_____ decenas

_____ unidades

_____

**9.** Suma 27 y 68.

| Decenas | Unidades |
|---------|----------|

_____ decenas

_____ unidades

_____

**10.** PIENSA MÁS  Kara tiene 25 muñecos y 12 libros. Jorge tiene 8 muñecos más que Kara. ¿Cuántos muñecos tiene Jorge?

_____ muñecos

## Resolución de problemas • Aplicaciones En el mundo

ESCRIBE Matemáticas

Escribe o dibuja para explicar.

II. PRÁCTICA MATEMÁTICA ① Comprende los problemas La Sra. Sanders tiene dos peceras. Hay 14 peces en la pecera pequeña. Hay 27 peces en la pecera grande. ¿Cuántos peces hay en las dos peceras?

_____ peces

I2. PIENSA MÁS Charlie subió 69 escalones. Luego subió 18 escalones más. Muestra dos formas diferentes para hallar cuántos escalones subió Charlie.

Charlie subió _____ escalones.

ACTIVIDAD PARA LA CASA • Pida a su niño que escriba un problema con números de 2 dígitos sobre la suma de dos grupos de sellos.

© Houghton Mifflin Harcourt Publishing Company

# Reagrupar modelos para sumar

**Dibuja para mostrar cómo reagrupar. Escribe cuántas decenas y unidades hay en la suma. Escribe la suma.**

Estándares comunes

**ESTÁNDARES COMUNES—2.NBT.B.5**
*Utilizan el valor posicional y las propiedades de las operaciones para sumar y restar.*

**I.** Suma 63 y 9.

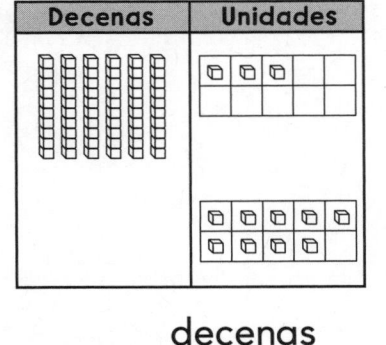

| Decenas | Unidades |
|---------|----------|

_____ decenas

_____ unidades

_____

**2.** Suma 25 y 58.

| Decenas | Unidades |
|---------|----------|

_____ decenas

_____ unidades

_____

**3.** Suma 58 y 18.

| Decenas | Unidades |
|---------|----------|

_____ decenas

_____ unidades

_____

**4.** Suma 64 y 26.

| Decenas | Unidades |
|---------|----------|

_____ decenas

_____ unidades

_____

**5.** Suma 17 y 77.

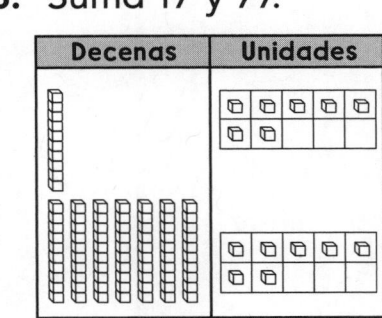

| Decenas | Unidades |
|---------|----------|

_____ decenas

_____ unidades

_____

**6.** Suma 16 y 39.

| Decenas | Unidades |
|---------|----------|

_____ decenas

_____ unidades

_____

## Resolución de problemas En el mundo

Elige una manera de resolver. Escribe o dibuja para explicar.

**7.** Cathy tiene 43 hojas en su colección. Jane tiene 38 hojas. ¿Cuántas hojas tienen las dos niñas?

_____ hojas

**8.** ESCRIBE ▸ **Matemáticas** Supón que vas a sumar 43 y 28. ¿Tienes que reagrupar? Explica.

_____

## Repaso de la lección (2.NBT.B.5)

1. Suma 27 y 48. ¿Cuál es la suma?

| Decenas | Unidades |
|---------|----------|
|         |          |

_____

## Repaso en espiral (2.OA.B.2, 2.OA.C.3, 2.NBT.B.5)

2. ¿Cuál es la suma?

$$7 + 7 = \underline{\phantom{00}}$$

3. Encierra en un círculo el número impar.

6    12    21    22

4. ¿Cuál es la suma?

$$39 + 46 = \underline{\phantom{00}}$$

5. ¿Cuál es la suma?

$$5 + 3 + 4 = \underline{\phantom{00}}$$

PRACTICA MÁS CON EL
Entrenador personal
en matemáticas

# Hacer un modelo y anotar sumas de 2 dígitos

Estándares comunes — Números y operaciones en base diez—2.NBT.B.5 También 2.NBT.B.9
PRÁCTICAS MATEMÁTICAS
MP1, MP4, MP6

**Pregunta esencial** ¿Cómo anotas la suma de 2 dígitos?

## Escucha y dibuja En el mundo

Usa ▭ ▪ para representar el problema.
Haz dibujos rápidos para mostrar lo que hiciste.

| Decenas | Unidades |
|---|---|
|  |  |

**Charla matemática**

**PRÁCTICAS MATEMÁTICAS 6**

**Haz conexiones** ¿Cambiaste bloques en tu modelo? Explica por qué.

**PARA EL MAESTRO** • Lea el siguiente problema. La clase del Sr. Riley recogió 54 latas para la colecta de alimentos. La clase de la Srta. Bright recogió 35 latas. ¿Cuántas latas recogieron las dos clases?

Traza sobre los dibujos rápidos de los pasos.

**Paso 1** Haz un modelo de 37 + 26. ¿Hay 10 unidades para reagrupar?

**Paso 2** Escribe la decena reagrupada. Escribe cuántas unidades hay en el lugar de las unidades ahora.

**Paso 3** ¿Cuántas decenas hay? Escribe cuántas decenas hay en el lugar de las decenas.

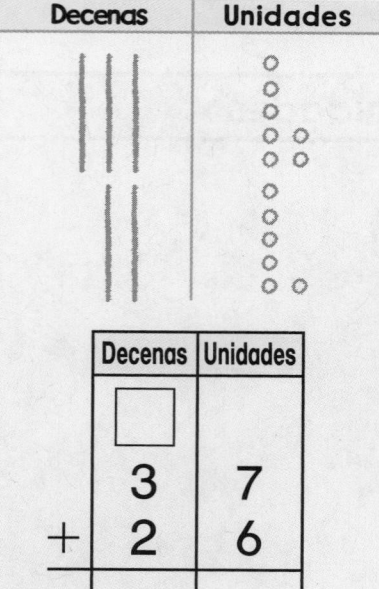

| Decenas | Unidades |
|---------|----------|
| | |
| 3 | 7 |
| + 2 | 6 |
| | |

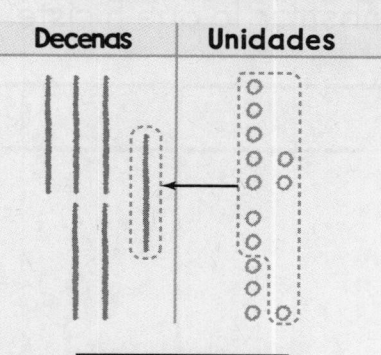

| Decenas | Unidades |
|---------|----------|
| 1 | |
| 3 | 7 |
| + 2 | 6 |
| | 3 |

| Decenas | Unidades |
|---------|----------|
| 1 | |
| 3 | 7 |
| + 2 | 6 |
| 6 | 3 |

**Comparte y muestra** MATH BOARD

Haz dibujos rápidos como ayuda para resolver. Escribe la suma.

**1.**

| Decenas | Unidades |
|---------|----------|
| | |
| 2 | 6 |
| + 3 | 2 |
| | |

| Decenas | Unidades |
|---------|----------|
| | |

**2.**

| Decenas | Unidades |
|---------|----------|
| | |
| 5 | 8 |
| + 2 | 4 |
| | |

| Decenas | Unidades |
|---------|----------|
| | |

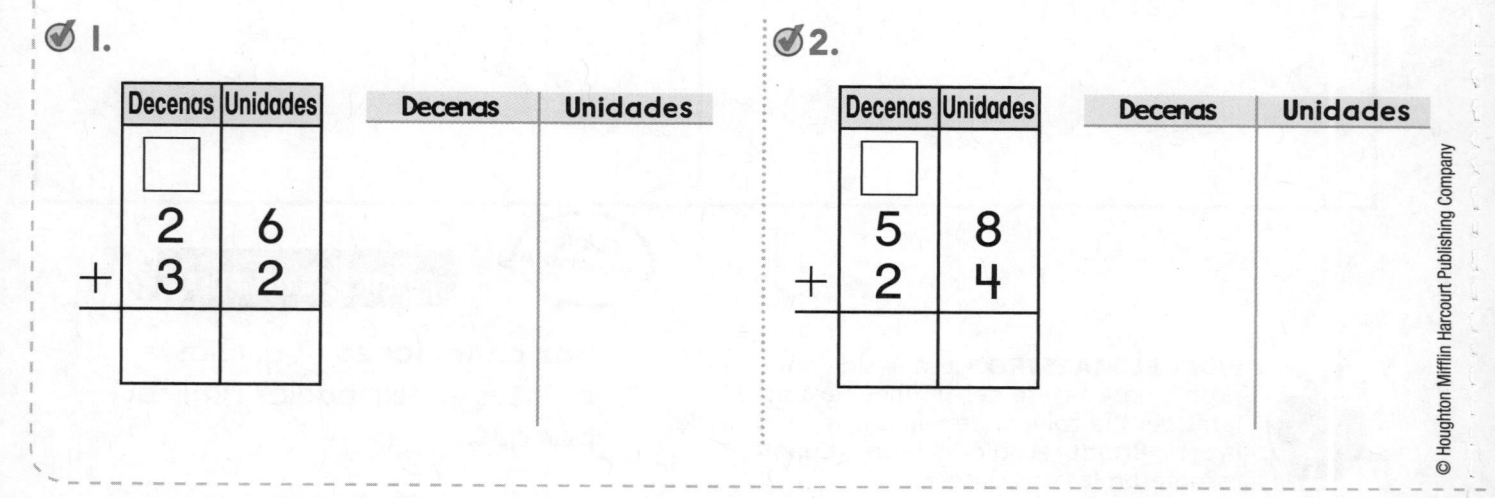

Nombre _____

## Por tu cuenta

Haz dibujos rápidos como ayuda para resolver.
Escribe la suma.

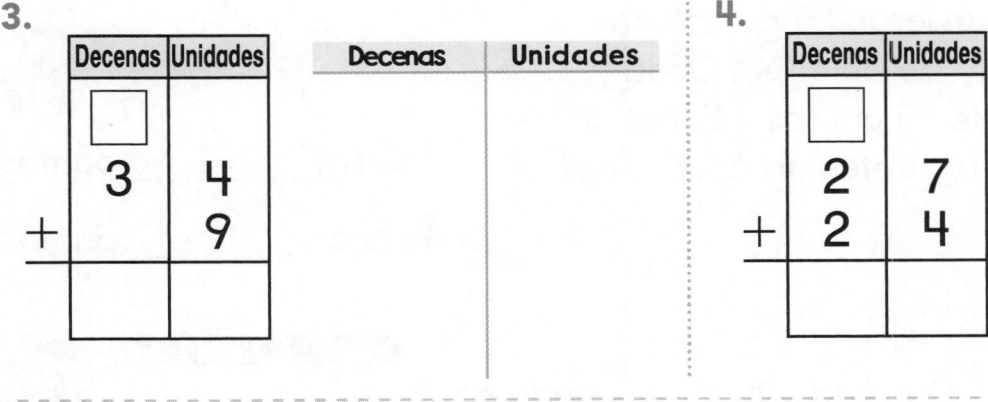

**3.**

| Decenas | Unidades |
|---------|----------|
| ☐       |          |
| 3       | 4        |
| +       | 9        |
|         |          |

| Decenas | Unidades |
|---------|----------|
|         |          |

**4.**

| Decenas | Unidades |
|---------|----------|
| ☐       |          |
| 2       | 7        |
| + 2     | 4        |
|         |          |

| Decenas | Unidades |
|---------|----------|
|         |          |

**5.**

| Decenas | Unidades |
|---------|----------|
| ☐       |          |
| 3       | 5        |
| + 2     | 3        |
|         |          |

| Decenas | Unidades |
|---------|----------|
|         |          |

**6.**

| Decenas | Unidades |
|---------|----------|
| ☐       |          |
| 5       | 9        |
| +       | 6        |
|         |          |

| Decenas | Unidades |
|---------|----------|
|         |          |

**7.** PIENSA MÁS   Tim tiene 36 adhesivos.
Margo tiene 44 adhesivos. ¿Cuántos
adhesivos más necesitan para tener
100 en total?

_____ adhesivos más

**8.** MÁS AL DETALLE   Un panadero quiere vender
100 panes. De momento ha vendido
48 de maíz y 42 integrales. ¿Cuántos
panes más tiene que vender el
panadero?

_____ panes más

## Resolución de problemas • Aplicaciones En el mundo

ESCRIBE  Matemáticas

Escribe o dibuja para explicar.

9. **PRÁCTICA MATEMÁTICA ①  Comprende los problemas**
Chris y Bianca obtuvieron 80 puntos en total en el concurso de deletreo. Cada niño obtuvo más de 20 puntos. ¿Cuántos puntos podría haber obtenido cada niño?

Chris: _____ puntos

Bianca: _____ puntos

---

10.

Entrenador personal en matemáticas

**PIENSA MÁS ➕**   Don construyó una torre con 24 bloques. Construyó otra torre con 18 bloques. ¿Cuántos bloques usó para las dos torres? Haz dibujos rápidos para resolver. Escribe la suma.

| Decenas | Unidades |
| --- | --- |
|  |  |

_____ bloques

¿Reagrupaste para hallar la respuesta? Explica.

_____

_____

_____

**ACTIVIDAD PARA LA CASA** • Escriba dos números de 2 dígitos y pregunte a su niño si reagruparía para hallar la suma.

© Houghton Mifflin Harcourt Publishing Company

# Hacer un modelo y anotar sumas de 2 dígitos

ESTÁNDARES COMUNES 2.NBT.B.5
Utilizan el valor posicional y las propiedades de las operaciones para sumar y restar.

Nombre _____

Haz dibujos rápidos como ayuda para resolver.
Escribe la suma.

**1.**

| Decenas | Unidades |
|---|---|
| 3 | 8 |
| + 1 | 7 |
| | |

| Decenas | Unidades |
|---|---|
| | |

**2.**

| Decenas | Unidades |
|---|---|
| 5 | 8 |
| + 2 | 6 |
| | |

| Decenas | Unidades |
|---|---|
| | |

**3.**

| Decenas | Unidades |
|---|---|
| 4 | 2 |
| + 3 | 7 |
| | |

| Decenas | Unidades |
|---|---|
| | |

**4.**

| Decenas | Unidades |
|---|---|
| 5 | 3 |
| + 3 | 8 |
| | |

| Decenas | Unidades |
|---|---|
| | |

## Resolución de problemas En el mundo

Elige una manera de resolver.
Escribe o dibuja para explicar.

**5.** Había 37 niños en el parque el sábado y 25 niños en el parque el domingo. ¿Cuántos niños había en el parque esos dos días?

_____ niños

**6.** ESCRIBE Matemáticas Explica por qué debes anotar un 1 en la columna de las decenas cuando tienes que reagrupar en un problema de suma.

_____

# Repaso de la lección (2.NBT.B.5)

**1.** ¿Cuál es la suma?

| Decenas | Unidades |
|---------|----------|
|         |          |
| 3       | 4        |
| + 2     | 8        |
|         |          |

**2.** ¿Cuál es la suma?

| Decenas | Unidades |
|---------|----------|
|         |          |
| 4       | 3        |
| + 2     | 7        |
|         |          |

# Repaso en espiral (2.OA.B.2)

**3.** Adam reunió 14 monedas de 1¢ la primera semana y 9 monedas de 1¢ la segunda semana. ¿Cuántas monedas de 1¢ más reunió la primera semana que la segunda semana?

$14 - 9 =$ _____ monedas

**4.** ¿Cuál es la suma?

$3 + 7 + 9 =$ _____

**5.** Janet tiene 5 canicas. Encuentra el doble de ese número de canicas en su bolso de arte. ¿Cuántas canicas tiene Janet ahora?

$5 +$ ___ $=$ _____ canicas

**6.** ¿Cuál es la diferencia?

$13 - 5 =$ _____

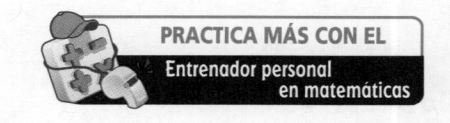

PRACTICA MÁS CON EL
Entrenador personal
en matemáticas

Nombre _____

# Suma de 2 dígitos

**Pregunta esencial** ¿Cómo anotas los pasos cuando sumas números de 2 dígitos?

**Estándares comunes** Números y operaciones en base diez—2.NBT.B.5, 2.NBT.B.9
PRÁCTICAS MATEMÁTICAS
MP1, MP3, MP6

## Escucha y dibuja En el mundo

Haz dibujos rápidos para representar cada problema.

| Decenas | Unidades |
|---------|----------|
|         |          |

| Decenas | Unidades |
|---------|----------|
|         |          |

**PARA EL MAESTRO** • Lea el siguiente problema y pida a los niños que hagan dibujos rápidos para resolverlo. Jason anotó 35 puntos en un juego y 47 puntos en otro juego. ¿Cuántos puntos anotó Jason? Repita la actividad con este problema. Patty anotó 18 puntos. Luego anotó 21 puntos. ¿Cuántos puntos anotó en total?

**Charla matemática** PRÁCTICAS MATEMÁTICAS

**Analiza relaciones**
Explica cuándo tienes que reagrupar unidades.

Suma 59 y 24.

**Paso I** Suma las unidades.

$9 + 4 = 13$

| Decenas | Unidades |
|---|---|
| | |

| Decenas | Unidades |
|---|---|
| ☐ | |
| 5 | 9 |
| + 2 | 4 |

**Paso 2** Reagrupa; 13 unidades es lo mismo que I decena y 3 unidades.

| Decenas | Unidades |
|---|---|
| | |

| Decenas | Unidades |
|---|---|
| ☐ | |
| 5 | 9 |
| + 2 | 4 |
| | 3 |

**Paso 3** Suma las decenas.

$1 + 5 + 2 = \mathbf{8}$

| Decenas | Unidades |
|---|---|
| | |

| Decenas | Unidades |
|---|---|
| 1 | |
| 5 | 9 |
| + 2 | 4 |
| 8 | 3 |

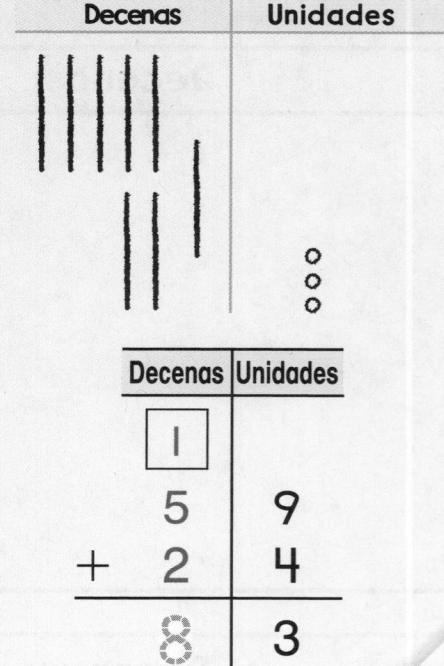

**Comparte y muestra** MATH BOARD

Reagrupa si es necesario. Escribe la suma.

1.

| Decenas | Unidades |
|---|---|
| ☐ | |
| 4 | 2 |
| + 2 | 9 |

 2.

| Decenas | Unidades |
|---|---|
| ☐ | |
| 3 | 1 |
| + 1 | 4 |

3.

| Decenas | Unidades |
|---|---|
| ☐ | |
| 2 | 7 |
| + 4 | 5 |

## Por tu cuenta

Reagrupa si es necesario. Escribe la suma.

**4.**

| Decenas | Unidades |
|---------|----------|
| ☐ | |
| 4 | 8 |
| + | 7 |

**5.**

| Decenas | Unidades |
|---------|----------|
| ☐ | |
| 3 | 5 |
| + 4 | 2 |

**6.**

| Decenas | Unidades |
|---------|----------|
| ☐ | |
| 7 | 3 |
| + 2 | 0 |

**7.**

|   |   |
|---|---|
| 3 | 3 |
| + 2 | 7 |

**8.**

|   |   |
|---|---|
| 5 | 2 |
| + | 5 |

**9.**

|   |   |
|---|---|
| 3 | 6 |
| + 5 | 8 |

**10.**

|   |   |
|---|---|
| 6 | 4 |
| + 2 | 5 |

**11.**

|   |   |
|---|---|
| 3 | 5 |
| + 3 | 8 |

**12.**

|   |   |
|---|---|
| 3 | 8 |
| + 5 | 2 |

Resuelve. Haz un dibujo o escribe para explicar.

**13.** PIENSA MÁS   Jin tiene 31 libros sobre gatos y 19 libros sobre perros. Le regala 5 libros a su hermana. ¿Cuántos libros tiene Jin ahora?

_____ libros

## Resolución de problemas • Aplicaciones En el mundo

  ESCRIBE Matemáticas

**14.** _MÁS AL DETALLE_ Abby sumó de otra manera.
Halla la suma como Abby.

```
   35
 + 48
 ────
   13
 + 70
 ────
   83
```

```
   5 7
 + 2 9
 ─────
 ─────
```

**15.** **PRÁCTICA MATEMÁTICA ③** **Verifica el razonamiento de los demás**
Explica por qué la manera de sumar de Abby funciona.

_____

_____

_____

**16.** _PIENSA MÁS_ Melissa vio 14 leones marinos y
29 focas. ¿Cuántos animales vio? Escribe un
enunciado numérico para hallar el número
total de animales que vio.

_____

Explica cómo muestra el problema el enunciado numérico.

_____

_____

**ACTIVIDAD PARA LA CASA** • Pida a su niño que
muestre dos maneras de sumar 45 y 38.

# Suma de 2 dígitos

ESTÁNDARES COMUNES—2.NBT.B.5
Utilizan el valor posicional y las propiedades
de las operaciones para sumar y restar.

**Reagrupa si es necesario. Escribe la suma.**

1.
```
   4 | 7
 + 2 | 5
```

2.
```
   3 | 3
 + 1 | 8
```

3.
```
   2 | 8
 + 6 | 4
```

4.
```
   1 | 3
 + 6 | 5
```

5.
```
   1 | 7
 + 2 | 6
```

6.
```
   3 | 6
 + 5 | 3
```

7.
```
   5 | 8
 + 2 | 5
```

8.
```
   3 | 7
 + 4 | 9
```

## Resolución de problemas (En el mundo)

Resuelve. Escribe o dibuja para explicar.

9. Ángela dibujó 16 flores en un papel esta mañana. Dibujó 25 flores más en la tarde. ¿Cuántas flores dibujó en total?

_____ flores

10. **ESCRIBE** **Matemáticas** ¿Qué diferencia hay entre el Ejercicio 5 y el Ejercicio 6? Explica.

_____

_____

## Repaso de la lección (2.NBT.B.5)

**I.** ¿Cuál es la suma?

$$
\begin{array}{r}
2\ 1 \\
+\ 3\ 7 \\
\hline
\end{array}
$$

**2.** ¿Cuál es la suma?

$$
\begin{array}{r}
3\ 8 \\
+\ 5\ 2 \\
\hline
\end{array}
$$

## Repaso en espiral (2.OA.A.1, 2.NBT.A.3, 2.NBT.B.8)

**3.** ¿Cuál es el siguiente número del patrón de conteo?

103, 203, 303, 403, _____

**4.** Rita contó 13 burbujas. Ben contó 5 burbujas. ¿Cuántas burbujas menos que Rita contó Ben?

13 − 5 = _____ burbujas

**5.** ¿Qué número es 100 más que 265?

_____

**6.** Escribe 42 como una suma de decenas y unidades.

_____ + _____

© Houghton Mifflin Harcourt Publishing Company

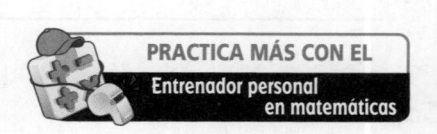

PRACTICA MÁS CON EL
**Entrenador personal**
en matemáticas

Nombre _____

# Practicar sumas de 2 dígitos

**Pregunta esencial** ¿Cómo anotas los pasos cuando sumas números de 2 dígitos?

**Estándares comunes** Números y operaciones en base diez—2.NBT.B.5 *También 2.NBT.B.7*
**PRÁCTICAS MATEMÁTICAS**
MP1, MP3, MP7

## Escucha y dibuja *En el mundo*

Elige una manera de resolver el problema.
Escribe o haz un dibujo para mostrar lo que hiciste.

**PARA EL MAESTRO** • Lea el siguiente problema. En la carrera corrieron 45 niños y 63 niñas. ¿Cuántos niños corrieron en la carrera?

**Charla matemática**

**PRÁCTICAS MATEMÁTICAS** 6

**Explica** por qué elegiste esa manera de resolver el problema.

La Sra. Meyers vendió 47 refrigerios antes del juego. Luego vendió 85 refrigerios durante el juego. ¿Cuántos refrigerios vendió en total?

**Paso 1** Suma las unidades.

$$7 + 5 = 12$$

Reagrupa 12 unidades como 1 decena, 2 unidades.

```
  1
  4 7
+ 8 5
-----
    2
```

**Paso 2** Suma las decenas.

$$1 + 4 + 8 = 13$$

```
  1
  4 7
+ 8 5
-----
    2
```

**Paso 3** 13 decenas pueden reagruparse como 1 centena 3 decenas. Escribe el dígito de las centenas y el dígito de las decenas en la suma.

```
  1
  4 7
+ 8 5
-----
13 2
```

## Comparte y muestra

Escribe la suma.

1.
```
  3 8
+ 9 4
-----
```

2.
```
  4 5
+ 5 2
-----
```

3.
```
  8 3
+ 7 6
-----
```

4.
```
  5 6
+ 3 5
-----
```

✓5.
```
  6 3
+ 5 1
-----
```

✓6.
```
  7 4
+ 4 9
-----
```

Nombre _____

## Por tu cuenta

Escribe la suma.

7.
```
    5 2
+   3 7
```

8.
```
    8 8
+   2 1
```

9.
```
    7 4
+   6 7
```

10.
```
    9 3
+   5 4
```

11.
```
    9 2
+   7 8
```

12.
```
    5 6
+   1 6
```

13.
```
    3 1
+   4 5
```

14.
```
    4 3
+   7 2
```

15. **PIENSA MÁS** Sin hallar la suma, encierra en un círculo los pares de sumandos cuya suma sea mayor que 100.

Explica cómo decidiste qué pares encerrar en un círculo.

73
18

54
71

47
62

36
59

_____

_____

_____

_____

**ACTIVIDAD PARA LA CASA** • Diga a su niño dos números de 2 dígitos. Pídale que escriba los números y halle la suma.

# ✓ Revisión de la mitad del capítulo

## Conceptos y destrezas

Separa unidades para formar una decena.
Luego suma y escribe la suma. (2.NBT.B.5)

1. $37 + 8 =$ _____

2. $55 + 7 =$ _____

Separa los sumandos para hallar la suma. (2.NBT.B.5)

3.  $27 \longrightarrow$ _____ + _____

   $+36 \longrightarrow$ _____ + _____

   _____ + _____ = _____

Escribe la suma. (2.NBT.B.5)

4.
$$\begin{array}{r} 2\ 8 \\ +\ 5\ 7 \\ \hline \end{array}$$

5.
$$\begin{array}{r} 6\ 7 \\ +\ 3\ 1 \\ \hline \end{array}$$

6.
$$\begin{array}{r} 7\ 1 \\ +\ 1\ 9 \\ \hline \end{array}$$

7. **PIENSA MÁS**   Julia reunió 25 latas para reciclar.
Dan reunió 14 latas. ¿Cuántas latas
reunieron en total? (2.NBT.B.5)

_____ latas

# Practicar sumas de 2 dígitos

**ESTÁNDARES COMUNES  2.NBT.B.5**
*Utilizan el valor posicional y las propiedades
de las operaciones para sumar y restar.*

**Escribe la suma.**

**I.**

$$
\begin{array}{r}
58 \\
+\ 17 \\
\hline
\end{array}
$$

**2.**

$$
\begin{array}{r}
44 \\
+\ 86 \\
\hline
\end{array}
$$

**3.**

$$
\begin{array}{r}
36 \\
+\ 13 \\
\hline
\end{array}
$$

**4.**

$$
\begin{array}{r}
49 \\
+\ 72 \\
\hline
\end{array}
$$

**5.**

$$
\begin{array}{r}
58 \\
+\ 87 \\
\hline
\end{array}
$$

**6.**

$$
\begin{array}{r}
32 \\
+\ 59 \\
\hline
\end{array}
$$

## Resolución de problemas  En el mundo

Resuelve. Escribe o dibuja para explicar.

**7.** Hay 45 libros en el estante.
Hay 37 libros sobre la mesa.
¿Cuántos libros hay en el estante y
sobre la mesa en total?

_____ libros

**8.** **ESCRIBE** **Matemáticas** Describe cómo debes reagrupar para hallar la suma
de 64 + 43.

_____

_____

# Repaso de la lección (2.NBT.B.5)

**1.** ¿Cuál es la suma?

$$56$$
$$+\ 35$$

**2.** ¿Cuál es la suma?

$$74$$
$$+\ 15$$

# Repaso en espiral (2.OA.A.1, 2.OA.B.2, 2.NBT.A.1, 2.NBT.A.3)

**3.** ¿Cuál es el valor del dígito subrayado?

$$\underline{5}26$$

_____

**4.** El maestro Stevens quiere colocar 17 libros en el estante. Colocó 8 libros en el estante. ¿Cuántos libros más tiene que colocar en el estante?

$17 - 8 =$ _____ libros

**5.** ¿Cuál es la diferencia?

$11 - 6 =$ _____

**6.** Escribe 83 como una suma de decenas y unidades.

_____ + _____

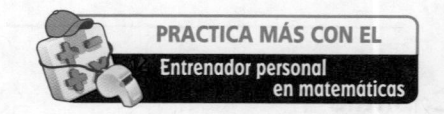

PRACTICA MÁS CON EL
Entrenador personal
en matemáticas

Nombre _____

# Reescribir sumas de 2 dígitos

**Pregunta esencial** ¿Qué dos maneras diferentes hay para escribir problemas de suma?

**Estándares comunes** Números y operaciones en base diez—2.NBT.B.5
PRÁCTICAS MATEMÁTICAS
MP1, MP6, MP7

## Escucha y dibuja En el mundo

Escribe los números de cada problema de suma.

+ _____

+ _____

+ _____

+ _____

**PARA EL MAESTRO** • Lea el siguiente problema y pida a los niños que escriban los sumandos en formato vertical. La familia de Juan condujo 32 millas hasta la casa de su abuela. Después condujeron 14 millas hasta la casa de su tía. ¿Cuántas millas condujeron? Repita con tres problemas más.

**Charla matemática**

PRÁCTICAS MATEMÁTICAS

**Busca estructuras** Explica por qué es importante alinear los dígitos de estos sumandos en columnas.

Capítulo 4

Suma. 28 + 45 = ?

**Paso 1** Escribe el dígito de las decenas de 28 en la columna de las decenas.

Escribe el dígito de las unidades en la columna de las unidades.

```
  2 8
+ 4 5
─────
```

Repite con 45.

**Paso 2** Suma las unidades. Reagrupa si lo necesitas. Suma las decenas.

```
  2 8
+ 4 5
─────
```

## Comparte y muestra  MATH BOARD

Reescribe el problema de suma. Luego suma.

1. 25 + 8

```
+ _____
```

2. 37 + 10

```
+ _____
```

3. 25 + 45

```
+ _____
```

4. 38 + 29

```
+ _____
```

5. 20 + 45

```
+ _____
```

6. 63 + 9

```
+ _____
```

7. 15 + 36

```
+ _____
```

8. 74 + 18

```
+ _____
```

Nombre _____

Reescribe el problema de suma. Luego suma.

9. $27 + 54$

+ _____

10. $34 + 30$

+ _____

11. $26 + 17$

+ _____

12. $48 + 38$

+ _____

13. $50 + 32$

+ _____

14. $61 + 38$

+ _____

15. $37 + 43$

+ _____

16. $79 + 17$

+ _____

17. $45 + 40$

+ _____

18. $21 + 52$

+ _____

19. $17 + 76$

+ _____

20. $68 + 29$

+ _____

21. **PIENSA MÁS** ¿En cuál de los problemas anteriores pudiste hallar la suma sin reescribirlo? Explica.

_____

_____

_____

## Resolución de problemas · Aplicaciones En el mundo

ESCRIBE Matemáticas

Usa la tabla.
Escribe o haz un
dibujo para mostrar
cómo resolviste
los problemas.

| Puntos anotados esta temporada | |
|---|---|
| Jugador | Número de puntos |
| Anna | 26 |
| Lou | 37 |
| Becky | 23 |
| Kevin | 19 |

22. **PRÁCTICA MATEMÁTICA ①** **Analiza relaciones**
¿Qué dos jugadores anotaron
56 puntos en total? Suma para
comprobar tu respuesta.

_____ y _____

23. **PIENSA MÁS** Shawn dice que puede hallar
la suma de 20 + 63 sin reescribirlo. Explica
cómo hallar la suma con cálculo mental.

_____

_____

_____

_____

**ACTIVIDAD PARA LA CASA** · Pida a su niño que escriba y
resuelva otro problema usando la tabla de arriba.

# Reescribir sumas de 2 dígitos

**Reescribe los números. Luego suma.**

ESTÁNDARES COMUNES—2.NBT.B.5
Utilizan el valor posicional y las propiedades
de las operaciones para sumar y restar.
Estándares
comunes

1. $27 + 19$          2. $36 + 23$          3. $31 + 29$          4. $48 + 23$

+                          +                          +                          +

5. $53 + 12$          6. $69 + 13$          7. $24 + 38$          8. $46 + 37$

+                          +                          +                          +

## Resolución de problemas · En el mundo

Usa la tabla. Muestra cómo resolviste el problema.

9. ¿Cuántas páginas leyeron Sasha y Kara en total?

_____ páginas

| Páginas leídas esta semana | |
| --- | --- |
| Niño | Número de páginas |
| Sasha | 62 |
| Kara | 29 |
| Juan | 50 |

10. **ESCRIBE · Matemáticas** Explica qué puede pasar si alineas los dígitos incorrectamente al reescribir los problemas de suma.

_____
_____
_____

## Repaso de la lección (2.NBT.B.5)

1. ¿Cuál es la suma de 39 + 17?

   $$+ \underline{\phantom{00}}$$

2. ¿Cuál es la suma de 28 + 16?

   $$+ \underline{\phantom{00}}$$

## Repaso en espiral (2.OA.C.4, 2.NBT.A.1, 2.NBT.A.3, 2.NBT.B.6)

3. ¿Qué número es otra manera de escribir 60 + 4?

   _____

4. En el salón de clases hay 4 escritorios por hilera. Hay 5 hileras. ¿Cuántos escritorios hay en el salón de clases?

   _____ escritorios

5. Una ardilla recolectó 17 bellotas. Luego la ardilla recolectó 31 bellotas. ¿Cuántas bellotas recolectó la ardilla en total?

   _____ bellotas

6. ¿Qué número puede escribirse como 3 centenas, 7 decenas, 5 unidades?

   _____

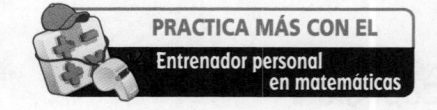
PRACTICA MÁS CON EL
Entrenador personal
en matemáticas

Nombre _____

# Resolución de problemas • La suma

**Pregunta esencial** ¿Cómo ayuda dibujar un diagrama cuando resuelves problemas?

Estándares comunes  Operaciones y pensamiento algebraico—2.OA.A.1
También 2.NBT.B.5
PRÁCTICAS MATEMÁTICAS
MP1, MP2, MP4

Kendra tenía 13 crayones. Su papá le regaló algunos más. Entonces tenía 19 crayones. ¿Cuántos crayones le regaló a Kendra su papá?

## Soluciona el problema

**¿Qué debo hallar?**

cuántos crayones
_____

le regaló a Kendra su papá

**¿Qué información debo usar?**

Tenía _____ crayones.

Después de que él le regaló algunos

más, ella tenía _____ crayones.

**Muestra cómo resolver el problema.**

Hay
19 crayones
en total.

| 13 | _____ |
|----|----|

19

$$13 + \blacksquare = 19$$

_____ crayones

**NOTA A LA FAMILIA:** • Su niño usó un modelo de barras y un enunciado numérico para representar el problema. Esto ayuda a mostrar la cantidad que falta para resolver el problema.

## Haz otro problema

Rotula el modelo de barras. Escribe un enunciado numérico con un ▮ en el lugar del número que falta. Resuelve.

• ¿Qué debo hallar?
• ¿Qué información debo usar?

1. El Sr. Kane tiene 24 bolígrafos rojos. Compra 19 bolígrafos azules. ¿Cuántos bolígrafos tiene ahora?

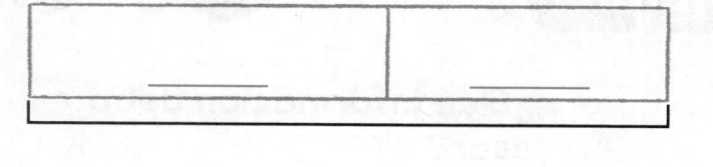

_____   _____ bolígrafos

2. Hannah tiene 10 lápices. Jim y Hannah tienen 17 lápices en total. ¿Cuántos lápices tiene Jim?

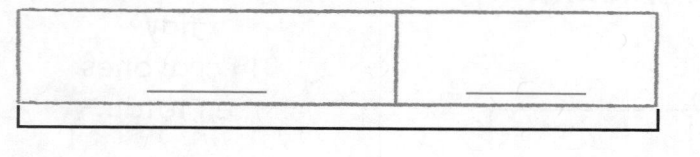

_____   _____ lápices

**Charla matemática**

PRÁCTICAS MATEMÁTICAS 2

**Explica** cómo sabes si una cantidad es una parte o el entero de un problema.

## Comparte y muestra

Rotula el modelo de barras. Escribe un enunciado numérico con un ▢ en el lugar del número que falta. Resuelve.

**3.** Aimee y Matthew atrapan 17 grillos en total. Aimee atrapa 9 grillos. ¿Cuántos grillos atrapa Matthew?

_____ grillos

_____

_____

**4.** Percy cuenta 16 saltamontes en el parque. Luego cuenta otros 15 saltamontes en casa. ¿Cuántos saltamontes cuenta en total?

_____ saltamontes

_____

_____

**5.** PIENSA MÁS  Hay tres grupos de búhos. Hay 17 búhos en cada uno de los dos primeros grupos. En total hay 47 búhos. ¿Cuántos búhos hay en el tercer grupo?

_____ búhos

## Por tu cuenta    ESCRIBE  Matemáticas

Escribe o dibuja para explicar.

**6.** Hay 37 clips en una caja y 24 clips sobre la mesa. ¿Cuántos clips hay en total?

_____ clips

**7.** PRÁCTICA MATEMÁTICA ❶ **Comprende los problemas**
Jeff tiene 19 tarjetas postales y dos bolígrafos. Compra 20 tarjetas postales más. ¿Cuántas postales tiene ahora?

_____ tarjetas postales

**8.** MÁS AL DETALLE En una granja hay 41 gallinas. Hay 13 gallinas en cada uno de los 2 gallineros del corral. El resto de gallinas está afuera. ¿Cuántas gallinas hay afuera?

_____ gallinas

**9.** PIENSA MÁS Hay 23 libros en una caja. Hay 29 libros en un estante. ¿Cuántos libros hay en total?

_____ libros

**ACTIVIDAD PARA LA CASA** • Pida a su niño que explique cómo resolver uno de los problemas de arriba.

# Resolución de problemas • Suma

**ESTÁNDARES COMUNES—2.0A.A.1**
*Representan y resuelven problemas relacionados a la suma y a la resta.*

Estándares comunes

**Rotula el modelo de barras. Escribe un enunciado numérico con un ▪ en lugar del número que falta. Resuelve.**

**1.** Jacob cuenta 37 hormigas en la acera y 11 hormigas en el césped. ¿Cuántas hormigas cuenta Jacob?

_____ _____

_____

_____

_____ hormigas

**2.** Hay 14 abejas en la colmena y 17 abejas en el jardín. ¿Cuántas abejas hay en total?

_____ _____

_____

_____

_____ abejas

**3.** ESCRIBE ▸ Matemáticas Describe cómo rotulaste el modelo de barras y escribiste el enunciado numérico para resolver el Ejercicio 2.

_____
_____
_____
_____
_____
_____

# Repaso de la lección (2.OA.A.1)

1. Sean y Abby tienen
23 marcadores entre los dos.
Abby tiene 14 marcadores.
¿Cuántos marcadores
tiene Sean?

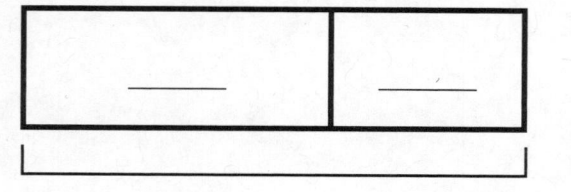

_____

2. La maestra James tiene
22 estudiantes en su clase.
El maestro Williams tiene
24 estudiantes en su clase.
¿Cuántos estudiantes hay en
las dos clases?

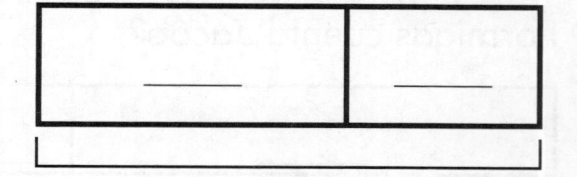

_____

# Repaso en espiral (2.OA.B.2, 2.NBT.A.2)

3. ¿Cuál es la diferencia?

$$15 - 9 = \underline{\qquad}$$

4. ¿Cuál es la suma?

$$7 + 5 = \underline{\qquad}$$

5. Jan tiene 10 bloques. Le regala
9 bloques a Tim. ¿Cuántos
bloques tiene Jan ahora?

$$14 - 9 = \underline{\qquad} \text{ bloques}$$

6. ¿Cuál es el siguiente número del
patrón de conteo?

$$29, 39, 49, 59, \underline{\qquad}$$

PRACTICA MÁS CON EL
**Entrenador personal**
en matemáticas

Nombre _____

# Álgebra • Escribir ecuaciones para representar la suma

**Estándares comunes** Operaciones y pensamiento algebraico—2.OA.A.1
*También 2.NBT.B.5*
**PRÁCTICAS MATEMÁTICAS**
**MP2, MP5, MP6**

**Pregunta esencial** ¿Cómo escribes un enunciado numérico para representar un problema?

Haz un dibujo para mostrar cómo hallaste la respuesta.

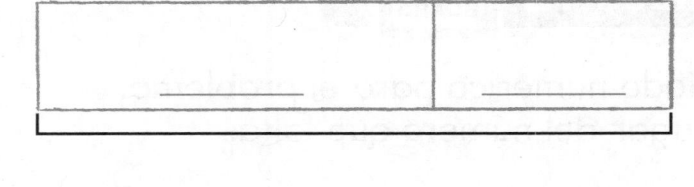

**PARA EL MAESTRO** • Lea el siguiente problema y pida a los niños que elijan su propio método para resolverlo. Hay 15 niños en el autobús. Luego 9 niños más suben al autobús. ¿Cuántos niños hay en el autobús ahora?

**Charla matemática** PRÁCTICAS MATEMÁTICAS 5

**Comunica** Explica cómo hallaste el número de niños que había en el autobús.

© Houghton Mifflin Harcourt Publishing Company

## Representa y dibuja

Puedes escribir un enunciado numérico para mostrar un problema.

Sandy tiene 16 lápices. Nancy tiene 13 lápices. ¿Cuántos lápices tienen en total?

$$16 + 13 = \boxed{\phantom{00}}$$

**PIENSA:**

16 lápices
+ 13 lápices
29 lápices

Tienen _____ lápices en total.

## Comparte y muestra    MATH BOARD

Escribe un enunciado numérico para el problema.
Usa un ▇ en el lugar del número que falta.
Luego resuelve.

☑ 1. Carl ve 25 melones en la tienda. Hay 15 pequeños y el resto son grandes. ¿Cuántos melones son grandes?

_____     _____ melones

☑ 2. El jueves fueron 83 personas al cine. Había 53 niños y el resto eran adultos. ¿Cuántos adultos había en el cine?

_____     _____ adultos

Nombre _____

Escribe un enunciado numérico para el problema.
Usa un ▢ en el lugar de los números que faltan.
Luego resuelve.

**3.** Jake tenía algunos sellos. Luego compró 20 sellos más. Ahora tiene 56 sellos. ¿Cuántos sellos tenía Jake al comienzo?

_____      _____ sellos

**4.** [PIENSA MÁS] La clase de Braden fue al parque. Vieron 26 robles y 14 arces. También vieron 13 cardenales y 35 azulejos. Compara el número de árboles y el número de aves que vio la clase.

**Matemáticas al instante**

_____ ◯ _____

**5.** [PRÁCTICA MATEMÁTICA 6] **Explica** Amy necesita aproximadamente 70 clips. Sin sumar, encierra en un círculo 2 cajas que se aproximarían a la cantidad que necesita Amy.

| 70 clips | 81 clips | 54 clips |
| 19 clips | 35 clips | 32 clips |

Explica por qué las elegiste.

_____

_____

_____

## Resolución de problemas • Aplicaciones En el mundo

ESCRIBE · Matemáticas

**6.** PRÁCTICA MATEMÁTICA ① **Comprende los problemas**

El Sr. Walton horneó 24 panes la semana pasada. Horneó 28 panes esta semana. ¿Cuántos panes horneó en las dos semanas?

_____ panes

**7.** PIENSA MÁS   Denise vio estas bolsas de naranjas en la tienda.

10 naranjas   14 naranjas   12 naranjas   11 naranjas

Denise compró 26 naranjas. ¿Qué dos bolsas de naranjas compró?

Escribe o haz un dibujo para mostrar cómo resolviste el problema.

Explica cómo hallaste los números que suman un total de 26.

_____

_____

_____

**ACTIVIDAD PARA LA CASA** • Pida a su niño que explique cómo escribe un enunciado numérico que represente un problema.

# Álgebra • Escribir ecuaciones para representar la suma

**ESTÁNDARES COMUNES** 2.OA.A.1
*Representan y resuelven problemas relacionados a la suma y a la resta.*

Estándares comunes

**Escribe un enunciado numérico para el problema.
Usa un ▢ en lugar del número que falta. Luego resuelve.**

1. Emily y sus amigos fueron al parque. Vieron 15 petirrojos y 9 azulejos. ¿Cuántas aves vieron?

   _____          _____ aves

2. Joe tiene 13 peces en una pecera. Tiene 8 peces en otra pecera. ¿Cuántos peces tiene Joe?

   _____          _____ peces

## Resolución de problemas · En el mundo

Resuelve.

3. Hay 21 estudiantes en la clase de Kathleen. 12 de ellos son mujeres. ¿Cuántos varones hay en la clase de Kathleen?

   _____ varones

4. ESCRIBE · Matemáticas Explica por qué decidiste escribir ese enunciado numérico para el Ejercicio 1.

   _____
   _____
   _____
   _____

## Repaso de la lección (2.OA.A.1)

**1.** Clara tiene 14 bloques. Jasmine tiene 6 bloques. ¿Cuántos bloques tienen en total?

$14 + 6 =$ _____ bloques

**2.** Matt encontró 16 bellotas en el parque. Trevor encontró 18 bellotas. ¿Cuántas bellotas encontraron los dos?

$16 + 18 =$ _____ bellotas

## Repaso en espiral (2.OA.A.1, 2.OA.B.2, 2.OA.C.3, 2.OA.C.4)

**3.** Leanne contó 19 hormigas. Gregory contó 6. ¿Cuántas hormigas más que Gregory contó Leanne?

$19 - 6 =$ _____ hormigas

**4.** ¿Cuál es la suma?

$4 + 3 + 6 =$ _____

**5.** La maestra Santos colocó caracoles en 4 hileras. Colocó 6 caracoles en cada hilera. ¿Cuántos caracoles hay en total?

_____ caracoles

**6.** Encierra en un círculo el número par.

9    14    17    21

PRACTICA MÁS CON EL
Entrenador personal
en matemáticas

Nombre _____

# Álgebra • Hallar la suma de 3 sumandos

**Pregunta esencial** ¿De qué maneras se pueden sumar 3 números?

**Estándares comunes** Números y operaciones en base diez—2.NBT.B.6
PRÁCTICAS MATEMÁTICAS
MP1, MP4, MP8

 **Escucha y dibuja** En el mundo

Haz un dibujo para mostrar cada problema.

**Charla matemática**

PRÁCTICAS MATEMÁTICAS

¿Qué números sumaste primero en el primer problema? **Explica** por qué.

**PARA EL MAESTRO** • Lea el siguiente problema y pida a los niños que hagan un dibujo para mostrarlo. El Sr. Kim compró 5 globos azules, 4 globos rojos y 5 globos amarillos. ¿Cuántos globos compró el Sr. Kim? Repita con otro problema.

Hay distintas maneras de sumar tres números.

¿Cómo puedes sumar 23, 41 y 17?

Piensa en distintas maneras de elegir dígitos de la **columna** de las unidades para sumar primero.

Suma de arriba abajo. Primero suma los dos dígitos de la parte superior de la columna de las unidades, luego suma el siguiente dígito. Luego suma las decenas.

Primero puedes formar una decena. Luego suma el otro dígito de las unidades. Luego suma las decenas.

$$2\ 3$$
$$4\ 1$$
$$+\ 1\ 7$$

$$3 + 7 = 10$$
$$10 + 1 = 11$$

$$2\ 3$$
$$4\ 1$$
$$+\ 1\ 7$$

$$3 + 1 = 4$$
$$4 + 7 = 11$$

## Comparte y muestra  MATH BOARD

Suma.

1.  $$33$$
    $$34$$
    $$+\ 32$$

2.  $$47$$
    $$21$$
    $$+\ \ 7$$

3.  $$65$$
    $$13$$
    $$+\ 15$$

4.  $$58$$
    $$27$$
    $$+\ 22$$

5.  $$12$$
    $$22$$
    $$+\ 36$$

6.  $$10$$
    $$42$$
    $$+\ 36$$

7.  $$31$$
    $$21$$
    $$+\ 16$$

8.  $$30$$
    $$29$$
    $$+\ 48$$

Nombre _____

Suma.

9.
```
  22
  27
+ 18
```

10.
```
  26
  31
+ 19
```

11.
```
  24
  11
+ 53
```

12.
```
  33
  43
+  4
```

13.
```
  40
  17
+ 32
```

14.
```
  25
  25
+ 25
```

15.
```
  19
  65
+ 24
```

16.
```
  73
   4
+ 16
```

17. **MÁS AL DETALLE** La Sra. Carson está preparando comida para una fiesta. Hace 20 sándwiches de jamón, 34 sándwiches de pavo y 38 sándwiches de atún. ¿Cuántos sándwiches prepara para la fiesta?

_____ sándwiches

18. **PIENSA MÁS** Sofía tenía 44 canicas. Compró 24 canicas más. Luego John le regaló 35 canicas. ¿Cuántas canicas tiene Sofía ahora?

_____ canicas

## Resolución de problemas • Aplicaciones En el mundo

ESCRIBE ▸ Matemáticas

Resuelve. Escribe o dibuja para explicar.

19. **PRÁCTICA MATEMÁTICA ①** **Evalúa** La Sra. Shaw tiene 23 cuadernos rojos, 15 cuadernos azules y 27 cuadernos verdes. ¿Cuántos cuadernos tiene en total?

_____ cuadernos

20. **PRÁCTICA MATEMÁTICA ④** **Haz un modelo de matemáticas** Escribe un problema que pueda resolverse con este enunciado numérico.

$$12 + 28 + \blacksquare = 53$$

_____

_____

_____

_____

21. **PIENSA MÁS** El Sr. Samson dio a sus estudiantes 31 lápices amarillos, 27 lápices rojos y 25 lápices azules. ¿Cuántos lápices dio en total a sus estudiantes?

_____ lápices

**ACTIVIDAD PARA LA CASA** • Pida a su niño que muestre dos formas de sumar 17, 13 y 24.

Nombre _____

# Álgebra • Hallar la suma de 3 sumandos

**Estándares comunes**

**ESTÁNDARES COMUNES 2.NBT.B.6**
Utilizan el valor posicional y las propiedades de las operaciones para sumar y restar.

**Suma.**

1.
$$\begin{array}{r} 23 \\ 20 \\ +25 \\ \hline \end{array}$$

2.
$$\begin{array}{r} 15 \\ 22 \\ +38 \\ \hline \end{array}$$

3.
$$\begin{array}{r} 13 \\ 52 \\ +34 \\ \hline \end{array}$$

4.
$$\begin{array}{r} 27 \\ 40 \\ +19 \\ \hline \end{array}$$

5.
$$\begin{array}{r} 31 \\ 45 \\ +24 \\ \hline \end{array}$$

6.
$$\begin{array}{r} 34 \\ 11 \\ +28 \\ \hline \end{array}$$

7.
$$\begin{array}{r} 42 \\ 36 \\ +11 \\ \hline \end{array}$$

8.
$$\begin{array}{r} 18 \\ 22 \\ +34 \\ \hline \end{array}$$

9.
$$\begin{array}{r} 53 \\ 19 \\ +25 \\ \hline \end{array}$$

## Resolución de problemas En el mundo

Resuelve. Escribe o dibuja la explicación.

10. Liam tiene 24 lápices amarillos, 15 lápices rojos y 9 lápices azules. ¿Cuántos lápices tiene en total?

_____ lápices

11. **ESCRIBE** **Matemáticas** Describe cómo hallarías la suma de 24, 36 y 13.

## Repaso de la lección (2.NBT.B.6)

**1.** ¿Cuál es la suma?

$$\begin{array}{r} 22 \\ 31 \\ +\ 16 \\ \hline \end{array}$$

**2.** ¿Cuál es la suma?

$$\begin{array}{r} 17 \\ 26 \\ +\ 30 \\ \hline \end{array}$$

## Repaso en espiral (2.OA.A.1, 2.OA.C.4, 2.NBT.A.3, 2.NBT.B.8)

**3.** ¿Qué número es 10 más que 127?

_____

**4.** El teléfono del Sr. Howard tiene 4 hileras de teclas. Hay 3 teclas en cada hilera. ¿Cuántas teclas tiene el teléfono del Sr. Howard?

_____ teclas

**5.** Bob lanzó 8 herraduras. Liz lanzó 9 herraduras. ¿Cuántas herraduras lanzaron los dos?

$8 + 9 =$ _____ herraduras

**6.** ¿Qué número se puede escribir como 3 centenas 1 decena 5 unidades?

_____

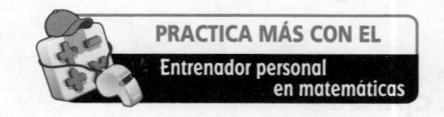
PRACTICA MÁS CON EL
Entrenador personal
en matemáticas

Nombre _____

# Álgebra • Hallar la suma de 4 sumandos

**Pregunta esencial** ¿De qué maneras se pueden sumar 4 números?

**Estándares comunes** Números y operaciones en base diez—2.NBT.B.6
**PRÁCTICAS MATEMÁTICAS**
MP1, MP6, MP8

## Escucha y dibuja En el mundo

Muestra cómo resolviste cada problema.

© Houghton Mifflin Harcourt Publishing Company

**Charla matemática**

**PRÁCTICAS MATEMÁTICAS 6**

Describe cómo hallaste la respuesta del primer problema.

**PARA EL MAESTRO •** Lea este problema y pida a los niños que elijan una manera de resolverlo. Shelly cuenta 16 hormigas en su granja de hormigas. Pedro cuenta 22 hormigas en su granja. Tara cuenta 14 hormigas en su granja. ¿Cuántas hormigas cuentan los 3 niños? Repita con otro problema.

Los dígitos de una columna se pueden sumar de más de una manera. Suma las unidades primero. Luego suma las decenas.

Halla una suma que conozcas. Luego súmale a esta suma.

```
  3 1
  1 4
  2 7  8
+ 2 4
```

**PIENSA:**
8 + 1 = 9, luego súmale 7. La suma de las unidades es 16 unidades.

Suma pares de dígitos primero. Luego suma estas sumas.

```
  3 1  5
  1 4
  2 7  11
+ 2 4
```

**PIENSA:**
5 + 11 = 16, por lo tanto, hay 16 unidades en total.

## Comparte y muestra

MATH BOARD

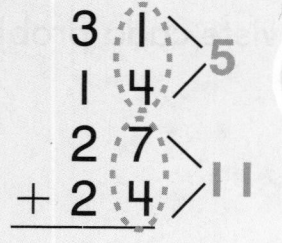

Suma.

1.
```
  23
  11
  22
+ 31
```

2.
```
  30
  15
   3
+ 25
```

3.
```
  13
  26
  54
+ 12
```

4.
```
  27
   2
  23
+ 13
```

✓ 5.
```
  45
  14
  35
+ 51
```

✓ 6.
```
  32
  21
  15
+ 30
```

Nombre _____

## Por tu cuenta

Suma.

**7.**
```
   36
   12
   21
 + 26
```

**8.**
```
   14
   23
   20
 + 11
```

**9.**
```
   22
   13
   15
 + 27
```

**10.**
```
   45
   12
   41
 + 22
```

**11.**
```
   59
   31
   51
 + 73
```

**12.**
```
   34
   10
   31
 + 22
```

**13.** _MÁS AL DETALLE_  Unas amigas necesitan 100 lazos para hacer un proyecto. Sara lleva 12 lazos, Ángela lleva 50 lazos y Nora lleva 34 lazos. ¿Cuántos lazos más necesitarán?

_____ lazos más

Resuelve. Dibuja o escribe para explicar.

**14.** _PIENSA MÁS_  Laney sumó cuatro números que suman un total de 128. Derramó jugo sobre un número. ¿Qué número es?

$$22 + 43 + \bigcirc + 30 = 128$$

_____

Matemáticas al instante

## Resolución de problemas • Aplicaciones En el mundo

ESCRIBE ▸ Matemáticas

Usa la tabla.
Escribe o haz un dibujo para mostrar cómo resolviste los problemas.

| Caracoles recolectados en la playa | |
|---|---|
| Niño | Número de caracoles |
| Katie | 34 |
| Paul | 15 |
| Noah | 26 |
| Laura | 21 |

15. **PRÁCTICA MATEMÁTICA ①** Evalúa ¿Cuántos caracoles recolectaron en total los cuatro niños en la playa?

_____ caracoles

16. MÁS AL DETALLE ¿Qué dos niños recolectaron más caracoles en la playa: Katie y Paul o Noah y Laura?

_____

17. PIENSA MÁS Había 24 cuentas rojas, 31 cuentas azules y 8 cuentas verdes en un frasco. Luego Emma puso 16 cuentas en el frasco. Escribe un enunciado numérico que muestre el número de cuentas que hay ahora en el frasco.

_____

🏠 **ACTIVIDAD PARA LA CASA** • Pida a su niño que explique qué aprendió en esta lección.

# Álgebra • Hallar la suma de 4 sumandos

**ESTÁNDARES COMUNES  2.NBT.B.6**
*Utilizan el valor posicional y las propiedades de las operaciones para sumar y restar.*

Estándares comunes

**Suma.**

**1.**

$$
\begin{array}{r}
1\ 8 \\
3\ 2 \\
2\ 3 \\
+\ \ \ 3 \\
\hline
\end{array}
$$

**2.**

$$
\begin{array}{r}
4\ 5 \\
3\ 1 \\
2\ 9 \\
+7\ 2 \\
\hline
\end{array}
$$

**3.**

$$
\begin{array}{r}
2\ 4 \\
6\ 2 \\
7\ 0 \\
+\ 3\ 3 \\
\hline
\end{array}
$$

**4.**

$$
\begin{array}{r}
8\ 3 \\
3\ 2 \\
6\ 1 \\
+\ 2\ 2 \\
\hline
\end{array}
$$

**5.**

$$
\begin{array}{r}
3\ 7 \\
1\ 5 \\
3\ 1 \\
+\ 1\ 2 \\
\hline
\end{array}
$$

**6.**

$$
\begin{array}{r}
2\ 1 \\
1\ 3 \\
9\ 6 \\
+\ 1\ 8 \\
\hline
\end{array}
$$

## Resolución de problemas En el mundo

Resuelve. Muestra cómo resolviste el problema.

**7.** Kinza corre 16 minutos el lunes, 13 minutos el martes, 9 minutos el miércoles y 20 minutos el jueves. ¿Cuántos minutos corre Kinza en total?

_____ minutos

**8.** ESCRIBE **Matemáticas** Describe dos estrategias diferentes que podrías usar para sumar

$16 + 35 + 24 + 14.$

# Repaso de la lección (2.NBT.B.6)

**1.** ¿Cuál es la suma?

$$
\begin{array}{r}
1\,2 \\
3\,3 \\
5\,6 \\
+\ 3\,2 \\
\hline
\end{array}
$$

**2.** ¿Cuál es la suma?

$$
\begin{array}{r}
4\,1 \\
7\,4 \\
4\,3 \\
+\ 2\,0 \\
\hline
\end{array}
$$

# Repaso en espiral (2.OA.A.1, 2.NBT.B.5)

**3.** Laura tiene 6 margaritas. Luego encuentra 7 margaritas más. ¿Cuántas margaritas tiene ahora?

$6 + 7 =$ _____ margaritas

**4.** ¿Cuál es la suma?

$$
\begin{array}{r}
52 \\
+27 \\
\hline
\end{array}
$$

**5.** Alan tiene 25 tarjetas de colección. Compra 8 más. ¿Cuántas tarjetas tiene ahora?

$25 + 8 =$ _____ tarjetas

**6.** Jen vio 13 conejillos de Indias y 18 jerbos en la tienda de mascotas. ¿Cuántas mascotas vio?

$13 + 18 =$ _____ mascotas

PRACTICA MÁS CON EL
**Entrenador personal en matemáticas**

Entrenador personal en matemáticas
Evaluación e
intervención en línea

# ✓ Repaso y prueba del Capítulo 4

1. Beth horneó 24 pastelitos de zanahoria. Luego horneó 18 pastelitos de manzana. ¿Cuántos pastelitos horneó?

   Rotula el modelo de barra. Escribe un enunciado numérico con un ▪ en el lugar del número que falta. Resuelve.

   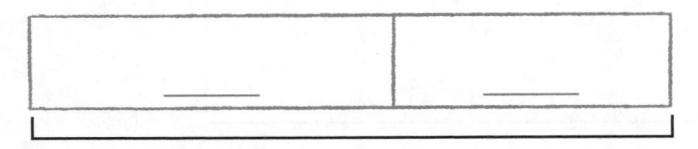

   _____                      _____ pastelitos

2. Carlos tiene 23 llaves rojas, 36 llaves azules y 44 llaves verdes. ¿Cuántas llaves tiene?

   Carlos tiene
   
   | 67 |
   | 80 |
   | 103 |
   
   llaves.

3. Mike ve 17 carritos azules y 25 carritos verdes en la tienda de juguetes. ¿Cuántos carritos ve?

   ○ $\begin{array}{r} 17 \\ + 25 \\ \hline \end{array}$    ○ $\begin{array}{r} 25 \\ - 17 \\ \hline \end{array}$    ○ $\begin{array}{r} 25 \\ + 17 \\ \hline \end{array}$    ○ $\begin{array}{r} 17 \\ + 17 \\ \hline \end{array}$

   Mike ve _____ carritos.

   Describe cómo resolviste el problema.

   _____

   _____

Opciones de evaluación
Prueba del capítulo

**4.** Jerry tiene 53 lápices en un cajón. Tiene 27 lápices en otro cajón.

Escribe o haz un dibujo que explique cómo hallar el número de lápices que hay en los dos cajones.

Jerry tiene _____ lápices.

**5.** **PIENSA MÁS +** Lauren ve 14 aves. Su amigo ve 7 aves. ¿Cuántas aves ven Lauren y su amigo? Haz dibujos rápidos para resolver. Escribe la suma.

| Decenas | Unidades |
| --- | --- |
|  |  |

_____ aves

¿Reagrupaste para hallar la respuesta? Explica.

_____

_____

**6.** Matt dice que puede hallar la suma de $45 + 50$ sin reescribirla. Explica cómo puedes resolver este problema con un cálculo mental.

_____

_____

**7.** Ling ve estos tres carteles en el teatro.

| Sección A | Sección B | Sección C |
|---|---|---|
| 35 asientos | 43 asientos | 17 asientos |

¿Qué dos secciones tienen 78 asientos?

Explica por qué las elegiste.

_____

_____

---

**8.** Leah puso 21 canicas blancas, 31 canicas negras y 7 canicas azules en una bolsa. Luego, su hermana agregó 19 canicas amarillas.

Escribe un enunciado numérico para mostrar el número de canicas que hay en la bolsa.

_____

---

**9.** Nicole hizo un collar. Usó 13 cuentas rojas y 26 cuentas azules. Muestra cómo puedes separar los sumandos para hallar el número de cuentas que usó Nicole.

13 $\longrightarrow$ _____ + _____

$+\ 26$ $\longrightarrow$ _____ + _____
_____  _____

_____ + _____ = _____

**10.** **MÁS AL DETALLE** Sin hallar las sumas, ¿el par de sumandos tiene una suma mayor que 100? Elige Sí o No.

| | | |
|---|---|---|
| $51 + 92$ | ○ Sí | ○ No |
| $42 + 27$ | ○ Sí | ○ No |
| $82 + 33$ | ○ Sí | ○ No |
| $62 + 14$ | ○ Sí | ○ No |

Explica cómo decidiste qué pares suman un total mayor que 100.

_____

_____

_____

**11.** Leslie encuentra 24 clips en su mesa. Encuentra 8 clips más en su caja de los lápices. Elige todas las formas que puedes usar para hallar cuántos clips tiene Leslie en total.

○ $24 + 8$
○ $24 - 8$
○ $24 + 6 + 2$

**12.** El Sr. O'Brien visitó un faro. Subió 26 escalones. Luego subió 64 escalones más hasta llegar arriba. ¿Cuántos escalones subió en el faro?

_____ escalones

# Resta de 2 dígitos

### Piensa como matemático

Hay cientos de tipos de libélulas. Si hay 52 libélulas en un jardín y 10 se van volando, ¿cuántas libélulas quedan? ¿Cuántas quedan si se van volando 10 más?

Nombre _____

## ✓ Muestra lo que sabes

**Entrenador personal en matemáticas**
Evaluación e
intervención en línea

## Patrones de resta

Resta 2. Completa cada enunciado de resta. (1.OA.A.1)

1. $7 - \underline{2} = \underline{5}$

2. $6 - \underline{\phantom{0}} = \underline{\phantom{0}}$

3. $5 - \underline{\phantom{0}} = \underline{\phantom{0}}$

4. $4 - \underline{\phantom{0}} = \underline{\phantom{0}}$

5. $3 - \underline{\phantom{0}} = \underline{\phantom{0}}$

6. $2 - \underline{\phantom{0}} = \underline{\phantom{0}}$

## Operaciones de resta

Escribe la diferencia. (1.OA.C.6)

7. $\begin{array}{r} 8 \\ -5 \\ \hline \end{array}$

8. $\begin{array}{r} 14 \\ -6 \\ \hline \end{array}$

9. $\begin{array}{r} 9 \\ -6 \\ \hline \end{array}$

10. $\begin{array}{r} 16 \\ -7 \\ \hline \end{array}$

11. $\begin{array}{r} 12 \\ -6 \\ \hline \end{array}$

12. $\begin{array}{r} 10 \\ -8 \\ \hline \end{array}$

## Decenas y unidades

Escribe cuántas decenas y unidades hay en cada modelo. (1.NBT.B.2b)

13. 54

_____ decenas _____ unidades

14. 45

_____ decenas _____ unidades

Esta página es para verificar la comprensión de destrezas
importantes que se necesitan para tener éxito en el Capítulo 5.

## Desarrollo del vocabulario

## Visualízalo

Completa las casillas del organizador gráfico.

diferencia

Descríbelo.

_____

_____

Ejemplos

$10 - 4 = 6$

_____

No son ejemplos

$4 + 6 = 10$

_____

## Comprende el vocabulario

Dibuja una línea para completar el enunciado.

1. Un **dígito** puede ser •          • que 2 **decenas**.

2. Puedes **reagrupar** •          • 0, 1, 2, 3, 4, 5, 6, 7, 8 o 9.

3. 20 **unidades** son lo mismo •          • para cambiar 10 unidades por 1 decena.

• Libro interactivo del estudiant
• Glosario multimedia

# Juego Búsqueda de restas

**Materiales**
- 3 conjuntos de tarjetas con números 4-9  • 18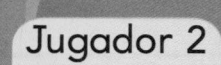

Juega con un compañero.

1. Baraja todas las tarjetas. Colócalas boca abajo en una pila.

2. Toma una tarjeta. Halla un cuadrado con un problema de resta que tenga este número como diferencia. Tu compañero comprueba tu respuesta.

3. Si estás en lo cierto, coloca una ⬤ en ese cuadrado. Si no hay coincidencia, pasa tu turno.

4. Túrnense. El primer jugador que tenga ⬤ en todos los cuadrados es el ganador.

### Jugador 1

| | | |
|---|---|---|
| 12 − 5 | 9 − 2 | 10 − 5 |
| 16 − 7 | 13 − 7 | 17 − 9 |
| 7 − 3 | 11 − 5 | 18 − 9 |

### Jugador 2

| | | |
|---|---|---|
| 8 − 3 | 15 − 7 | 11 − 6 |
| 17 − 8 | 9 − 3 | 16 − 8 |
| 13 − 9 | 6 − 2 | 14 − 7 |

# Vocabulario del Capítulo 5

**columna**

column

10

**decenas**

tens

18

**diferencia**

difference

20

**dígito**

digit

21

**es igual a**

is equal to (=)

25

**reagrupar**

regroup

55

**sumandos**

addends

60

**unidades**

ones

64

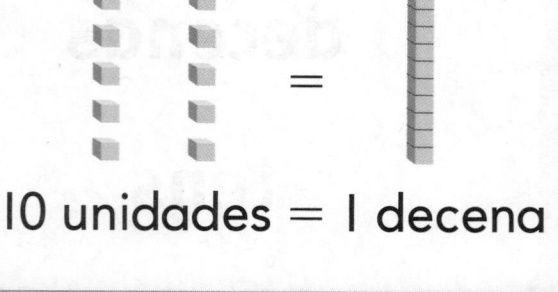

10 unidades = 1 decena

columna

$$
\begin{array}{r}
3\ \boxed{3} \\
3\ \boxed{4} \\
+\ 3\ \boxed{2} \\
\hline
\end{array}
$$

---

0, 1, 2, 3, 4, 5, 6, 7, 8,
y 9 son **dígitos**.

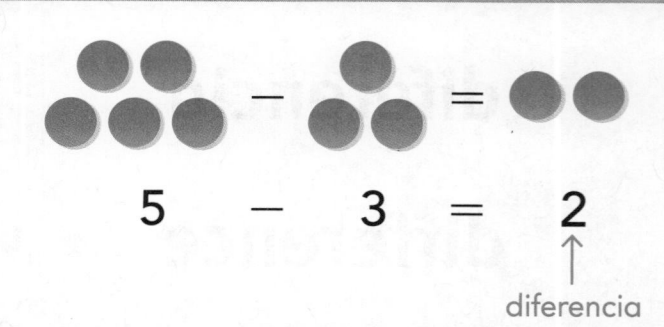

5 — 3 = 2

diferencia

---

**Decenas** **Unidades**

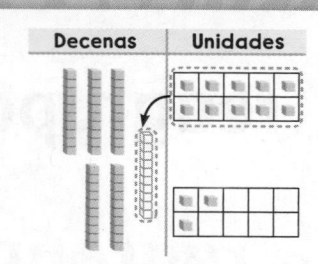

Puedes cambiar 10 unidades por
1 decena para **reagrupar**.

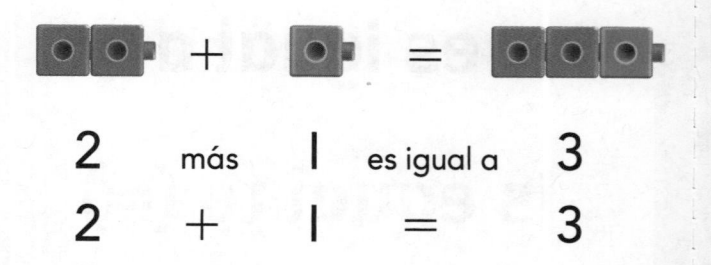

2   más   1   es igual a   3

2   +   1   =   3

---

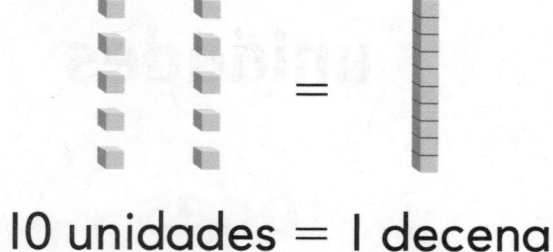

10 unidades = 1 decena

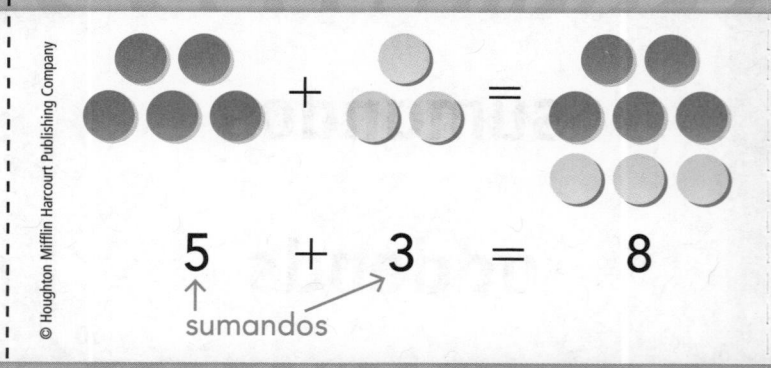

5   +   3   =   8

sumandos

# ¡BINGO!

Jugadores: 3 a 6

## Materiales

- 1 juego de tarjetas de palabras
- 1 tablero de Bingo para cada jugador
- fichas de juego

## Instrucciones

1. El encargado del juego elige una tarjeta de palabras y lee la palabra. Luego el encargado del juego coloca la tarjeta de palabras en una segunda pila.

2. Los jugadores colocan una ficha sobre la palabra cada vez que la encuentren en sus tableros de Bingo.

3. Se repiten los pasos 1 y 2 hasta que un jugador marque 5 casillas ya sea en línea vertical, horizontal u oblicua y grite "¡Bingo!"

4. Comprueben las respuestas. Pidan al jugador que dijo "¡Bingo!" que lea las palabras en voz alta mientras el encargado del juego comprueba las tarjetas de palabras de la segunda pila.

### Recuadro de palabras

columna
decena
diferencia
dígito
es igual a  (=)
reagrupar
sumando
unidades

# Escríbelo

## Reflexiona

**Elige una idea. Escribe acerca de la idea en el espacio de abajo.**

- Explica de qué manera los dibujos rápidos te ayudan a sumar números de 2 dígitos.
- Di todas las diferentes maneras en que puedes sumar números de 2 dígitos.
- Escribe sobre alguna ocasión en que ayudaste a explicar algo a un compañero. ¿Qué no entendía tu compañero? ¿Qué hiciste para ayudarlo?

_____

_____

_____

_____

_____

_____

_____

_____

Nombre _____

# Álgebra • Separar unidades para restar

**Pregunta esencial** ¿Cómo separar un número hace que sea más fácil restar?

Estándares comunes **Números y operaciones en base diez—2.NBT.B.5**
PRÁCTICAS MATEMÁTICAS
**MP1, MP5, MP6**

### Escucha y dibuja

Escribe dos sumandos para cada total.

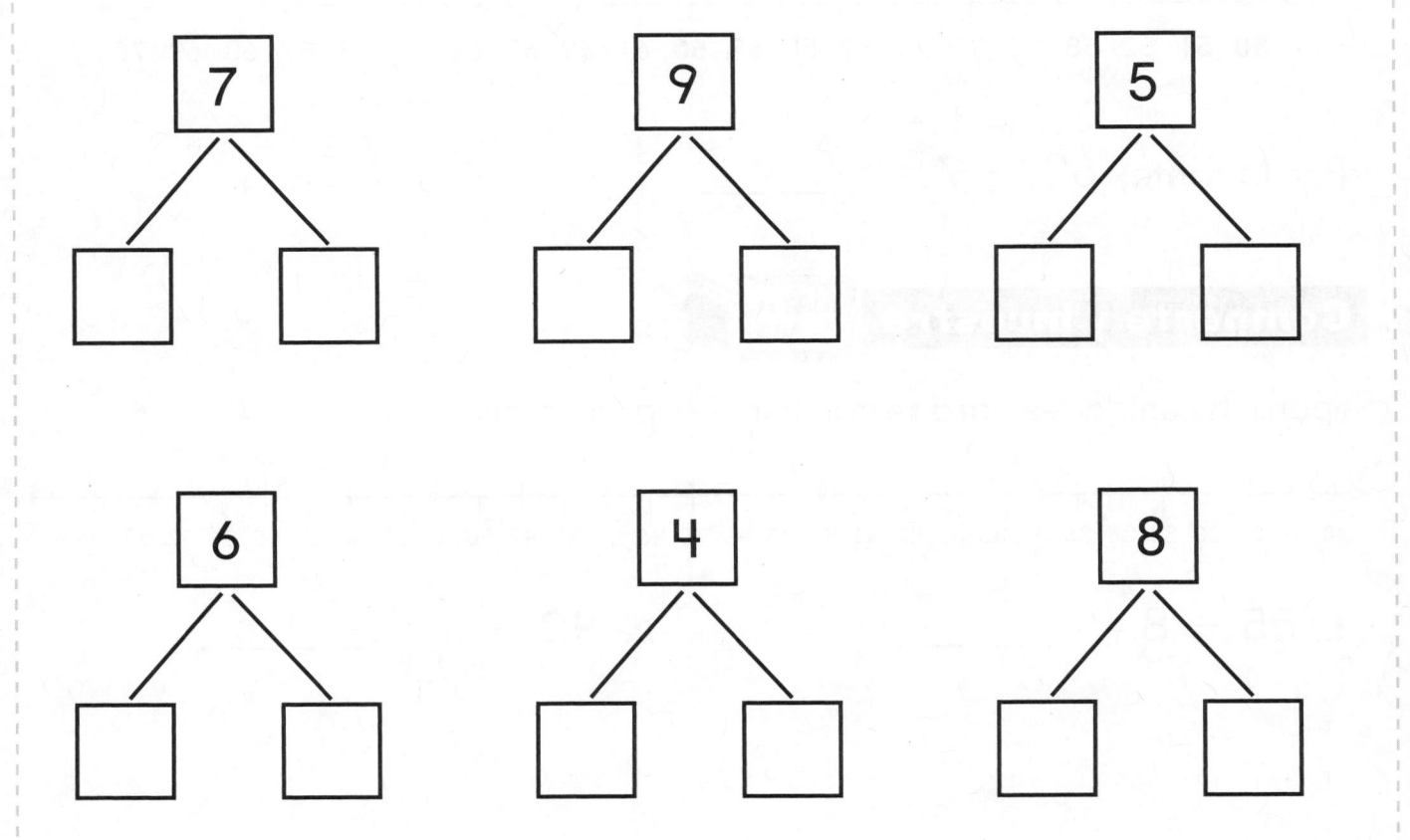

**PARA EL MAESTRO** • Después de que los niños anoten sumandos para cada suma, comente con la clase las diferentes operaciones que los niños representaron en sus hojas.

**Charla matemática** PRÁCTICAS MATEMÁTICAS 6

**Describe** cómo elegiste sumandos para cada suma.

Separa las unidades. Resta en dos pasos.

$63 - 7 = \blacksquare$

3   4

> Comienza en 63.
> Resta 3 para llegar
> a 60. Luego resta
> 4 más.

$-4$     $-3$

50 51 52 53 54 55 56 57 58 59 60 61 62 63 64 65 66 67 68 69 70

Por lo tanto, $63 - 7 = $ _____.

**Comparte y muestra**  MATH BOARD

Separa las unidades para restar. Escribe la diferencia.

30 31 32 33 34 35 36 37 38 39 40 41 42 43 44 45 46 47 48 49 50 51 52 53 54 55 56 57 58 59 60

1. $55 - 8 = $ _____

    5   3

2. $42 - 5 = $ _____

    2   3

3. $41 - 9 = $ _____

4. $53 - 6 = $ _____

5. $44 - 7 = $ _____

6. $52 - 8 = $ _____

## Por tu cuenta

Separa las unidades para restar. Escribe la diferencia.

$$\overset{\hspace{0.3cm}|\hspace{0.6cm}|\hspace{0.6cm}|\hspace{0.6cm}|\hspace{0.6cm}|\hspace{0.6cm}|\hspace{0.6cm}|\hspace{0.6cm}|}{\leftarrow}$$

60  61  62  63  64  65  66  67  68  69  **70**  71  72  73  74  75  76  77  78  79  **80**  81  82  83  84  85  86  87  88  89  **90**

7.  $75 - 7 =$ _____

8.  $86 - 8 =$ _____

9.  $82 - 5 =$ _____

10.  $83 - 7 =$ _____

11.  $72 - 7 =$ _____

12.  $76 - 9 =$ _____

13.  $85 - 8 =$ _____

14.  $71 - 6 =$ _____

15.  **PIENSA MÁS**  Cheryl trajo 27 rosquillas para la venta de platos hechos al horno. Mike trajo 24 rosquillas. Vendieron todas menos 9. ¿Cuántas rosquillas vendieron?

_____ rosquillas

16.  **PRÁCTICA MATEMÁTICA ❶**  Analiza  Lexi tiene 8 crayones menos que Ken. Ken tiene 45 crayones. ¿Cuántos crayones tiene Lexi?

_____ crayones

## Resolución de problemas • Aplicaciones En el mundo

ESCRIBE ▸ **Matemáticas**

Escribe o dibuja para explicar.

17. Cheryl construyó un trencito
con 27 vagones. Luego agregó
18 vagones más. ¿Cuántos
vagones tiene el trencito ahora?

_____ vagones

18. **PRÁCTICA MATEMÁTICA ①** **Analiza** Samuel tenía
46 canicas. Dio algunas canicas a
un amigo y le quedan 9 canicas.
¿Cuántas canicas dio Samuel a
su amigo?

_____ canicas

19. **PIENSA MÁS** Matthew tenía 73 bloques.
Dio 8 bloques a su hermana. ¿Cuántos
bloques tiene Matthew ahora?

Escribe o haz un dibujo para mostrar cómo
resolver el problema.

Matthew tiene _____ bloques ahora.

**ACTIVIDAD PARA LA CASA** • Pida a su niño que
describa cómo hallar 34 − 6.

# Álgebra • Separar unidades para restar

**Estándares comunes** **ESTÁNDARES COMUNES—2.NBT.B.5**
*Utilizan el valor posicional y las propiedades de las operaciones para sumar y restar.*

**Separa las unidades para restar.
Escribe la diferencia.**

20 21 22 23 24 25 26 27 28 29 **30** 31 32 33 34 35 36 37 38 39 **40** 41 42 43 44 45 46 47 48 49 **50**

1. $36 - 7 =$ _____

2. $35 - 8 =$ _____

3. $37 - 9 =$ _____

4. $41 - 6 =$ _____

5. $44 - 5 =$ _____

6. $33 - 7 =$ _____

7. $32 - 4 =$ _____

8. $31 - 6 =$ _____

## Resolución de problemas En el mundo

Elige una manera de resolver. Escribe o dibuja la explicación.

9. Beth tiene 44 canicas. Le regala 9 canicas a su hermano. ¿Cuántas canicas tiene Beth ahora?

_____ canicas

10. **ESCRIBE** **Matemáticas** Dibuja una recta numérica y muestra cómo hallar la diferencia entre 24 – 6 usando el método de separar de esta lección.

# Repaso de la lección (2.NBT.B.5)

**I.** ¿Cuál es la diferencia?

```
40 41 42 43 44 45 46 47 48 49 50 51 52 53 54 55 56 57 58 59 60 61 62 63 64 65 66 67 68 69 70
```

$$58 - 9 = \underline{\quad}$$

# Repaso en espiral (2.OA.B.2, 2.NBT.B.6)

**2.** ¿Cuál es la diferencia?

$$14 - 6 = \underline{\quad}$$

**3.** ¿Cuál es la suma?

$$3 + 6 + 2 = \underline{\quad}$$

**4.** ¿Cuál es la suma?

$$64 + 7 = \underline{\quad}$$

**5.** ¿Cuál es la suma?

$$56 + 18 = \underline{\quad}$$

Nombre _____

# Álgebra • Separar números para restar

**Pregunta esencial** ¿Por qué es más fácil restar si separamos un número?

**Estándares comunes** Números y operaciones en base diez—2.NBT.B.5
**PRÁCTICAS MATEMÁTICAS**
MP1, MP5, MP6

## Escucha y dibuja *En el mundo*

Dibuja saltos en la recta numérica para mostrar cómo separar el número para restar.

**30** 31 32 33 34 35 36 37 38 39 **40** 41 42 43 44 45 46 47 48 49 **50** 51 52 53 54 55 56 57 58 59 **60**

**50** 51 52 53 54 55 56 57 58 59 **60** 61 62 63 64 65 66 67 68 69 **70** 71 72 73 74 75 76 77 78 79 **80**

**40** 41 42 43 44 45 46 47 48 49 **50** 51 52 53 54 55 56 57 58 59 **60** 61 62 63 64 65 66 67 68 69 **70**

**PARA EL MAESTRO •** Lea el siguiente problema. Pida a los niños que dibujen saltos en la recta numérica para resolver. La Sra. Hill tenía 45 pinceles. Dio 9 pinceles a los estudiantes de su clase de arte. ¿Cuántos pinceles tiene la Sra. Hill ahora? Repita el mismo problema con 72 – 7 y 53 – 6.

**Charla matemática**
**PRÁCTICAS MATEMÁTICAS 6**

**Describe un método** Describe lo que hiciste en alguno de los problemas.

## Representa y dibuja

Separa el número que restas en decenas y unidades.

Resta 10.
Luego, resta 2 para llegar a 60.
Luego resta 5 más.

$$72 - 17 = \blacksquare$$

10    7

2    5

$$10 + 2 + 5 = 17$$

−5      −2        −10

50 51 52 53 54 55 56 57 58 59 **60** 61 62 63 64 65 66 67 68 69 **70** 71 72 73 74 75 76 77 78 79 **80**

Por lo tanto, $72 - 17 =$ _____.

## Comparte y muestra

MATH BOARD

Separa el número que restas.
Escribe la diferencia.

20 21 22 23 24 25 26 27 28 29 **30** 31 32 33 34 35 36 37 38 39 **40** 41 42 43 44 45 46 47 48 49 **50**

1. $43 - 18 =$ _____

10    8

3    5

2. $45 - 14 =$ _____

10    4

3. $46 - 17 =$ _____

4. $44 - 16 =$ _____

## Por tu cuenta  MATH BOARD

Separa el número que restas.
Escribe la diferencia.

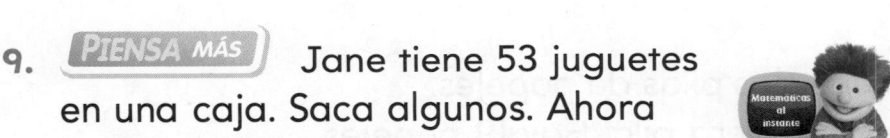

40 41 42 43 44 45 46 47 48 49 **50** 51 52 53 54 55 56 57 58 59 **60** 61 62 63 64 65 66 67 68 69 **70**

**5.** $57 - 15 =$ _____

**6.** $63 - 17 =$ _____

**7.** $68 - 19 =$ _____

**8.** $61 - 18 =$ _____

**9.** PIENSA MÁS   Jane tiene 53 juguetes en una caja. Saca algunos. Ahora quedan 36 juguetes en la caja. ¿Cuántos juguetes sacó Jane de la caja?

_____ juguetes

**10.** MÁS AL DETALLE  Observa los pasos de Tom para resolver un problema. Resuelve este problema de la misma manera.

$$42 - 15 = ?$$

| Tom |
| --- |
| 35 − 18 = ? |
| 35 − 10 = 25 |
| 25 − 5 = 20 |
| 20 − 3 = (17) |

## Resolución de problemas • Aplicaciones En el mundo

ESCRIBE · Matemáticas

**11.** Hay 38 personas en la biblioteca. Luego entran a la biblioteca 33 personas más. ¿Cuántas personas hay en la biblioteca ahora?

_____ personas

**12.** PRÁCTICA MATEMÁTICA ❶ **Analiza** Alex tiene 24 juguetes en un baúl. Saca algunos juguetes del baúl. Luego hay 16 juguetes en el baúl. ¿Cuántos juguetes sacó del baúl?

_____ juguetes

**13.** PIENSA MÁS   Gail tiene dos pilas de papeles. Hay 32 papeles en la primera pila. Hay 19 papeles en la segunda pila. ¿Cuántos papeles más hay en la primera pila que en la segunda pila?

Escribe o haz un dibujo para explicar cómo resolviste el problema.

_____ papeles más

**ACTIVIDAD PARA LA CASA** • Pida a su niño que escriba un problema de resta que tenga números de 2 dígitos.

© Houghton Mifflin Harcourt Publishing Company

# Álgebra • Separar números para restar

Estándares comunes

ESTÁNDARES COMUNES—2.NBT.5
Utilizan el valor posicional y las propiedades
de las operaciones para sumar y restar.

**Separa el número que restas.
Escribe la diferencia.**

$$\leftarrow\!\!\!\underset{\substack{60\ 61\ 62\ 63\ 64\ 65\ 66\ 67\ 68\ 69\ 70\ 71\ 72\ 73\ 74\ 75\ 76\ 77\ 78\ 79\ 80\ 81\ 82\ 83\ 84\ 85\ 86\ 87\ 88\ 89\ 90}}{|\!|\!|\!|\!|\!|\!|\!|\!|\!|\!|\!|\!|\!|\!|\!|\!|\!|\!|\!|\!|\!|\!|\!|\!|\!|\!|\!|\!|\!|}}\!\!\!\rightarrow$$

1. $81 - 14 =$ _____

2. $84 - 16 =$ _____

3. $77 - 14 =$ _____

4. $83 - 19 =$ _____

5. $81 - 17 =$ _____

6. $88 - 13 =$ _____

7. $84 - 19 =$ _____

8. $86 - 18 =$ _____

## Resolución de problemas En el mundo

Resuelve. Escribe o dibuja la explicación.

9. El Sr. Pearce compró 43 plantas.
Le dio 14 plantas a su hermana.
¿Cuántas plantas tiene
el Sr. Pearce ahora?

_____ plantas

10. **ESCRIBE Matemáticas** Dibuja una
recta numérica y muestra cómo
hallar la diferencia entre $36 - 17$.
Usa el método de separar de
esta lección.

## Repaso de la lección (2.NBT.B.5)

**I.** ¿Cuál es la diferencia?

```
◄─┼──┼──┼──┼──┼──┼──┼──┼──┼──┼──┼──┼──┼──┼──┼──┼──┼──┼──┼──┼──┼──┼──┼──┼──┼──┼──┼──┼──┼──┼─►
  40 41 42 43 44 45 46 47 48 49 50 51 52 53 54 55 56 57 58 59 60 61 62 63 64 65 66 67 68 69 70
```

$$63 - 19 = \underline{\quad}$$

## Repaso en espiral (2.OA.A.1, 2.OA.B.2, 2.NBT.B.6)

**2.** ¿Cuál es la suma?

$$\begin{array}{r} 14 \\ + 23 \\ \hline \end{array}$$

**3.** ¿Cuál es la suma?

$$8 + 7 = \underline{\quad}$$

**4.** Escribe una operación de resta relacionada para $6 + 8 = 14$.

_____

**5.** John tiene 7 cometas. Annie tiene 4 cometas ¿Cuántas cometas tienen en total?

_____ cometas

PRACTICA MÁS CON EL
**Entrenador personal en matemáticas**

Nombre _____

# Reagrupar modelos para restar

**Pregunta esencial** ¿Cuándo reagrupas en la resta?

**Estándares comunes** Números y operaciones en base diez—2.NBT.B.5
**PRÁCTICAS MATEMÁTICAS**
MP5, MP6, MP7

## Escucha y dibuja · En el mundo · Manos a la obra

Usa ▭▭▭▭ ▪ para representar el problema.
Haz dibujos rápidos para mostrar tu modelo.

| Decenas | Unidades |
|---------|----------|
|         |          |

**Charla matemática**

**PRÁCTICAS MATEMÁTICAS** 6

**Describe** por qué cambiaste un bloque de decenas por 10 bloques de unidades.

🍎 **PARA EL MAESTRO** • Lea el siguiente problema. Michelle contó 21 mariposas en su jardín. Luego 7 mariposas se fueron volando. ¿Cuántas mariposas quedaron en el jardín?

¿Cómo restas 26 de 53?

**Paso 1** Muestra 53. ¿Hay unidades suficientes para restar 6?

| Decenas | Unidades |
|---|---|

sí  (no)

**Paso 2** Si no hay suficientes unidades, reagrupa 1 decena como 10 unidades.

| Decenas | Unidades |
|---|---|

**Paso 3** Resta 6 unidades de 13 unidades.

| Decenas | Unidades |
|---|---|

**Paso 4** Resta las decenas. Escribe las decenas y las unidades. Escribe la diferencia.

| Decenas | Unidades |
|---|---|

_____ decenas

_____ unidades

_____

## Comparte y muestra

Dibuja para mostrar la reagrupación. Escribe la diferencia de dos maneras. Escribe las decenas y las unidades. Escribe el número.

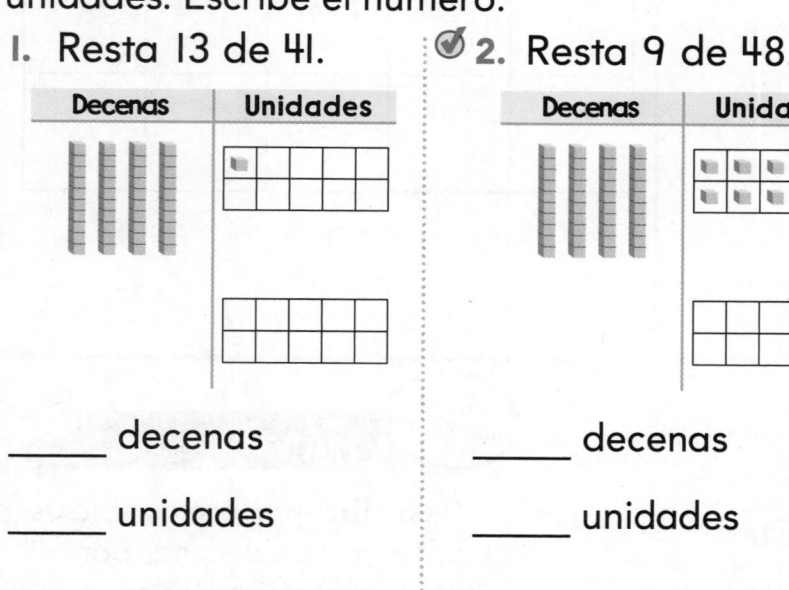

1. Resta 13 de 41.

| Decenas | Unidades |
|---|---|

_____ decenas

_____ unidades

_____

2. Resta 9 de 48.

| Decenas | Unidades |
|---|---|

_____ decenas

_____ unidades

_____

3. Resta 28 de 52.

| Decenas | Unidades |
|---|---|

_____ decenas

_____ unidades

_____

Nombre _____

Dibuja para mostrar la reagrupación. Escribe la
diferencia de dos maneras. Escribe las decenas y
las unidades. Escribe el número.

**4.** Resta 8 de 23.

| Decenas | Unidades |
|---------|----------|

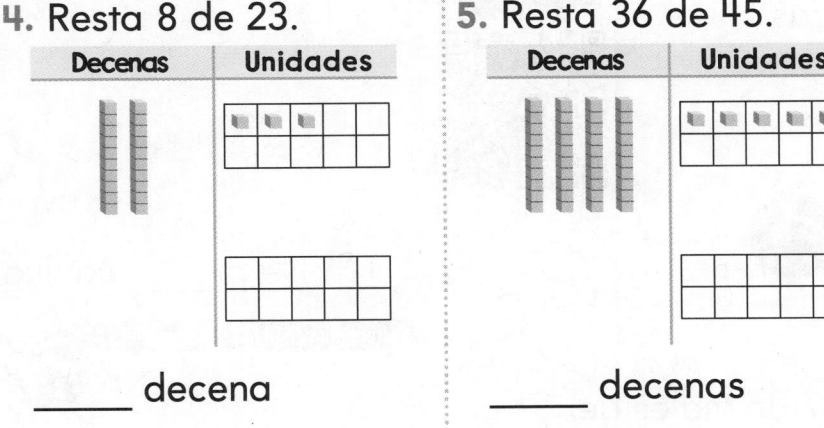

_____ decena

_____ unidades

_____

**5.** Resta 36 de 45.

| Decenas | Unidades |
|---------|----------|

_____ decenas

_____ unidades

_____

**6.** Resta 6 de 43.

| Decenas | Unidades |
|---------|----------|

_____ decenas

_____ unidades

_____

**7.** Resta 39 de 67.

| Decenas | Unidades |
|---------|----------|

_____ decenas

_____ unidades

_____

**8.** Resta 21 de 50.

| Decenas | Unidades |
|---------|----------|

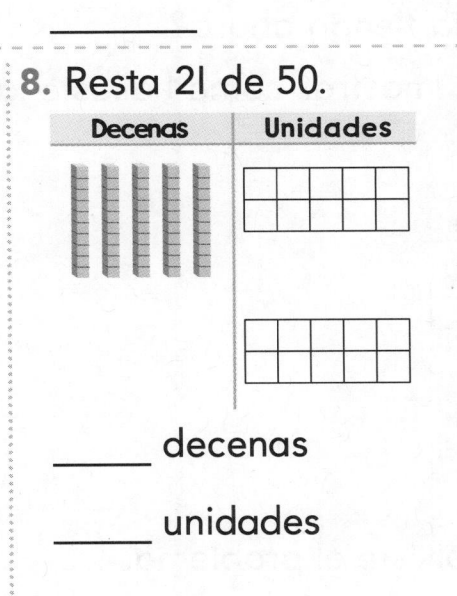

_____ decenas

_____ unidades

_____

**9.** Resta 29 de 56.

| Decenas | Unidades |
|---------|----------|

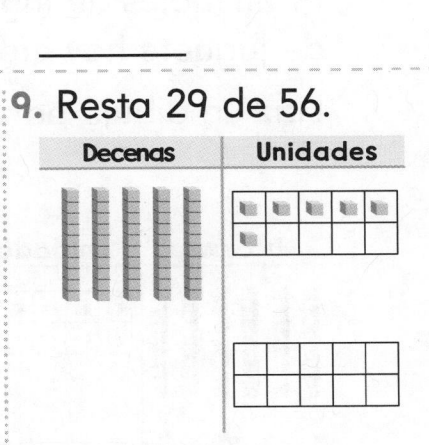

_____ decenas

_____ unidades

_____

**10.** *MÁS AL DETALLE* Dibuja para hallar qué número se
restó de 53.

Resta _____ de 53.

___3___ decenas ___4___ unidades

___34___

| Decenas | Unidades |
|---------|----------|

## Resolución de problemas • Aplicaciones En el mundo

Escribe o dibuja para explicar.

11. **PIENSA MÁS** Billy tiene 18 canicas menos que Sara. Sara tiene 34 canicas. ¿Cuántas canicas tiene Billy?

_____ canicas

12. **PIENSA MÁS +** Había 67 animales de juguete en la tienda. El vendedor vendió 19 animales de juguete. ¿Cuántos animales de juguete hay en la tienda ahora?

Haz un dibujo para mostrar cómo hallaste la respuesta.

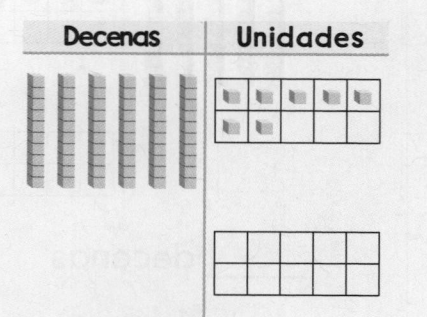

| Decenas | Unidades |
|---------|----------|

_____ animales de juguete

Describe cómo resolviste el problema.

_____

_____

_____

**ACTIVIDAD PARA LA CASA** • Pida a su niño que escriba un problema de resta y luego explique cómo resolverlo.

Nombre _____

# Reagrupar modelos para restar

ESTÁNDARES COMUNES—2.NBT.5
Utilizan el valor posicional y las propiedades
de las operaciones para sumar y restar.

Estándares comunes

**Dibuja para mostrar la reagrupación.
Escribe la diferencia de dos maneras. Escribe
las decenas y las unidades. Escribe el número.**

**1.** Resta 9 de 35.

| Decenas | Unidades |
|---------|----------|
|         |          |

_____ decenas _____ unidades

_____

**2.** Resta 14 de 52.

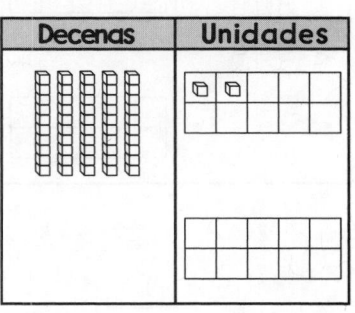

| Decenas | Unidades |
|---------|----------|
|         |          |

_____ decenas _____ unidades

_____

## Resolución de problemas (En el mundo)

Elige una manera de resolver. Escribe o dibuja la explicación.

**3.** El Sr. Ortega hizo 51 galletas. Regaló 14 galletas.
¿Cuántas galletas tiene ahora?

_____ galletas

**4.** **ESCRIBE** **Matemáticas** Haz un dibujo
rápido para 37. Haz un dibujo
para mostrar cómo restarías 19
de 37. Escribe para explicar lo
que hiciste.

## Repaso de la lección (2.NBT.B.5)

**1.** Resta 9 de 36. ¿Cuál es la diferencia?

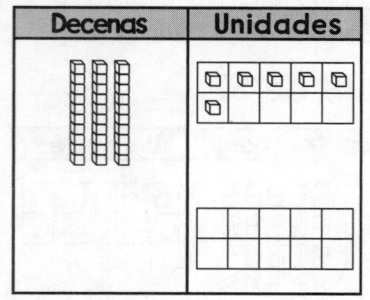

_____

**2.** Resta 28 de 45. ¿Cuál es la diferencia?

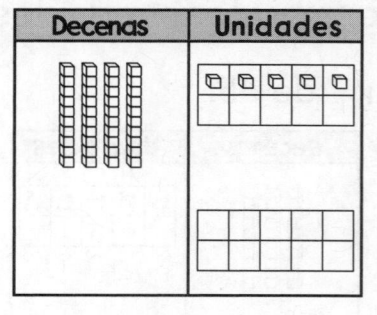

_____

## Repaso en espiral (2.NBT.B.5, 2.NBT.B.6)

**3.** ¿Cuál es la diferencia?

$$51 - 8 = \underline{\quad}$$

```
←—+—+—+—+—+—+—+—+—+—+—+—+—+—+—+—+—+—+—+—+—+→
  40 41 42 43 44 45 46 47 48 49 50 51 52 53 54 55 56 57 58 59 60
```

**4.** ¿Cuál es la suma?

$$38 + 35 = \underline{\quad}$$

**5.** ¿Cuál es la suma?

$$\begin{array}{r} 63 \\ 18 \\ + 9 \\ \hline \end{array}$$

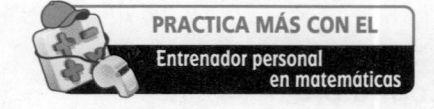

PRACTICA MÁS CON EL
Entrenador personal
en matemáticas

Nombre _____

# Hacer un modelo y anotar restas de 2 dígitos

**Pregunta esencial** ¿Cómo anotas restas de 2 dígitos?

**Estándares comunes** Números y operaciones en base diez—2.NBT.5 *También 2.NBT.B.9*
PRÁCTICAS MATEMÁTICAS
MP1, MP4, MP6

**Escucha y dibuja** *En el mundo*   *Manos a la obra*

Usa  para representar el problema. Haz dibujos rápidos para mostrar tu modelo.

| Decenas | Unidades |
|---------|----------|
|         |          |

*Charla matemática*   PRÁCTICAS MATEMÁTICAS 6

🍎 **PARA EL MAESTRO** • Lea el siguiente problema. El Sr. Kelly hizo 47 pastelitos. Sus estudiantes comieron 23 de los pastelitos. ¿Cuántos pastelitos no se comieron?

**Explica un método**
¿Cambiaste bloques en tu modelo? Explica por qué.

Traza sobre los dibujos rápidos de los pasos.

Resta.      56
          − 1 9

| **Paso 1** Muestra 56. ¿Hay suficientes unidades para restar 9? | **Paso 2** Si no hay suficientes unidades, reagrupa 1 decena como 10 unidades. | **Paso 3** Resta las unidades. $16 - 9 = 7$ | **Paso 4** Resta las decenas. $4 - 1 = 3$ |
|---|---|---|---|

| Decenas | Unidades |
|---|---|
| | |
| 5 | 6 |
| − 1 | 9 |
| | |

| Decenas | Unidades |
|---|---|
| 4 | 16 |
| 5̷ | 6̷ |
| − 1 | 9 |
| | |

| Decenas | Unidades |
|---|---|
| 4 | 16 |
| 5̷ | 6̷ |
| − 1 | 9 |
| | 7 |

| Decenas | Unidades |
|---|---|
| 4 | 16 |
| 5̷ | 6̷ |
| − 1 | 9 |
| 3 | 7 |

**Comparte y muestra** MATH BOARD

Haz un dibujo rápido para resolver. Escribe la diferencia.

1.

| Decenas | Unidades |
|---|---|
| | |
| 4 | 7 |
| − 1 | 5 |
| | |

| Decenas | Unidades |
|---|---|

2.

| Decenas | Unidades |
|---|---|
| | |
| 3 | 2 |
| − 1 | 8 |
| | |

| Decenas | Unidades |
|---|---|

Nombre _____

Haz un dibujo rápido para resolver. Escribe la diferencia.

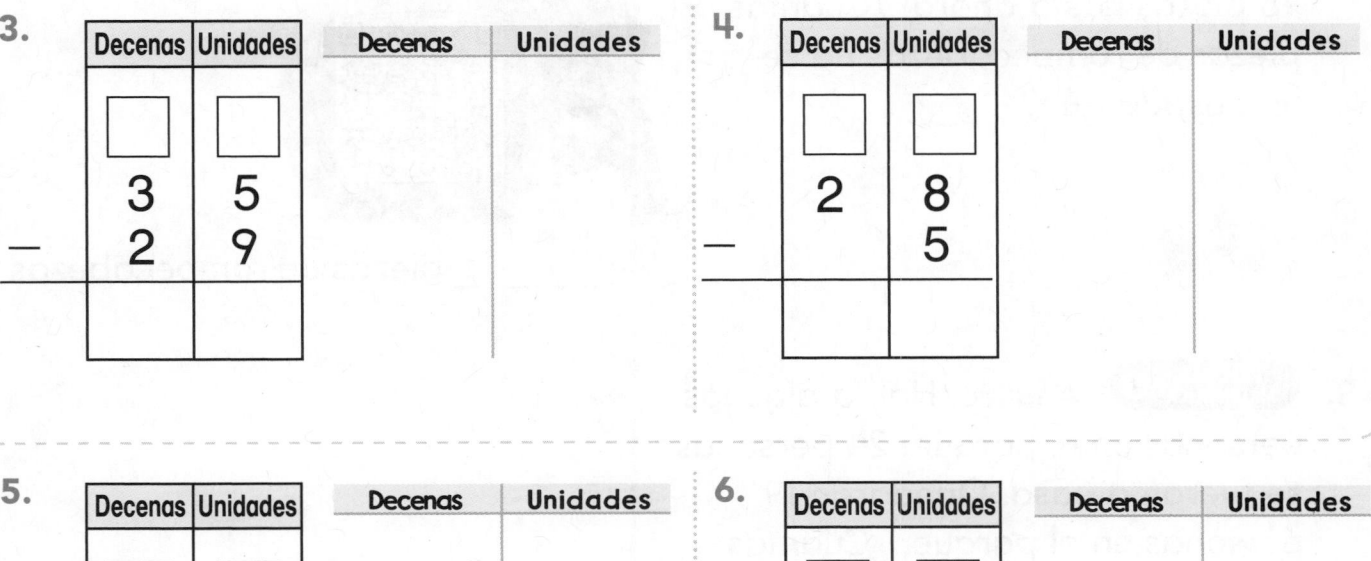

3.

| Decenas | Unidades |
|---|---|
| ☐ | ☐ |
| 3 | 5 |
| − 2 | 9 |
| | |

| Decenas | Unidades |
|---|---|
| | |

4.

| Decenas | Unidades |
|---|---|
| ☐ | ☐ |
| 2 | 8 |
| − | 5 |
| | |

| Decenas | Unidades |
|---|---|
| | |

5.

| Decenas | Unidades |
|---|---|
| ☐ | ☐ |
| 5 | 3 |
| − 2 | 6 |
| | |

| Decenas | Unidades |
|---|---|
| | |

6.

| Decenas | Unidades |
|---|---|
| ☐ | ☐ |
| 3 | 2 |
| − 1 | 3 |
| | |

| Decenas | Unidades |
|---|---|
| | |

7. **MÁS AL DETALLE** Hay 16 petirrojos en los árboles. Llegan 24 más. Luego 28 petirrojos se van volando. ¿Cuánto petirrojos quedan en los árboles?

_____ petirrojos

## Resolución de problemas • Aplicaciones En el mundo

ESCRIBE ▸ Matemáticas

8. **PIENSA MÁS** El rompecabezas de Claire tiene 85 piezas. Ha usado 46 piezas hasta ahora. ¿Cuántas piezas de rompecabezas no se han usado aún?

Matemáticas al instante

_____ piezas de rompecabezas

9. **PRÁCTICA MATEMÁTICA ①** **Analiza** Había algunas personas en el parque. 24 personas se fueron a casa. Quedaron 19 personas en el parque. ¿Cuántas personas había en el parque antes?

_____ personas

10. **PIENSA MÁS** El Sr. Sims tiene una caja de 44 gomas de borrar. Da 18 gomas de borrar a sus estudiantes. ¿Cuántas gomas de borrar tiene el Sr. Sims ahora?

Muestra cómo resolviste el problema.

_____ gomas de borrar

**ACTIVIDAD PARA LA CASA** • Escriba 73 – 28 en una hoja de papel. Pregunte a su niño si reagruparía para hallar la diferencia.

© Houghton Mifflin Harcourt Publishing Company

# Hacer un modelo y anotar restas de 2 dígitos

**Práctica y tarea
Lección 5.4**

**ESTÁNDARES COMUNES—2.NBT.B.5**
*Utilizan el valor posicional y las propiedades de las operaciones para sumar y restar.*

Estándares comunes

**Haz un dibujo rápido para resolver.
Escribe la diferencia.**

**1.**

| Decenas | Unidades |
|---------|----------|
|         |          |
|   4     |    3     |
| −  1    |    7     |
|         |          |

| Decenas | Unidades |
|---------|----------|
|         |          |

**2.**

| Decenas | Unidades |
|---------|----------|
|         |          |
|   3     |    8     |
| −  2    |    9     |
|         |          |

| Decenas | Unidades |
|---------|----------|
|         |          |

## Resolución de problemas (En el mundo)

Resuelve. Escribe o dibuja la explicación.

**3.** Kendall tiene 63 adhesivos. Su hermana tiene 57 adhesivos. ¿Cuántos adhesivos más que su hermana tiene Kendall?

_____ adhesivos más

**4.** **ESCRIBE** **Matemáticas** Haz un dibujo rápido para mostrar el número 24. Luego haz un dibujo rápido para mostrar 24 después de reagrupar una decena como diez unidades. Explica cómo es que ambos dibujos muestran el mismo número, 24.

_____

_____

_____

## Repaso de la lección (2.NBT.B.5)

**1.** ¿Cuál es la diferencia?

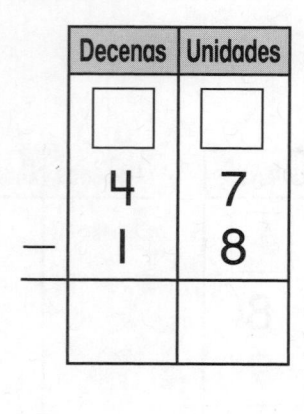

| Decenas | Unidades |
|---------|----------|
|         |          |
| 4       | 7        |
| − 1     | 8        |
|         |          |

**2.** ¿Cuál es la diferencia?

| Decenas | Unidades |
|---------|----------|
|         |          |
| 3       | 3        |
| − 2     | 9        |
|         |          |

## Repaso en espiral (2.OA.B.2, 2.NBT.B.5, 2.NBT.B.6)

**3.** ¿Cuál es la diferencia?

$$10 - 6 = \underline{\qquad}$$

**4.** ¿Cuál es la suma?

$$16 + 49 = \underline{\qquad}$$

**5.** ¿Cuál es la suma?

$$28 + 8 = \underline{\qquad}$$

**6.** ¿Cuál es la diferencia?

$$52 - 6 = \underline{\qquad}$$

PRACTICA MÁS CON EL
**Entrenador personal
en matemáticas**

Nombre _____

# Resta de 2 dígitos

**Pregunta esencial** ¿Cómo anotas los pasos cuando restas números de 2 dígitos?

**Estándares comunes** Números y operaciones en base diez—2.NBT.B.5
*También 2.NBT.B.9*
**PRÁCTICAS MATEMÁTICAS**
**MP2, MP6, MP8**

## Escucha y dibuja En el mundo

Haz un dibujo rápido para representar cada problema.

| Decenas | Unidades |
|---------|----------|
|         |          |

| Decenas | Unidades |
|---------|----------|
|         |          |

**PARA EL MAESTRO •** Lea el siguiente problema. Devin tenía 36 robots de juguete en su estante. Trasladó 12 de sus robots a su armario. ¿Cuántos robots hay en el estante ahora? Repita la actividad con este problema: Devin tenía 54 carritos. Dio 9 carritos a su hermano. ¿Cuántos carritos tiene Devin ahora?

**Charla matemática** PRÁCTICAS MATEMÁTICAS **2**

**Usa el razonamiento** Explica por qué funciona la reagrupación.

Resta. $\begin{array}{r} 42 \\ -15 \\ \end{array}$

**Paso 1** ¿Hay suficientes unidades para restar 5?

**Paso 2** Reagrupa 1 decena como 10 unidades.

**Paso 3** Resta las unidades.
$12 - 5 = 7$

**Paso 4** Resta las decenas.
$3 - 1 = 2$

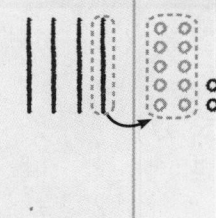
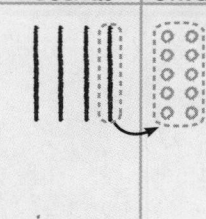
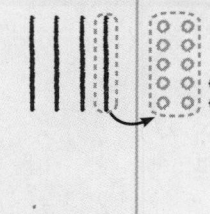
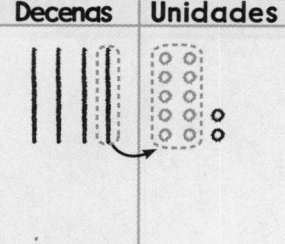
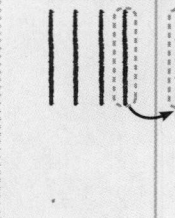
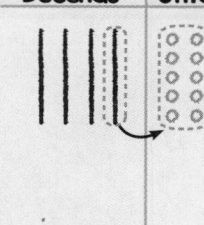
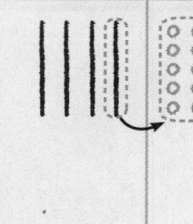

| Decenas | Unidades |
|---------|----------|
|  |  |
| 4 | 2 |
| − 1 | 5 |

| Decenas | Unidades |
|---------|----------|
| 3 | 12 |
| 4 | 2 |
| − 1 | 5 |

| Decenas | Unidades |
|---------|----------|
| 3 | 12 |
| 4 | 2 |
| − 1 | 5 |
|  | 7 |

| Decenas | Unidades |
|---------|----------|
| 3 | 12 |
| 4 | 2 |
| − 1 | 5 |
| 2 | 7 |

## Comparte y muestra  MATH BOARD

Reagrupa si lo necesitas. Escribe la diferencia.

1.

| Decenas | Unidades |
|---------|----------|
|  |  |
| 3 | 1 |
| − 1 | 4 |

✔2.

| Decenas | Unidades |
|---------|----------|
|  |  |
| 5 | 6 |
| − 2 | 1 |

✔3.

| Decenas | Unidades |
|---------|----------|
|  |  |
| 7 | 2 |
| − 3 | 5 |

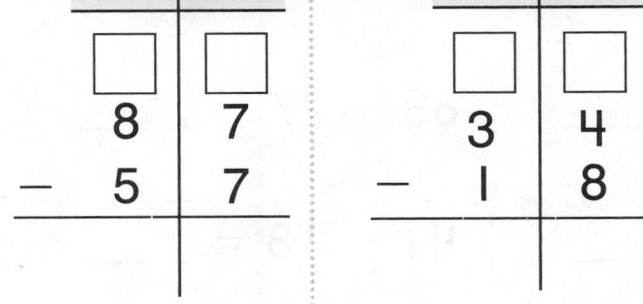

## Por tu cuenta

Reagrupa si lo necesitas. Escribe la diferencia.

**4.**

| Decenas | Unidades |
|---------|----------|
| ☐ | ☐ |
| 2 | 3 |
| − 1 | 4 |

**5.**

| Decenas | Unidades |
|---------|----------|
| ☐ | ☐ |
| 8 | 7 |
| − 5 | 7 |

**6.**

| Decenas | Unidades |
|---------|----------|
| ☐ | ☐ |
| 3 | 4 |
| − 1 | 8 |

**7.**

| Decenas | Unidades |
|---------|----------|
| ☐ | ☐ |
| 6 | 1 |
| − 1 | 3 |

**8.**

| 4 | 5 |
|---|---|
| − 1 | 8 |

**9.**

| 5 | 2 |
|---|---|
| − 3 | 6 |

**10.**

| 3 | 2 |
|---|---|
| − 1 | 3 |

**11.**

| 7 | 5 |
|---|---|
| − 4 | 3 |

**12.**

| 5 | 6 |
|---|---|
| − 2 | 7 |

**13.**

| 9 | 4 |
|---|---|
| − 2 | 9 |

**14.**

| 8 | 7 |
|---|---|
| − 3 | 9 |

**15.**

| 8 | 3 |
|---|---|
| − 4 | 6 |

**16.** PIENSA MÁS Spencer escribió 5 cuentos menos que Katie. Spencer escribió 18 cuentos. ¿Cuántos cuentos escribió Katie?

_____ cuentos

## Resolución de problemas • Aplicaciones  En el mundo

ESCRIBE  Matemáticas

**17.** PRÁCTICA MATEMÁTICA 6  **Explica un método**

Encierra en un círculo los problemas que podrías resolver con un cálculo mental.

$$54 - 10 = \underline{\qquad} \qquad 63 - 27 = \underline{\qquad} \qquad 93 - 20 = \underline{\qquad}$$

$$39 - 2 = \underline{\qquad} \qquad 41 - 18 = \underline{\qquad} \qquad 82 - 26 = \underline{\qquad}$$

Explica cuándo usas el cálculo mental.

_____

_____

_____

Entrenador personal en matemáticas

**18.** PIENSA MÁS +  Hay 34 pollos en el gallinero. Si 6 pollos salen al jardín, ¿cuántos pollos quedarán aún en el gallinero?

Encierra en un círculo el número de la casilla válido para que el enunciado sea verdadero.

Quedan
| 8 |
| 18 |
| 28 |
pollos en el gallinero.

© Houghton Mifflin Harcourt Publishing Company

**ACTIVIDAD PARA LA CASA** • Pida a su niño que escriba un problema de resta de 2 dígitos en que no se necesite reagrupar. Pida a su niño que explique por qué eligió esos números.

Nombre _____

# Resta de 2 dígitos

**ESTÁNDARES COMUNES—2.NBT.B.5**
*Utilizan el valor posicional y las propiedades de las operaciones para sumar y restar.*

Estándares comunes

**Reagrupa si lo necesitas.**
**Escribe la diferencia.**

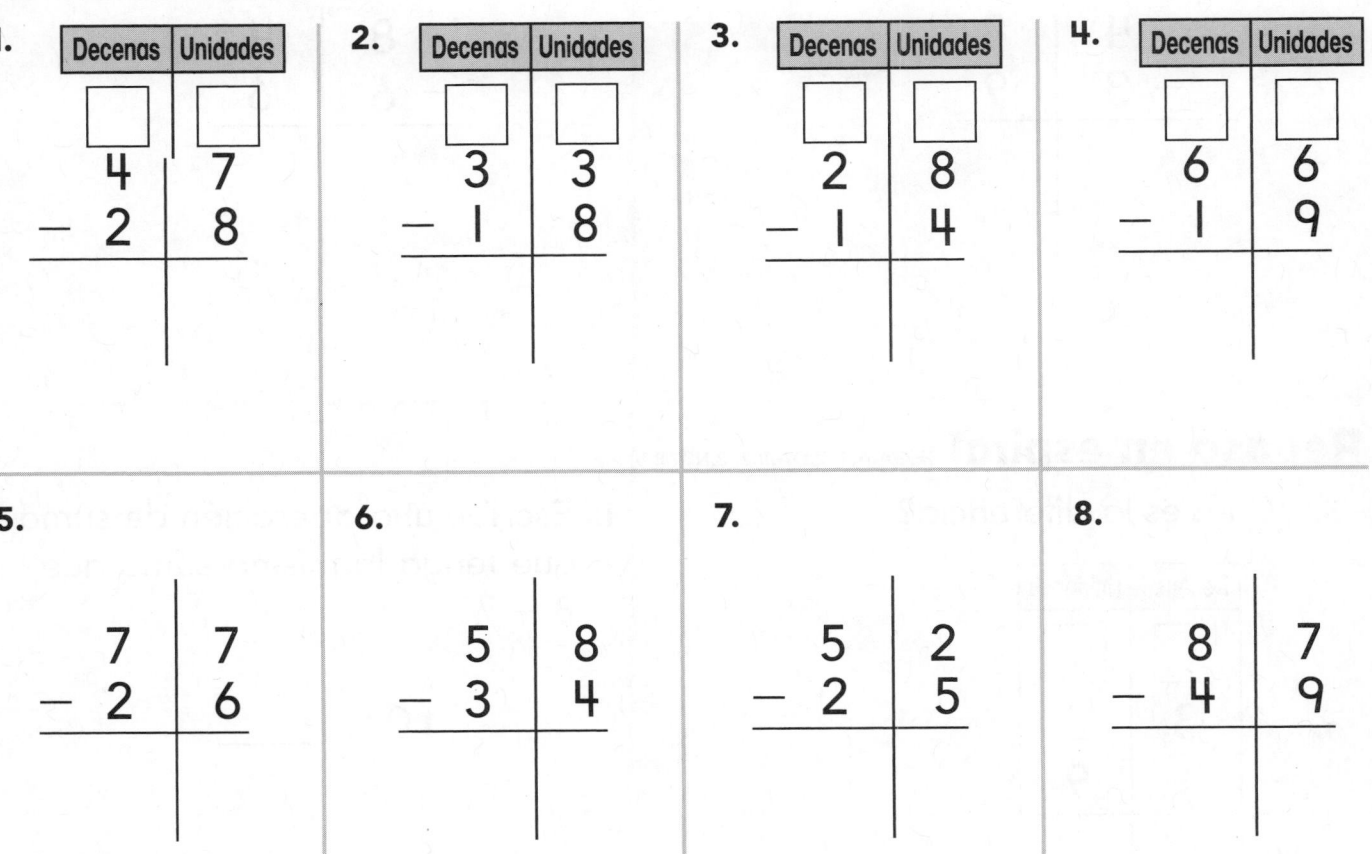

**1.**

| Decenas | Unidades |
|---------|----------|
| ☐ | ☐ |
| 4 | 7 |
| − 2 | 8 |

**2.**

| Decenas | Unidades |
|---------|----------|
| ☐ | ☐ |
| 3 | 3 |
| − 1 | 8 |

**3.**

| Decenas | Unidades |
|---------|----------|
| ☐ | ☐ |
| 2 | 8 |
| − 1 | 4 |

**4.**

| Decenas | Unidades |
|---------|----------|
| ☐ | ☐ |
| 6 | 6 |
| − 1 | 9 |

**5.**

| 7 | 7 |
|---|---|
| − 2 | 6 |

**6.**

| 5 | 8 |
|---|---|
| − 3 | 4 |

**7.**

| 5 | 2 |
|---|---|
| − 2 | 5 |

**8.**

| 8 | 7 |
|---|---|
| − 4 | 9 |

## Resolución de problemas En el mundo

Resuelve. Escribe o dibuja para explicar.

**9.** La Sra. Paul compró 32 gomas de borrar. Les dio 19 gomas de borrar a los estudiantes. ¿Cuántas gomas de borrar le quedan?

_____ gomas de borrar

**10.** ESCRIBE ▸ Matemáticas Escribe algunos enunciados sobre las maneras diferentes de mostrar la resta para un problema como 32 – 15.

_____

_____

# Repaso de la lección (2.NBT.B.5)

**1.** ¿Cuál es la diferencia?

```
  4 | 8
- 3 | 9
------
```

**2.** ¿Cuál es la diferencia?

```
  8 | 4
- 6 | 6
------
```

# Repaso en espiral (2.OA.A.1, 2.OA.B.2, 2.NBT.B.5)

**3.** ¿Cuál es la diferencia?

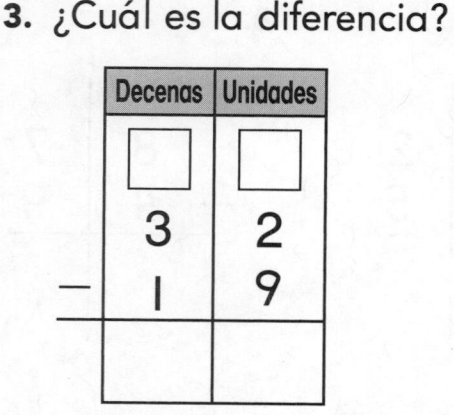

| Decenas | Unidades |
|---------|----------|
|   □    |    □    |
|   3    |    2    |
| − 1    |    9    |

**4.** Escribe una operación de suma que tenga la misma suma que 8 + 7.

10 + ____

**5.** Van 27 niños y 23 niñas de excursión al museo. ¿Cuántos niños van de excursión al museo en total?

_____ niños

**6.** Hay 17 bayas en la canasta. Luego alguien se come 9 bayas. ¿Cuántas bayas hay ahora?

_____ bayas

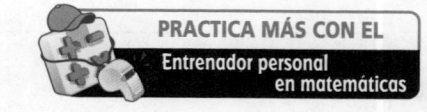

PRACTICA MÁS CON EL
Entrenador personal
en matemáticas

Nombre _____

# Practicar la resta de 2 dígitos

**Pregunta esencial** ¿Cómo anotas los pasos cuando restas números de 2 dígitos?

**Estándares comunes** Números y operaciones en base diez—2.NBT.B.5
PRÁCTICAS MATEMÁTICAS
MP1, MP3, MP7

Elige una manera de resolver el problema. Dibuja o escribe para mostrar lo que hiciste.

---

**Charla matemática**

**PRÁCTICAS MATEMÁTICAS**

**Describe** una manera diferente en que podrías haber resuelto el problema.

**PARA EL MAESTRO** • Lea el siguiente problema y pida a los niños que elijan su propio método para resolverlo. Hay 74 libros en el salón de clases del Sr. Barron. 19 de los libros son sobre las computadoras. ¿Cuántos libros no son sobre las computadoras?

## Representa y dibuja

Carmen tenía 50 tarjetas de juego. Luego dio 16 tarjetas de juego a Theo. ¿Cuántas tarjetas de juego tiene Carmen ahora?

**Paso 1** Observa las unidades. No hay suficientes unidades para restar 6 de 0. Por lo tanto, reagrupa.

```
  4 10
  5 0
- 1 6
```

**Paso 2** Resta las unidades.

$10 - 6 = 4$

```
  4 10
  5 0
- 1 6
      4
```

**Paso 3** Resta las decenas.

$4 - 1 = 3$

```
  4 10
  5 0
- 1 6
  3 4
```

## Comparte y muestra  MATH BOARD

Escribe la diferencia.

1.
```
  3 8
- 1 9
```

2.
```
  6 5
- 3 2
```

3.
```
  5 0
- 1 2
```

4.
```
  2 3
-   4
```

✓5.
```
  7 0
- 3 8
```

✓6.
```
  5 2
- 1 7
```

## Por tu cuenta

Escribe la diferencia.

7.
$$\begin{array}{r} 4\ 1 \\ -\ 2\ 4 \\ \hline \end{array}$$

8.
$$\begin{array}{r} 5\ 8 \\ -\ 1\ 6 \\ \hline \end{array}$$

9.
$$\begin{array}{r} 6\ 0 \\ -\ 1\ 3 \\ \hline \end{array}$$

10.
$$\begin{array}{r} 5\ 2 \\ -\ 4\ 7 \\ \hline \end{array}$$

11.
$$\begin{array}{r} 7\ 2 \\ -\ 4\ 6 \\ \hline \end{array}$$

12.
$$\begin{array}{r} 3\ 7 \\ -\ \ \ 6 \\ \hline \end{array}$$

13.
$$\begin{array}{r} 7\ 4 \\ -\ 4\ 6 \\ \hline \end{array}$$

14.
$$\begin{array}{r} 9\ 0 \\ -\ 1\ 8 \\ \hline \end{array}$$

15. MÁS AL DETALLE Escribe los números que faltan en los problemas de resta. Se muestra la reagrupación para cada problema.

$$\begin{array}{r} 6\ \ 15 \\ - \\ \hline 4\ \ 7 \end{array}$$
$$\begin{array}{r} 7\ \ 13 \\ - \\ \hline 2\ \ 5 \end{array}$$

16. PIENSA MÁS Adam saca 38 piedras de una caja. Quedan 23 piedras en la caja. ¿Cuántas piedras había en la caja al comienzo?

_____ piedras

**ACTIVIDAD PARA LA CASA** • Pida a su niño que le muestre una manera de hallar 80 − 34.

Nombre _____

 # Revisión de la mitad del capítulo

## Conceptos y destrezas

**Separa el número que restas. Usa la recta numérica como ayuda. Escribe la diferencia.** (2.NBT.B.5)

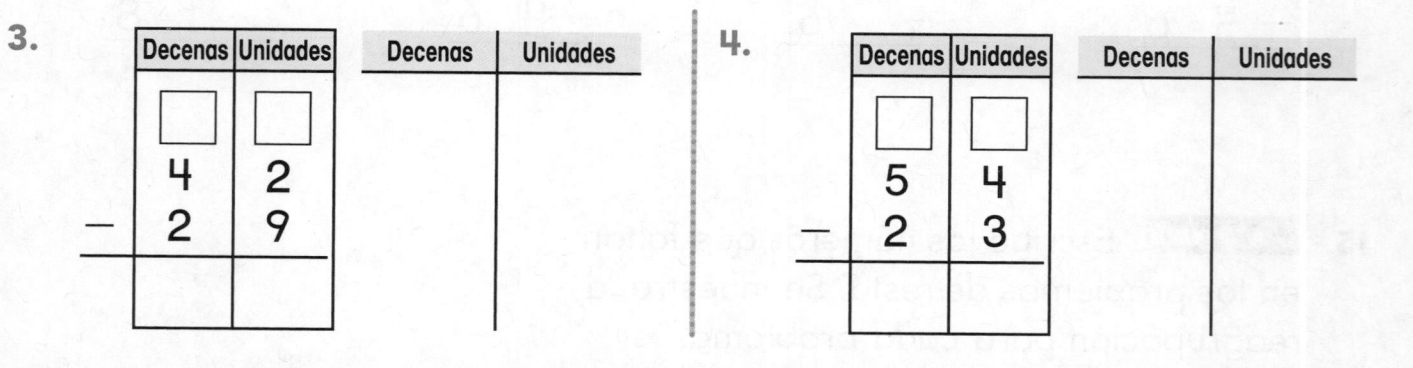

20 21 22 23 24 25 26 27 28 29 **30** 31 32 33 34 35 36 37 38 39 **40** 41 42 43 44 45 46 47 48 49 **50**

1. $34 - 8 =$ _____

2. $45 - 17 =$ _____

**Haz un dibujo rápido para resolver. Escribe la diferencia.** (2.NBT.B.5)

3.

| Decenas | Unidades |
|---------|----------|
| ☐ | ☐ |
| 4 | 2 |
| − 2 | 9 |

| Decenas | Unidades |
|---------|----------|
| | |

4.

| Decenas | Unidades |
|---------|----------|
| ☐ | ☐ |
| 5 | 4 |
| − 2 | 3 |

| Decenas | Unidades |
|---------|----------|
| | |

**Escribe la diferencia.** (2.NBT.B.5)

5.
```
  7 8
− 4 3
```

6.
```
  6 0
− 2 6
```

7.
```
  8 5
− 3 7
```

8. **PIENSA MÁS**   Marissa tenía 51 dinosaurios de juguete.
Dio 14 dinosaurios de juguete a su hermano.
¿Cuántos dinosaurios de juguete tiene ahora? (NBT.B.5)

_____ dinosaurios de juguete

# Practicar la resta de 2 dígitos

Estándares comunes

**ESTÁNDARES COMUNES—2.NBT.5**
*Utilizan el valor posicional y las propiedades de las operaciones para sumar y restar.*

**Escribe la diferencia.**

**1.**
$$\begin{array}{r} 5\ 0 \\ -1\ 8 \\ \hline \end{array}$$

**2.**
$$\begin{array}{r} 4\ 3 \\ -1\ 7 \\ \hline \end{array}$$

**3.**
$$\begin{array}{r} 7\ 5 \\ -1\ 8 \\ \hline \end{array}$$

**4.**
$$\begin{array}{r} 2\ 2 \\ -\ \ 6 \\ \hline \end{array}$$

**5.**
$$\begin{array}{r} 6\ 0 \\ -3\ 5 \\ \hline \end{array}$$

**6.**
$$\begin{array}{r} 4\ 2 \\ -3\ 4 \\ \hline \end{array}$$

## Resolución de problemas En el mundo

Resuelve. Escribe o dibuja la explicación.

**7.** Julie tiene 42 hojas de papel.
Le da 17 hojas a Kari.
¿Cuántas hojas de papel
tiene Julie ahora?

_____ hojas de papel

**8.** ESCRIBE ▸ Matemáticas Dibuja y escribe
para explicar en qué se diferencian
estos dos problemas:
$35 - 15 =$ _____ y
$43 - 26 =$ _____.

_____

## Repaso de la lección

**I.** ¿Cuál es la diferencia?

$$\begin{array}{r} 73 \\ -\ 47 \\ \hline \end{array}$$

**2.** ¿Cuál es la diferencia?

$$\begin{array}{r} 54 \\ -\ 13 \\ \hline \end{array}$$

## Repaso en espiral (2.OA.B.2, 2.NBT.B.6)

**3.** ¿Cuál es la suma?

$9 + 9 =$ _____

**4.** ¿Cuál es la diferencia?

$14 - 7 =$ _____

**5.** ¿Cuál es la suma?

$36 + 25 =$ _____

**6.** ¿Cuál es la suma?

$7 + 2 + 3 =$ _____

PRACTICA MÁS CON EL
**Entrenador personal**
en matemáticas

Nombre _____

# Reescribir restas de 2 dígitos

**Pregunta esencial** ¿Cuáles son dos maneras diferentes de escribir problemas de restas?

**Estándares comunes** Números y operaciones en base diez—2.NBT.B.5
PRÁCTICAS MATEMÁTICAS
MP6, MP7

## Escucha y dibuja 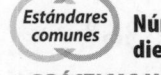 En el mundo

Escribe los números de cada problema de resta.

$$\underline{\phantom{xxx}} - \phantom{xxxxxxxxxxxxxx}$$

$$\underline{\phantom{xxx}} - \phantom{xxxxxxxxxxxxxx}$$

$$\underline{\phantom{xxx}} - \phantom{xxxxxxxxxxxxxx}$$

$$\underline{\phantom{xxx}} - \phantom{xxxxxxxxxxxxxx}$$

**Charla matemática**

**PRÁCTICAS MATEMÁTICAS 6**

**Explica** por qué es importante alinear los dígitos de los números en columnas.

**PARA EL MAESTRO** • Lea el siguiente problema. Pida a los niños que escriban los números en formato vertical. Había 45 niños en una fiesta. Luego 23 niños se fueron a casa. ¿Cuántos niños quedaron aún en la fiesta? Repita con tres problemas más.

¿Cuánto es 81 − 36?
Reescribe el problema de resta.
Luego halla la diferencia.

**Paso 1** Para 81, escribe el dígito de las decenas en la columna de las decenas.

Escribe el dígito de las unidades en la columna de las unidades.

$$\begin{array}{r} 8\ 1 \\ -\ 3\ 6 \\ \hline \end{array}$$

Repite con 36.

**Paso 2** Observa las unidades. Reagrupa si lo necesitas.

Resta las unidades.
Resta las decenas.

$$\begin{array}{r} \overset{7}{\cancel{8}}\ \overset{11}{\cancel{1}} \\ -\ 3\ 6 \\ \hline \end{array}$$

## Comparte y muestra  MATH BOARD

Reescribe el problema de resta. Luego halla la diferencia.

1. 37 − 4

   $-$ _____

2. 48 − 24

   $-$ _____

3. 85 − 37

   $-$ _____

4. 63 − 19

   $-$ _____

5. 62 − 37

   $-$ _____

6. 51 − 27

   $-$ _____

☑7. 76 − 3

   $-$ _____

☑8. 95 − 48

   $-$ _____

## Por tu cuenta

Reescribe el problema de resta. Luego halla la diferencia.

9. 49 – 8

_____

10. 85 – 47

_____

11. 63 – 23

_____

12. 51 – 23

_____

13. 60 – 15

_____

14. 94 – 58

_____

15. 47 – 20

_____

16. 35 – 9

_____

17. 78 – 10

_____

18. 54 – 38

_____

19. 92 – 39

_____

20. 87 – 28

_____

21. **PIENSA MÁS** ¿En cuáles de los problemas anteriores pudiste hallar la diferencia sin reescribirlos? Explica.

_____

_____

_____

## Resolución de problemas • Aplicaciones En el mundo

ESCRIBE ▸ **Matemáticas**

Lee sobre la excursión de la clase. Luego responde las preguntas.

> La clase de Pablo fue al museo de arte.
> Vieron 26 pinturas hechas por niños. Vieron
> 53 pinturas hechas por adultos. También
> vieron 18 esculturas y 31 fotografías.

**22.** ¿Cuántas pinturas más fueron hechas por adultos que por niños?

_____ pinturas más

**23.** MÁS AL DETALLE ¿Cuántas pinturas más que esculturas vieron?

_____ pinturas más

**24.** PIENSA MÁS   Tom hizo 23 dibujos el año pasado. Beth hizo 14 dibujos. ¿Cuántos dibujos más hizo Tom que Beth?

Rellena el círculo que está al lado de todas las formas de mostrar el problema.

○ 23
   − 14

○ 23
   + 14

○ 23 − 14

○ 23 + 14

_____ dibujos más

**ACTIVIDAD PARA LA CASA** • Pida a su niño que escriba y resuelva un problema de resta sobre una excursión en familia.

## Reescribir restas de 2 dígitos

**Estándares comunes**

**ESTÁNDARES COMUNES—2.NBT.B.5**
Utilizan el valor posicional y las propiedades de las operaciones para sumar y restar.

**Reescribe el problema de resta.**
**Luego halla la diferencia.**

1. $35 - 19$

_____
_____

2. $47 - 23$

_____
_____

3. $55 - 28$

_____
_____

## Resolución de problemas (En el mundo)

Resuelve. Escribe o dibuja la explicación.

4. Jimmy fue a la juguetería. Vio 23 trenes de madera y 41 trenes de plástico. ¿Cuántos trenes de plástico más vio que trenes de madera?

_____ trenes de plástico más

5. **ESCRIBE** Matemáticas ¿Es más fácil restar cuando los números están escritos arriba y abajo de otros? Explica tu respuesta.

_____

_____

_____

_____

**1.** ¿Cuál es la diferencia entre
43 − 17?

$$-\underline{\phantom{00000}}$$

**2.** ¿Cuál es la diferencia entre
50 − 16?

$$-\underline{\phantom{00000}}$$

**Repaso en espiral** (2.OA.B.2, 2.NBT.B.5, 2.NBT.B.6)

**3.** ¿Cuál es la suma?

$$\begin{array}{r} 29 \\ 4 \\ 25 \\ +\ 16 \\ \hline \end{array}$$

**4.** ¿Cuál es la suma de 41 + 19?

$$\underline{\phantom{000}}$$

**5.** Escribe una operación de suma
que tenga la misma suma que
5 + 9.

$$10 + \underline{\phantom{000}}$$

**6.** ¿Cuál es la diferencia?

$$45 - 13 = \underline{\phantom{000}}$$

PRACTICA MÁS CON EL
Entrenador personal
en matemáticas

Nombre _____

# Sumar para hallar diferencias

**Pregunta esencial** ¿Cómo puedes usar la suma para resolver problemas de resta?

**Estándares comunes** Números y operaciones en base diez—2.NBT.B.5

PRÁCTICAS MATEMÁTICAS
MP1, MP5, MP8

**Escucha y dibuja** En el mundo

Haz dibujos para mostrar el problema.
Luego escribe un enunciado numérico para tu dibujo.

_____         _____ marcadores

Ahora haz dibujos para mostrar la siguiente parte del problema. Escribe un enunciado numérico para tu dibujo.

_____         _____ marcadores

**PARA EL MAESTRO •** Pida a los niños que hagan dibujos para representar este problema. Sophie tenía 25 marcadores. Dio 3 marcadores a Josh. ¿Cuántos marcadores tiene Sophie ahora? Luego pregunte a los niños: ¿Cuántos marcadores tendría Sophie si Josh le devolviera 3 marcadores?

*Charla matemática*   PRÁCTICAS MATEMÁTICAS

**Describe** lo que sucede cuando vuelves a sumar el número que restaste.

Cuenta del menor al mayor desde el número que restas para hallar la diferencia.

$$45 - 38 = \blacksquare$$

Comienza en 38. Cuenta del menor al mayor hasta 40.

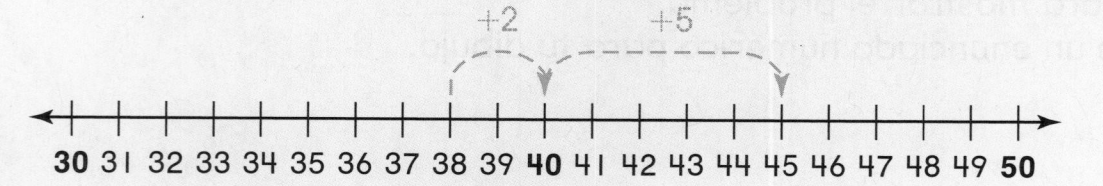

+2    +5

30 31 32 33 34 35 36 37 38 39 **40** 41 42 43 44 45 46 47 48 49 **50**

Luego cuenta del menor al mayor 5 más hasta 45.

$$2 + 5 = 7$$

Por lo tanto, $45 - 38 =$ \_\_\_\_\_.

## Comparte y muestra  MATH BOARD

Usa la recta numérica. Cuenta del menor al mayor para hallar la diferencia.

1. $36 - 27 =$ \_\_\_\_\_

20 21 22 23 24 25 26 27 28 29 **30** 31 32 33 34 35 36 37 38 39 **40**

⊘2. $56 - 49 =$ \_\_\_\_\_

40 41 42 43 44 45 46 47 48 49 **50** 51 52 53 54 55 56 57 58 59 **60**

⊘3. $64 - 58 =$ \_\_\_\_\_

50 51 52 53 54 55 56 57 58 59 **60** 61 62 63 64 65 66 67 68 69 **70**

## Por tu cuenta

Usa la recta numérica. Cuenta del menor al mayor para hallar la diferencia.

**4.** 33 − 28 = _____

<----+----+----+----+----+----+----+----+----+----+----+----+----+----+----+----+----+----+----+----+---->
**20** 21 22 23 24 25 26 27 28 29 **30** 31 32 33 34 35 36 37 38 39 **40**

**5.** 45 − 37 = _____

<----+----+----+----+----+----+----+----+----+----+----+----+----+----+----+----+----+----+----+----+---->
**30** 31 32 33 34 35 36 37 38 39 **40** 41 42 43 44 45 46 47 48 49 **50**

**6.** 58 − 49 = _____

<----+----+----+----+----+----+----+----+----+----+----+----+----+----+----+----+----+----+----+----+---->
**40** 41 42 43 44 45 46 47 48 49 **50** 51 52 53 54 55 56 57 58 59 **60**

**7.** PIENSA MÁS  Había 55 libros sobre la mesa. Sandra recogió algunos libros. Ahora quedan 49 libros sobre la mesa. ¿Cuántos libros recogió Sandra?

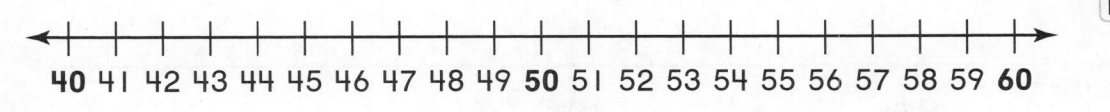

<----+----+----+----+----+----+----+----+----+----+----+----+----+----+----+----+----+----+----+----+---->
**40** 41 42 43 44 45 46 47 48 49 **50** 51 52 53 54 55 56 57 58 59 **60**

_____ libros

## Resolución de problemas • Aplicaciones En el mundo

ESCRIBE ▸ Matemáticas

Resuelve. Puedes usar la recta
numérica como ayuda.

◄——┼——┼——┼——┼——┼——┼——┼——┼——┼——┼——┼——┼——┼——┼——┼——┼——┼——┼——┼——┼——►
30 31 32 33 34 35 36 37 38 39 **40** 41 42 43 44 45 46 47 48 49 **50**

**8.** Hay 46 piezas de juego en
una caja. Adam saca 38 piezas
de juego de la caja. ¿Cuántas
piezas de juego quedan en
la caja?

_____ piezas de juego

**9.** PIENSA MÁS  Rachel tenía 27 palitos planos. Luego
dio 19 palitos planos a Theo. ¿Cuántos palitos
planos tiene Rachel ahora?

Encierra en un círculo el número de la casilla
válido para que el enunciado sea verdadero.

Rachel tiene
| 6 |
| 7 |
| 8 |
palitos planos ahora.

Explica cómo puedes usar la suma para resolver el problema.

_____

_____

**ACTIVIDAD PARA LA CASA •** Pida a su niño que describa
cómo usó una recta numérica para resolver un problema
de esta lección.

**362** trescientos sesenta y dos

# Sumar para hallar diferencias

**ESTÁNDARES COMUNES—2.NBT.B.5**
*Utilizan el valor posicional y las propiedades de las operaciones para sumar y restar.*

**Usa la recta numérica. Cuenta del menor al mayor para hallar la diferencia.**

1. $36 - 29 =$ ____

**20** 21 22 23 24 25 26 27 28 29 **30** 31 32 33 34 35 36 37 38 39 **40**

2. $43 - 38 =$ ____

**30** 31 32 33 34 35 36 37 38 39 **40** 41 42 43 44 45 46 47 48 49 **50**

## Resolución de problemas En el mundo

Resuelve. La recta numérica te sirve para resolver.

**50** 51 52 53 54 55 56 57 58 59 **60** 61 62 63 64 65 66 67 68 69 **70**

3. Jill tiene 63 tarjetas. Usa 57 tarjetas en un proyecto. ¿Cuántas tarjetas tiene Jill ahora?

_____ tarjetas

4. **ESCRIBE** **Matemáticas** Explica cómo se puede usar una recta numérica para hallar la diferencia entre $34 - 28$.

_____

_____

## Repaso de la lección (2.NBT.B.5)

Usa la recta numérica. Cuenta del menor al mayor
para hallar la diferencia.

70 71 72 73 74 75 76 77 78 79 **80** 81 82 83 84 85 86 87 88 89 **90**

1. 82 − 75 = \_\_\_\_

2. 90 − 82 = \_\_\_\_

## Repaso en espiral (2.OA.A.1, 2.OA.C.4, 2.NBT.B.5)

3. Jordan tiene 41 carritos en
casa. Lleva 24 carritos a la
escuela. ¿Cuántos carritos
dejó en casa?

\_\_\_\_\_ carritos

4. Pam tiene 15 peces. Tiene
9 peces dorados y el resto son
peces tropicales. ¿Cuántos
peces son peces tropicales?

\_\_\_\_\_ peces tropicales

5. ¿Cuál es la suma?

$$
\begin{array}{c|c}
3 & 5 \\
+\ 1 & 9 \\
\hline
\end{array}
$$

6. Hay 5 lápices en cada mesa.
Hay 3 mesas. ¿Cuántos lápices
hay en total?

\_\_\_\_\_ lápices

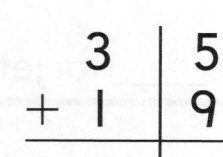
PRACTICA MÁS CON EL
**Entrenador personal
en matemáticas**

Nombre _____

# Resolución de problemas • La resta

**Pregunta esencial** ¿Cómo puede ayudar el dibujo de un diagrama cuando se resuelven problemas de resta?

**Estándares comunes** **Operaciones y pensamiento algebraico—2.OA.A.1** *También 2.NBT.B.5*
**PRÁCTICAS MATEMÁTICAS**
**MP1, MP2, MP4**

Jane y su mamá hicieron 33 títeres para la feria de artesanías. Vendieron 14 títeres. ¿Cuántos títeres les quedan?

## 🔑 Soluciona el problema

**¿Qué debo hallar?**

____cuántos títeres____

les quedan

**¿Qué información debo usar?**

Hicieron _____ títeres.

Vendieron _____ títeres.

**Muestra cómo resolver el problema.**

| | |
|---|---|
| _____ | _____ |

_____

$33 - 14 = \blacksquare$

_____ títeres

🏠 **NOTA A LA FAMILIA** • Su niño usó un modelo de barras y un enunciado numérico para representar el problema. El uso de un modelo de barras muestra lo que se sabe y lo que se necesita para resolver el problema.

© Houghton Mifflin Harcourt Publishing Company

Rotula el modelo de barras. Escribe un enunciado numérico con un ▪ en el lugar del número que falta. Resuelve.

- ¿Qué debo hallar?
- ¿Qué información debo usar?

1. Carlette tenía una caja de 46 palitos planos. Usó 28 palitos planos para hacer un velero. ¿Cuántos palitos planos no se usaron?

_____       _____ palitos planos

2. La clase de Rob hizo 31 tazones de arcilla. La clase de Sarah hizo 15 tazones de arcilla. ¿Cuántos tazones de arcilla más hizo la clase de Rob que la clase de Sarah?

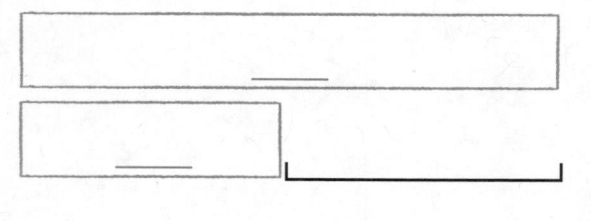

_____       _____ tazones de arcilla más

**Charla matemática**

**Explica** cómo sabes que el Ejercicio 1 es un problema de quitar.

Nombre _____

Rotula el modelo de barras. Escribe un enunciado numérico con un ▪ en el lugar del número que falta. Resuelve.

3. El Sr. Hayes hace 32 marcos de madera. Regala 15 marcos. ¿Cuántos marcos le quedan?

_____ marcos

_____

_____

4. Wesley tiene 21 cintas en una caja. Tiene 15 cintas en la pared. ¿Cuántas cintas más tiene en la caja que en la pared?

_____ cintas **más**

_____

_____

5. **PIENSA MÁS** Jennifer escribió 9 poemas en la escuela y 11 poemas en casa. Escribió 5 poemas más que Nell. ¿Cuántos poemas escribió Nell?

_____ poemas

## Por tu cuenta

ESCRIBE  Matemáticas

6. MÁS AL DETALLE  Hay 70 niños. 28 niños están caminando y 16 están en un picnic. El resto de los niños están jugando fútbol. ¿Cuántos niños están jugando fútbol?

Dibuja un modelo de barras para el problema. Describe cómo muestra tu dibujo el problema. Luego resuelve el problema.

_____

_____

_____

7. PIENSA MÁS  Hay 48 galletas en una bolsa. Los niños comen 25 galletas. ¿Cuántas galletas quedan en la bolsa?

Encierra en un círculo el modelo de barras que puede usarse para resolver el problema.

| 25 | 23 |
|----|----|

48

| 48 | 25 |
|----|----|

73

| 73 | 48 |
|----|----|

25

Escribe un enunciado numérico con un ▨ en el lugar del número que falta. Resuelve.

_____

_____ galletas

**ACTIVIDAD PARA LA CASA** • Pida a su niño que explique cómo resolvió uno de los problemas de esta página.

# Resolución de problemas • La resta

ESTÁNDARES COMUNES—2.0A.A.1
*Representan y resuelven problemas relacionados a la suma y a la resta.*

Estándares comunes

**Rotula el modelo de barras. Escribe un enunciado numérico con un ▮ en lugar del número que falta. Resuelve.**

I. Megan recogió 34 flores. Algunas flores son amarillas y 18 flores son rosadas. ¿Cuántas flores amarillas recogió?

_____ flores amarillas

_____

2. Alex tenía 45 carritos. Puso 26 carritos en una caja. ¿Cuántos carritos no están en la caja?

_____ carritos

_____

3. **ESCRIBE** ▸ **Matemáticas** Explica cómo un modelo de barras se puede usar para mostrar un problema de resta.

_____

_____

_____

_____

## Repaso de la lección (2.OA.A.1)

**1.** Había 39 calabazas en la tienda. Luego se vendieron 17 calabazas. ¿Cuántas calabazas quedan en la tienda?

_____ calabazas

**2.** Había 48 hormigas en una colina. Luego se fueron 13 hormigas. ¿Cuántas hormigas quedaron en la colina?

_____ hormigas

## Repaso en espiral (2.OA.A.1, 2.OA.B.2, 2.NBT.B.5, 2.NBT.B.6)

**3.** Ashley tenía 26 marcadores. Su amiga le dio 17 marcadores más. ¿Cuántos marcadores tiene Ashley ahora?

_____ marcadores

**4.** ¿Cuál es la suma?

$$46 + 24$$

**5.** Escribe una operación de resta que tenga la misma diferencia entre $15 - 7$.

$$10 - \text{\_\_\_\_}$$

**6.** ¿Cuál es la suma?

$$34 + 5 = \text{\_\_\_\_}$$

PRACTICA MÁS CON EL
Entrenador personal
en matemáticas

Nombre _____

# Álgebra • Escribir ecuaciones para representar la resta

**Pregunta esencial** ¿Cómo escribes un enunciado numérico para representar un problema?

Estándares comunes
Operaciones y pensamiento algebraico—2.OA.A.1 *También* 2.NBT.B.5
PRÁCTICAS MATEMÁTICAS
MP1, MP2, MP3, MP4

## Escucha y dibuja En el mundo

Dibuja para mostrar el problema. Escribe un enunciado numérico. Luego resuelve.

_____

**PARA EL MAESTRO** • Lea este problema a los niños. Franco tiene 53 crayones. Da algunos crayones a Courtney. Ahora Franco tiene 38 crayones. ¿Cuántos crayones dio Franco a Courtney?

**Charla matemática**
PRÁCTICAS MATEMÁTICAS 4
**Describe** cómo muestra tu dibujo el problema.

Puedes escribir un enunciado numérico para mostrar un problema.

Liza tiene 65 tarjetas postales. Da 24 tarjetas postales a Wesley. ¿Cuántas tarjetas postales tiene Liza ahora?

$$65 - 24 = \blacksquare$$

**PIENSA:**
65 tarjetas postales
−24 tarjetas postales
41 tarjetas postales

Liza tiene _____ tarjetas postales ahora.

## Comparte y muestra  MATH BOARD

Escribe un enunciado numérico para el problema.
Usa un ▣ en el lugar del número que falta. Luego resuelve.

**1.** Había 32 aves en los árboles. Luego se fueron volando 18 aves. ¿Cuántas aves hay en los árboles ahora?

_____

_____ aves

**2.** Carla leyó 43 páginas de su libro. Joe leyó 32 páginas de su libro. ¿Cuántas páginas más leyó Carla que Joe?

_____

_____ páginas más

Nombre _____

## Por tu cuenta

Escribe un enunciado numérico para el problema.
Usa un ▮ en el lugar del número que falta. Luego resuelve.

**3.** Había 40 hormigas en una roca. Algunas hormigas se desplazaron al césped. Ahora hay 26 hormigas en la roca. ¿Cuántas hormigas se desplazaron al césped?

_____  _____ hormigas

**4.** PIENSA MÁS  Keisha tenía una bolsa de cintas. Sacó 29 cintas de la bolsa. Luego quedaron 17 cintas en la bolsa. ¿Cuántas cintas había en la bolsa al comienzo?

_____  _____ cintas

**5.** MÁS AL DETALLE  Hay 50 abejas en una colmena. Algunas abejas se van volando. Si quedan menos de 20 abejas en la colmena, ¿cuántas abejas pueden haberse ido volando?

_____ abejas

Usa la resta para comprobar tu respuesta.

## Resolución de problemas • Aplicaciones En el mundo

ESCRIBE ⟩ Matemáticas

6. **PRÁCTICA MATEMÁTICA 6** **Haz conexiones**
Brendan hizo esta recta numérica para hallar una diferencia. ¿Qué restaba de 100? Explica tu respuesta.

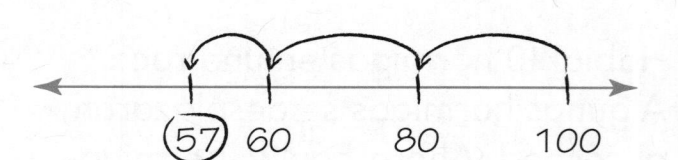

_____

_____

_____

_____

7. **PIENSA MÁS** Hay 52 dibujos en la pared. De estos, 37 son de felinos salvajes y el resto son de aves. ¿Cuántos dibujos son de aves?

Usa los números y los símbolos de las fichas cuadradas para completar el enunciado numérico del problema.

| 15 | 25 | 37 | 52 | − | + | = |

_____

_____ aves

 **ACTIVIDAD PARA LA CASA** • Pida a su niño que explique cómo resolvió un problema de esta lección.

**374** trescientos setenta y cuatro

© Houghton Mifflin Harcourt Publishing Company

Nombre _____

# Álgebra • Escribir ecuaciones para representar la resta

**Estándares comunes**
**ESTÁNDARES COMUNES—2.0A.A.1**
*Representan y resuelven problemas relacionados a la suma y a la resta.*

Escribe un enunciado numérico para el problema. Usa una ▮ en lugar del número que falta. Luego resuelve.

I. 29 niños fueron a la escuela en bicicleta. Después algunos de los niños se fueron a casa y 8 niños se quedaron en la escuela. ¿Cuántos niños fueron a casa en bicicleta?

_____

_____ niños

## Resolución de problemas (En el mundo)

Resuelve. Escribe o dibuja la explicación.

2. Había 21 niños en la biblioteca. Después de que 7 niños se fueron de la biblioteca, ¿cuántos niños se quedaron en la biblioteca?

_____ niños

3. ESCRIBE ▸ Matemáticas Describe maneras diferentes en las que puedes mostrar un problema. Usa uno de los problemas de esta lección como ejemplo.

_____

_____

_____

_____

## Repaso de la lección (2.OA.A.1)

**1.** Cindy tenía 42 cuentas. Usó algunas cuentas para una pulsera. Le quedan 14 cuentas. ¿Cuántas cuentas usó para la pulsera?

_____ cuentas

**2.** Jake tenía 36 tarjetas de béisbol. Le dio 17 tarjetas a su hermana. ¿Cuántas tarjetas de béisbol tiene Jake ahora?

_____ tarjetas

## Repaso en espiral (2.OA.B.2, 2.NBT.B.5)

**3.** ¿Cuál es la suma?

$$6 + 7 = \underline{\quad}$$

**4.** ¿Cuál es la diferencia?

$$16 - 9 = \underline{\quad}$$

**5.** ¿Cuál es la diferencia?

$$
\begin{array}{r}
4\;6 \\
-\;3\;9 \\
\hline
\end{array}
$$

**6.** Escribe una operación de suma que tenga la misma suma que $6 + 8$.

$$10 + \underline{\quad}$$

PRACTICA MÁS CON EL
**Entrenador personal en matemáticas**

Nombre _____

# Resolver problemas de varios pasos

**Pregunta esencial** ¿Cómo decides qué pasos seguir para resolver un problema?

Estándares comunes — Operaciones y pensamiento algebraico—2.OA.A.1
También 2.NBT.B.5
PRÁCTICAS MATEMÁTICAS
MP1, MP2, MP4

Rotula el modelo de barras para mostrar cada problema. Luego resuelve.

_____

**PARA EL MAESTRO** • Lea este primer problema a los niños. Cassie tiene 32 hojas de papel. Da 9 hojas de papel a Jeff. ¿Cuántas hojas de papel tiene Cassie ahora? Después de que los niños resuelvan, lea este segundo problema. Cassie hace 18 dibujos. Jeff hace 16 dibujos. ¿Cuántos dibujos hacen en total?

**Charla matemática**

**PRÁCTICAS MATEMÁTICAS**

**Describe** en qué se diferencian los dos modelos de barras.

© Houghton Mifflin Harcourt Publishing Company

Capítulo 5

trescientos setenta y siete **377**

## Representa y dibuja

Los modelos de barras te ayudan a saber lo que debes para resolver un problema.

Ali tiene 27 sellos. Matt tiene 38 sellos. ¿Cuántos sellos más necesitan para tener 91 sellos en total?

| 27 | 38 |
|----|----|

_____

> Primero, halla cuántos sellos tienen ahora.

Tienen _____ sellos en total.

| | |
|---|---|
| _____ | _____ |

91

> Luego, halla cuántos sellos más necesitan.

Necesitan _____ sellos más.

## Comparte y muestra  MATH BOARD

Completa los modelos de barras con los pasos que sigues para resolver el problema.

> **PIENSA:** ¿Qué debes hallar primero?

✓1. Jen tiene 93 cuentas. Ana tiene 46 cuentas rojas y 29 cuentas azules. ¿Cuántas cuentas más tiene Jen que Ana?

| _____ | _____ |
|---|---|

_____

| _____ |
|---|

| _____ | _____ |
|---|---|

_____ cuentas **más**

## Por tu cuenta

Completa los modelos de barras con los pasos
que sigues para resolver el problema.

**2.** Max tiene 35 tarjetas de colección.
Compra otras 22 tarjetas. Luego
da 14 tarjetas a Rudy. ¿Cuántas
tarjetas tiene Max ahora?

_____ tarjetas

**3.** Drew tiene 32 carritos. Cambia
7 de esos carritos por otros
11 carritos. ¿Cuántos carritos
tiene Drew ahora?

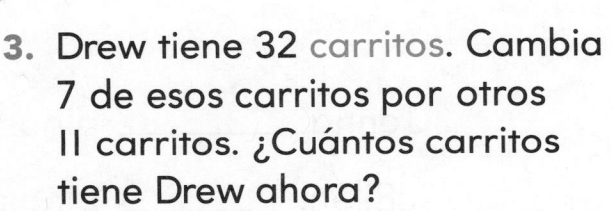

_____ carritos

**4.** Marta y Debbie tienen 17 cintas
cada una. Compran 1 paquete que
contiene 8 cintas. ¿Cuántas cintas
tienen ahora en total?

_____ cintas

## Resolución de problemas • Aplicaciones (En el mundo)

ESCRIBE ) Matemáticas

**5.** PIENSA MÁS  Shelby tenía 32 piedras. Halla otras 33 piedras en el parque y da 28 piedras a George. ¿Cuántas piedras tiene ahora?

_____ piedras

**6.** MÁS AL DETALLE  Benjamin halla 31 piñas en el parque. Juntas, Jenna y Ellen hallan el mismo número de piñas que Benjamin. ¿Cuántas piñas puede haber hallado cada niña?

Jenna: _____ piñas

Ellen: _____ piñas

**7.** PIENSA MÁS  Tanya halla 22 hojas. Maurice halla 5 hojas más que Tanya. ¿Cuántas hojas encuentran en total?

Haz un dibujo o escribe para mostrar cómo resuelves el problema.

_____ hojas

**ACTIVIDAD PARA LA CASA** • Pida a su niño que explique cómo resolvería el Ejercicio 6 si el número 31 se cambiara por 42.

# Resolver problemas de varios pasos

**Estándares comunes** **ESTÁNDARES COMUNES—2.OA.A.1**
*Representan y resuelven problemas relacionados a la suma y a la resta.*

**Completa los modelos de barras con los pasos que sigues para resolver el problema.**

I. Greg tiene 60 bloques. Su hermana le da 17 bloques más. Usa 38 bloques para hacer una torre. ¿Cuántos bloques no usó en la torre?

_____ bloques

## Resolución de problemas *En el mundo*

Resuelve. Escribe o dibuja la explicación.

2. Ava tiene 25 libros. Regala 7 libros. Luego Tom le da 12 libros. ¿Cuántos libros tiene Ava ahora?

_____ libros

3. **ESCRIBE** ) **Matemáticas** Elige uno de los problemas de esta página. Describe cómo decidiste qué pasos tenías que seguir para resolver el problema.

_____

_____

_____

_____

# Repaso de la lección (2.OA.A.1)

**1.** Sara tiene 18 crayones. Max tiene 19 crayones. ¿Cuántos crayones más necesitan para tener 50 crayones en total?

_____ crayones

**2.** Jon tiene 12 monedas de 1¢. Lucy tiene 17 monedas de 1¢. ¿Cuántas monedas de 1¢ más necesitan para tener 75 monedas de 1¢ en total?

_____ monedas

# Repaso en espiral (2.OA.A.1, 2.NBT.B.5, 2.NBT.B.6)

**3.** ¿Cuál es la diferencia?

$$58 - 13 = \underline{\phantom{00}}$$

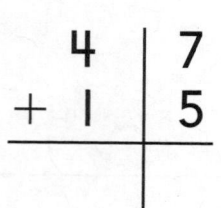

40 41 42 43 44 45 46 47 48 49 **50** 51 52 53 54 55 56 57 58 59 **60**

**4.** ¿Cuál es la suma?

$$\begin{array}{r} 4\;|\;7 \\ +\;1\;|\;5 \\ \hline \end{array}$$

**5.** Hay 26 tarjetas en una caja. Bryan toma 12 tarjetas. ¿Cuántas tarjetas quedan en la caja?

_____ tarjetas

© Houghton Mifflin Harcourt Publishing Company

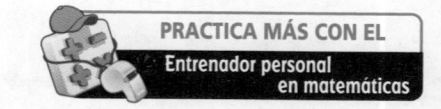

PRACTICA MÁS CON EL
Entrenador personal
en matemáticas

Entrenador personal en matemáticas
Evaluación e
intervención en línea

# ✓ Repaso y prueba del Capítulo 5

**1.** ¿Necesitas reagrupar para restar? Elige Sí o No.

| | | |
|---|---|---|
| **65 − 23** | ○ Sí | ○ No |
| **50 − 14** | ○ Sí | ○ No |
| **37 − 19** | ○ Sí | ○ No |
| **77 − 60** | ○ Sí | ○ No |

**2.** Usa la recta numérica. Cuenta del menor al mayor para hallar la diferencia.

$52 - 48 =$ _____

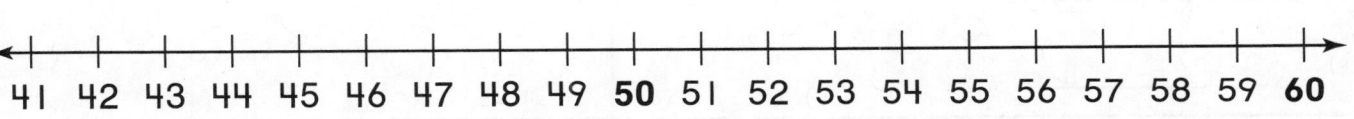

41 42 43 44 45 46 47 48 49 **50** 51 52 53 54 55 56 57 58 59 **60**

**3.** Ed tiene 28 bloques. Sue tiene 34 bloques. ¿Quién tiene más bloques? ¿Cuántos más? Rotula el modelo de barras. Resuelve.

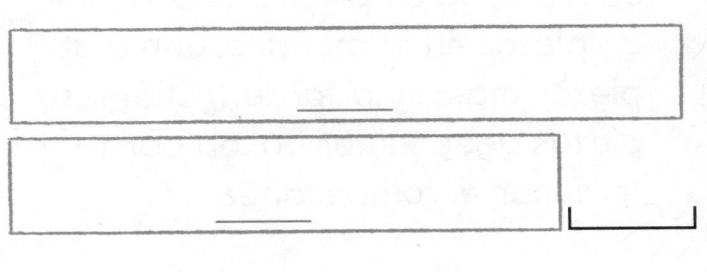

Encierra en un círculo la palabra y el número de cada casilla para que el enunciado sea verdadero.

| Ed | tiene | 6 | bloques más. |
|----|-------|---|--------------|
| Sue | | 16 | |
| | | 52 | |

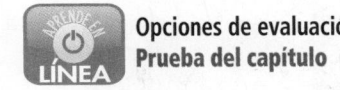

Opciones de evaluación
Prueba del capítulo

**Separa el número que restas. Escribe la diferencia.**

4. 42 − 8 = _____

5. 53 − 16 = _____

6. ¿Cuánto es 33 − 19? Usa los números de las fichas cuadradas para reescribir el problema de resta. Luego halla la diferencia.

| 14 | 19 | 33 | 52 |

_____
−  _____
_____

7. **MÁS AL DETALLE** El rompecabezas de Jacob tiene 84 piezas. Jacob junta 27 piezas en la mañana. Junta 38 piezas más en la tarde. ¿Cuántas piezas debe juntar Jacob para terminar el rompecabezas?

Completa los modelos de barras con los pasos que sigues para resolver el problema.

_____ piezas más

Nombre _____

## Reagrupa si es necesario. Escribe la diferencia.

8.

| Decenas | Unidades |
|---------|----------|
| ☐ | ☐ |
| 5 | 5 |
| − 2 | 8 |
| | |

9.

| Decenas | Unidades |
|---------|----------|
| ☐ | ☐ |
| 3 | 2 |
| − 1 | 2 |
| | |

10. Halla la diferencia.

$$\begin{array}{r} 90 \\ -\ 62 \\ \hline \boxed{\phantom{00}} \end{array}$$

Rellena el círculo que hay al lado de un número
de cada columna para mostrar la diferencia.

| Decenas | Unidades |
|---------|----------|
| ○ 2 | ○ 1 |
| ○ 3 | ○ 2 |
| ○ 5 | ○ 8 |

11. Hay 22 niños en el parque. Cinco niños están en los
columpios. El resto de los niños están jugando a la
pelota. ¿Cuántos niños están jugando a la pelota?

○ 13          ○ 23          ○ 17          ○ 27

© Houghton Mifflin Harcourt Publishing Company

12. **PIENSA MÁS** Resta 27 de 43. Haz un dibujo para mostrar la reagrupación. Rellena el círculo al lado de todas las formas de escribir la diferencia.

○ 1 decena 6 unidades

○ 66

○ 6 decenas 1 unidad

○ 16

13. Jill colecciona sellos. Su álbum de sellos tiene espacio para 64 sellos. Necesita 18 sellos más para llenar el álbum. ¿Cuántos sellos tiene Jill ahora? Escribe un enunciado numérico para el problema.

Usa un ▨ en el lugar del número que falta. Luego resuelve.

_____

Jill tiene _____ sellos.

14. Haz un dibujo rápido para resolver. Escribe la diferencia.

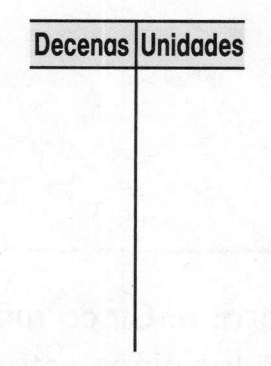

| Decenas | Unidades |
|---------|----------|
| □       | □        |
| 6       | 2        |
| − 2     | 5        |

| Decenas | Unidades |
|---------|----------|
|         |          |

Explica qué hiciste para hallar la diferencia.

_____

_____

# Suma y resta de 3 dígitos

Capítulo **6**

**Piensa** como **matemático**

Las mariposas monarca se posan juntas durante la migración.

Si cuentas 83 mariposas en un árbol y 72 en otro, ¿cuántas mariposas contaste en total?

© Houghton Mifflin Harcourt Publishing Company • Image Credits: (bg) Roy Morsch/CORBIS

## Haz un modelo de la resta de decenas

Escribe la diferencia. (1.NBT.C.6)

**1.**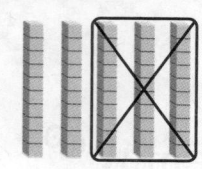

5 decenas — 3 decenas

= _____ decenas

50 — 30 = _____

**2.**

7 decenas — 2 decenas

= _____ decenas

70 — 20 = _____

## Suma de 2 dígitos

Escribe la suma.

**3.**
$$\begin{array}{r} 54 \\ +\ 25 \\ \hline \end{array}$$

**4.**
$$\begin{array}{r} 35 \\ +\ 18 \\ \hline \end{array}$$

**5.**
$$\begin{array}{r} 82 \\ +\ 67 \\ \hline \end{array}$$

**6.**
$$\begin{array}{r} 29 \\ +\ 81 \\ \hline \end{array}$$

## Centenas, decenas y unidades

Escribe las centenas, las decenas y las unidades que se muestran.
Escribe el número. (2.NBT.A.1)

**7.**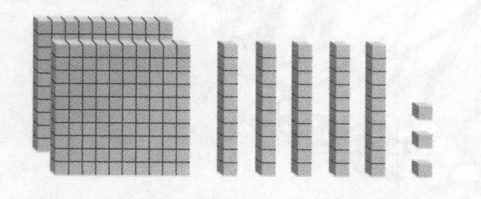

| Centenas | Decenas | Unidades |
|----------|---------|----------|
|          |         |          |

_____

**8.**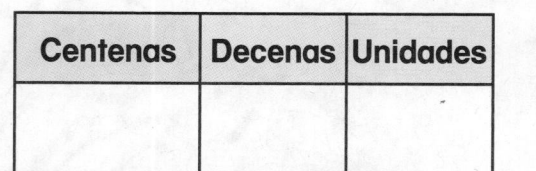

| Centenas | Decenas | Unidades |
|----------|---------|----------|
|          |         |          |

_____

Esta página es para verificar la comprensión de destrezas
importantes que se necesitan para tener éxito en el Capítulo 6.

Nombre _____

**Palabras de repaso**

reagrupar
suma
diferencia
centenas

## Desarrollo del vocabulario

## Visualízalo

Escribe ejemplos de maneras de reagrupar para
completar el organizador gráfico.

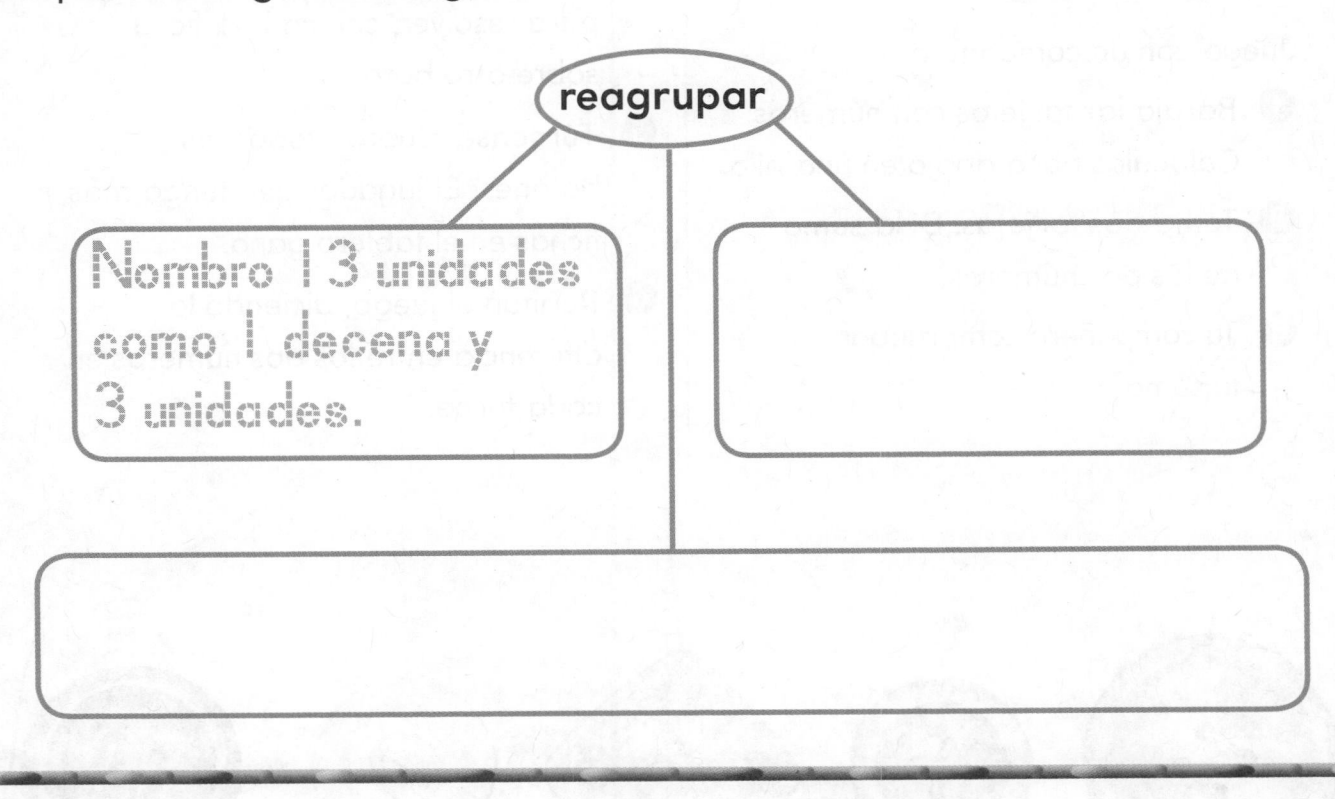

reagrupar

Nombro 13 unidades
como 1 decena y
3 unidades.

## Comprende el vocabulario

1. Escribe un número que tenga un dígito de **centenas**
   que sea mayor que su dígito de decenas.

   _____

2. Escribe un enunciado de suma
   que tenga una **suma** de 20.

   _____

3. Escribe un enunciado de resta
   que tenga una **diferencia** de 10.

   _____

 **Baraja de 2 dígitos**

## Materiales

- tarjetas con números del 10 al 50
- 15 ● • 15 ○

Juega con un compañero.

1. Baraja las tarjetas con números. Colócalas boca abajo en una pila.

2. Toma dos tarjetas. Di la suma de los dos números.

3. Tu compañero comprueba tu suma.

4. Si tu suma es correcto, coloca una ficha sobre un botón. Si reagrupaste para resolver, coloca una ficha sobre otro botón.

5. Túrnense. Cubran todos los botones. El jugador que tenga más fichas en el tablero gana.

6. Repitan el juego, diciendo la diferencia entre los dos números en cada turno.

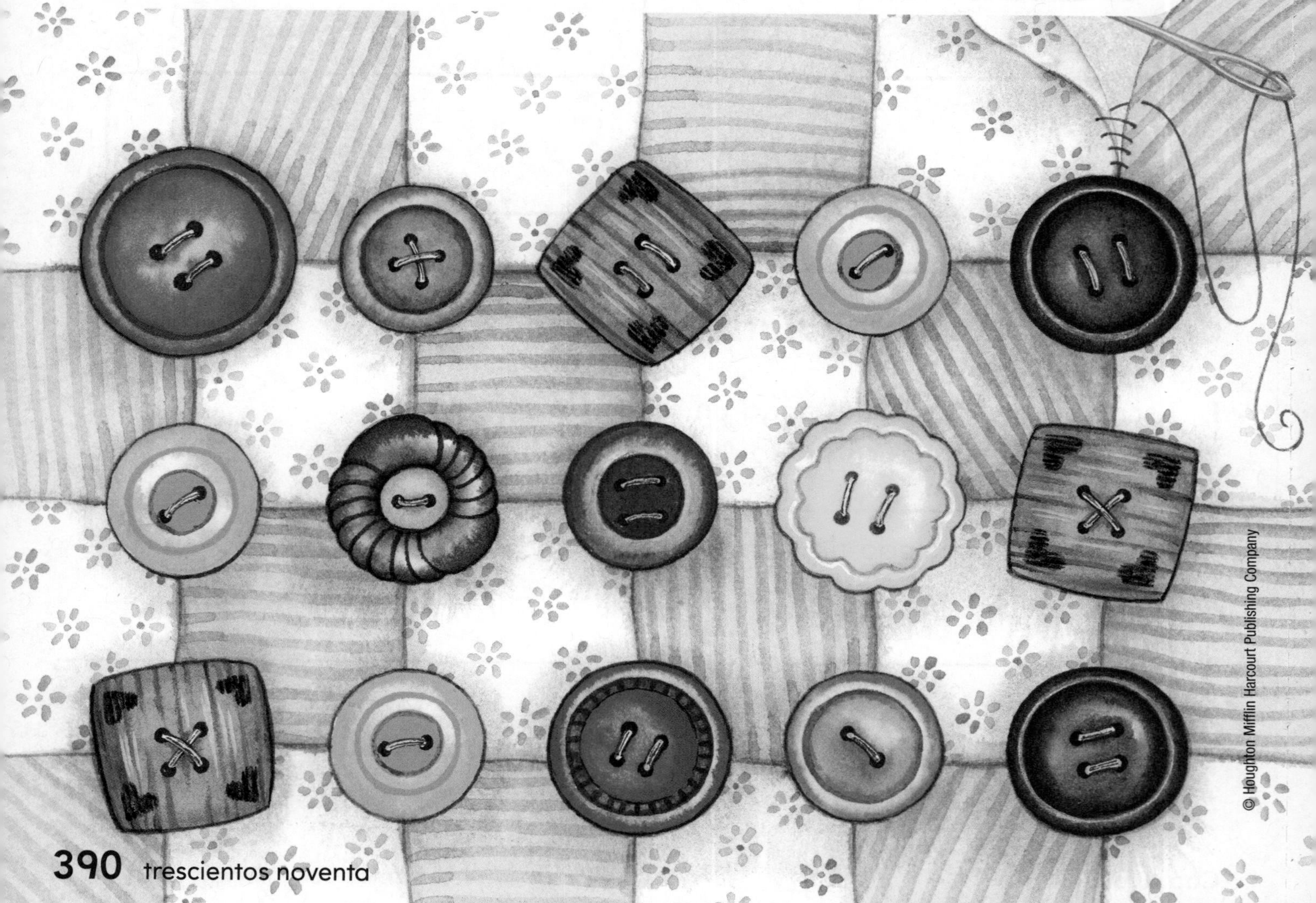

# Vocabulario de Capítulo 6

**centena**

hundred

5

**columna**

column

10

**diferencia**

difference

20

**dígito**

digit

21

**es igual a**

is equal to (=)

25

**reagrupar**

regroup

55

**suma**

sum

59

**sumandos**

addends

60

columna

$$\begin{array}{r} 3\,\boxed{3} \\ 3\,\boxed{4} \\ +\,3\,\boxed{2} \\ \hline \end{array}$$

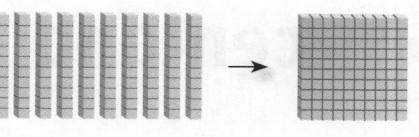
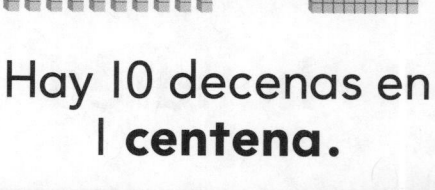

Hay 10 decenas en
1 **centena.**

0, 1, 2, 3, 4, 5, 6, 7, 8
y 9 son dígitos.

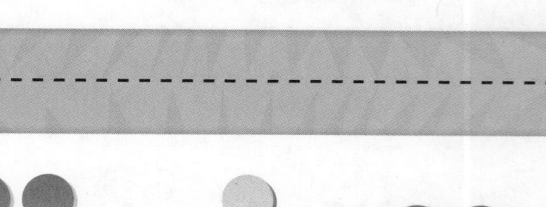

5    —    3    =    2
↑
diferencia

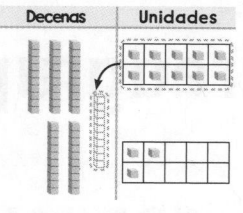

| Decenas | Unidades |
|---|---|

Puedes cambiar 10 unidades por
1 decena y **reagrupar.**

2    más    1    es igual a    3
2    +    1    =    3

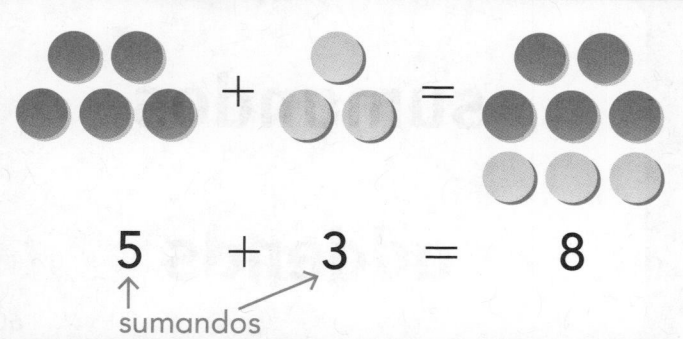

5    +    3    =    8
↑       ↑
sumandos

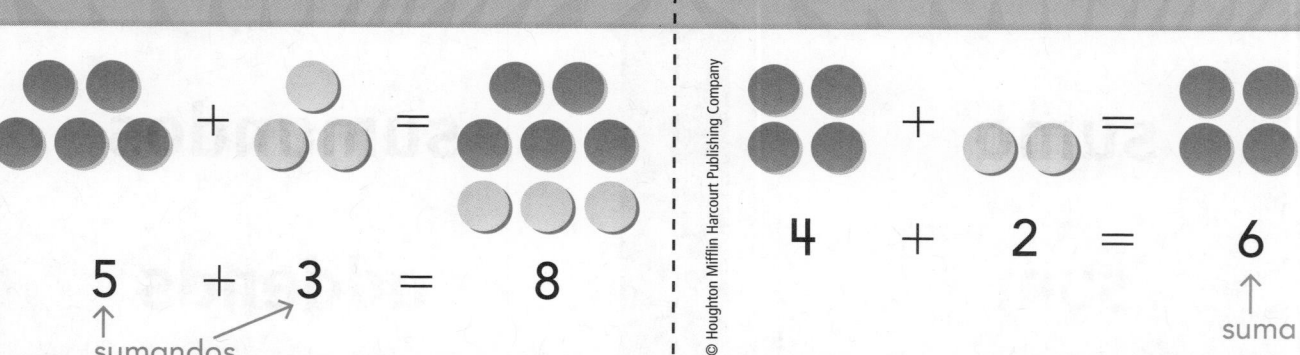

4    +    2    =    6
↑
suma

# ¡Dibújalo!

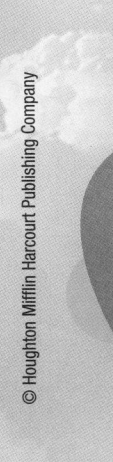
**Recuadro de palabras**

centena
columna
diferencia
dígito
es igual a
reagrupar
suma
sumandos

**Jugadores: 3 a 4**

## Materiales

- cronómetro
- bloc de dibujo

## Instrucciones

1. Túrnense para jugar.

2. Elige una palabra de matemáticas del Recuadro de palabras. No digas la palabra.

3. Fijen el cronómetro en 1 minuto.

4. Hagan dibujos y números para dar pistas de la palabra de matemáticas.

5. El primer jugador que adivina la palabra obtiene 1 punto. Si usa la palabra en una oración, obtiene 1 punto más. El jugador obtiene el siguiente turno.

6. El primer jugador que obtiene 5 puntos es el ganador.

# Escríbelo

**Reflexiona**

**Elige una idea. Escribe acerca de la idea en el espacio de abajo.**

- Di cómo resolver este problema.

$$42 - 25 = \underline{\quad\quad}$$

- Escribe un párrafo en que uses al menos **tres** de estas palabras.

  sumandos    dígito    suma    centena    reagrupar

- Explica algo que sabes acerca de reagrupar.

Nombre _____

# Dibujar para representar la suma de 3 dígitos

**Estándares comunes** Números y operaciones en base diez—2.NBT.B.7
PRÁCTICAS MATEMÁTICAS
MP2, MP5, MP6

**Pregunta esencial** ¿Cómo haces dibujos rápidos para mostrar la suma de números de 3 dígitos?

## Escucha y dibuja En el mundo

Haz dibujos rápidos para representar problema. Luego resuelve.

| Decenas | Unidades |
|---|---|
| | |
| | |
| | _____ páginas |

**Charla matemática**

**PRÁCTICAS MATEMÁTICAS 5**

**Usa herramientas** Explica cómo tus dibujos rápidos muestran el problema.

**PARA EL MAESTRO** • Lea este problema a los niños. Manuel leyó 45 páginas de un libro. Luego leyó 31 páginas más. ¿Cuántas páginas leyó Manuel? Pida a los niños que hagan dibujos rápidos para resolver el problema.

## Representa y dibuja

Suma 234 y 141.

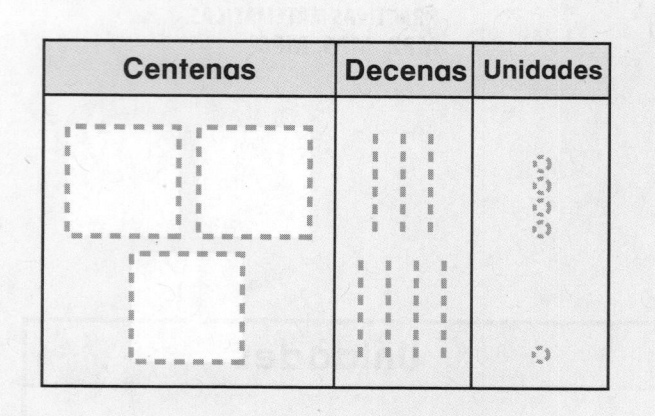

| Centenas | Decenas | Unidades |
|---|---|---|

__3__ centenas __7__ decenas

__5__ unidades

__375__

## Comparte y muestra   MATH BOARD

Haz dibujos rápidos. Escribe cuántas centenas,
decenas y unidades hay en total. Escribe el número.

☑ 1. Suma 125 y 344.

| Centenas | Decenas | Unidades |
|---|---|---|

_____ centenas _____ decenas

_____ unidades

_____

☑ 2. Suma 307 y 251.

| Centenas | Decenas | Unidades |
|---|---|---|

_____ centenas _____ decenas

_____ unidades

_____

## Por tu cuenta

Haz dibujos rápidos. Escribe cuántas centenas, decenas y unidades hay en total. Escribe el número.

**3.** Suma 231 y 218.

| Centenas | Decenas | Unidades |
|---|---|---|
|  |  |  |

_____ centenas _____ decenas

_____ unidades

_____

**4.** Suma 232 y 150.

| Centenas | Decenas | Unidades |
|---|---|---|
|  |  |  |

_____ centenas _____ decenas

_____ unidades

_____

**5.** PIENSA MÁS    Usa los dibujos rápidos para hallar los dos números que se sumaron. Luego escribe cuántas centenas, decenas y unidades hay en total. Escribe el número.

| Centenas | Decenas | Unidades |
|---|---|---|
|  |  |  |

Suma _____ y _____.

_____ centenas _____ decenas

_____ unidades

_____

## Resolución de problemas • Aplicaciones En el mundo

ESCRIBE Matemáticas

6. PRÁCTICA MATEMÁTICA 2 **Representa un problema**

Hay 125 poemas en el libro de Carrie y 143 poemas en el libro de Angie. ¿Cuántos poemas hay en los dos libros en total?

Haz un dibujo rápido para resolver.

_____ poemas

Entrenador personal en matemáticas

7. PIENSA MÁS + Rhys quiere sumar 456 y 131.

Ayuda a Rhys a resolver este problema. Haz dibujos rápidos. Escribe cuántas centenas, decenas y unidades hay en total. Escribe el número.

| Centenas | Decenas | Unidades |
|---|---|---|
| | | |

_____ centenas _____ decenas _____ unidades

_____

**ACTIVIDAD PARA LA CASA** • Escriba 145 + 122.
Pida a su niño que explique cómo puede hacer dibujos rápidos para hallar la suma.

Nombre _____

# Dibujar para representar la suma de 3 dígitos

Estándares comunes

**ESTÁNDARES COMUNES—2.NBT.B.7**
*Utilizan el valor posicional y las propiedades de las operaciones para sumar y restar.*

**Haz dibujos rápidos. Escribe cuántas centenas, decenas y unidades hay en total. Escribe el número.**

I. Suma 142 y 215.

| Centenas | Decenas | Unidades |
|---|---|---|
|  |  |  |

_____ centenas _____ decenas

_____ unidades

_____

## Resolución de problemas En el mundo

Resuelve. Escribe o dibuja para explicar.

2. Un granjero vendió 324 limones y 255 limas. ¿Cuántas frutas vendió el granjero en total?

_____ frutas

3. **ESCRIBE** **Matemáticas** Haz dibujos rápidos y escribe para explicar cómo sumarías 342 y 416.

_____

_____

_____

# Repaso de la lección (2.NBT.B.7)

**1.** La Sra. Carol vendió 346 boletos para niños y 253 boletos para adultos. ¿Cuántos boletos vendió la Sra. Carol en total?

_____ boletos

**2.** El Sr. Harris contó 227 guijarros grises y 341 guijarros blancos. ¿Cuántos guijarros contó el Sr. Harris?

_____ guijarros

# Repaso en espiral (2.OA.C.4, 2.NBT.B.5, 2.NBT.B.6)

**3.** Pat tiene 3 hileras de caracoles. Hay 4 caracoles en cada hilera. ¿Cuántos caracoles tiene Pat en total?

_____ caracoles

**4.** Kara contó 32 bolígrafos rojos, 25 bolígrafos azules, 7 bolígrafos negros y 24 bolígrafos verdes. ¿Cuántos bolígrafos contó Kara en total?

_____ bolígrafos

**5.** Kai tenía 46 bloques. Le dio 39 bloques a su hermana. ¿Cuántos bloques le quedan a Kai?

$46 - 39 = $ _____ bloques

**6.** Una tienda tiene 55 carteles a la venta. Tiene 34 carteles de deportes. El resto son de animales. ¿Cuántos carteles son de animales?

_____ carteles

PRACTICA MÁS CON EL
Entrenador personal
en matemáticas

Nombre _____

# Separar sumandos de 3 dígitos

**Pregunta esencial** ¿Cómo separas sumandos para sumar centenas, decenas y luego unidades?

**Estándares comunes** Números y operaciones en base diez—2.NBT.B.7
PRÁCTICAS MATEMÁTICAS
MP6, MP8

## Escucha y dibuja

Escribe el número. Haz un dibujo rápido del número.
Luego escribe el número de diferentes maneras.

_____

_____ centenas _____ decenas _____ unidades

_____ + _____ + _____

_____

_____ centenas _____ decenas _____ unidades

_____ + _____ + _____

**Charla matemática**

PRÁCTICAS MATEMÁTICAS 6

**Haz conexiones** ¿Qué número puede escribirse como 400 + 20 + 9?

**PARA EL MAESTRO •** Pida a los niños que escriban 258 en el espacio en blanco de la esquina izquierda de la primera casilla. Pida a los niños que hagan un dibujo rápido de este número y luego completen las otras dos formas del número. Repita la actividad con 325.

## Representa y dibuja

Separa los sumandos en centenas, decenas y unidades.
Suma las centenas, las decenas y las unidades.
Luego halla la suma.

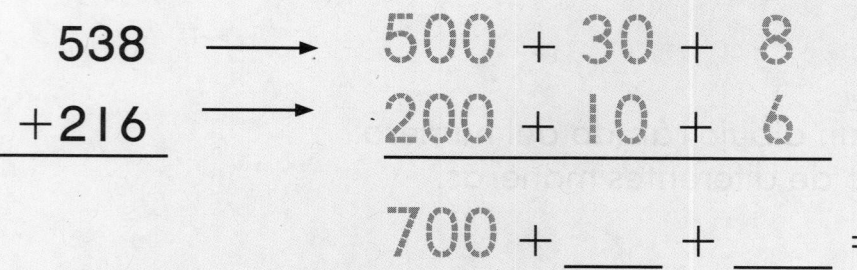

538 $\longrightarrow$ 500 + 30 + 8

+216 $\longrightarrow$ 200 + 10 + 6

700 + ___ + ___ = _____

## Comparte y muestra  MATH BOARD

Separa los sumandos para hallar la suma.

1. 321 $\longrightarrow$ _____ + _____ + _____

   +457 $\longrightarrow$ _____ + _____ + _____

   _____ + _____ + _____ = _____

2. 744 $\longrightarrow$ _____ + _____ + _____

   +162 $\longrightarrow$ _____ + _____ + _____

   _____ + _____ + _____ = _____

3. 254 $\longrightarrow$ _____ + _____ + _____

   +536 $\longrightarrow$ _____ + _____ + _____

   _____ + _____ + _____ = _____

## Por tu cuenta

Separa los sumandos para hallar la suma.

4.   374 ⟶ _____ + _____ + _____

   +518 ⟶ _____ + _____ + _____

             _____ + _____ + _____ = _____

5.   425 ⟶ _____ + _____ + _____

   +232 ⟶ _____ + _____ + _____

             _____ + _____ + _____ = _____

6.   849 ⟶ _____ + _____ + _____

   +123 ⟶ _____ + _____ + _____

             _____ + _____ + _____ = _____

7.   **PIENSA MÁS** El Sr. Jones tiene muchas hojas de papel. Tiene 158 hojas de papel azul, 100 hojas de papel rojo y 231 hojas de papel verde. ¿Cuántas hojas de papel tiene en total?

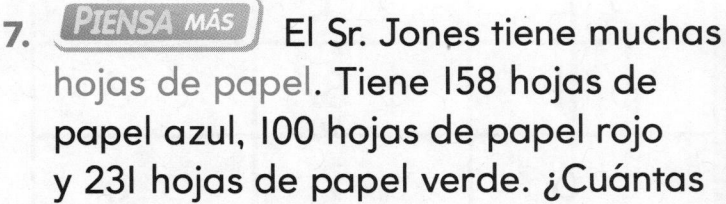

_____ hojas de papel

## Resolución de problemas • Aplicaciones En el mundo

ESCRIBE ) **Matemáticas**

**8.** MÁS AL DETALLE  Wesley sumó de otra manera.

```
  327
+ 468
─────
  700      7 centenas
   80      8 decenas
+  15      15 unidades
─────
  795
```

Usa la manera de Wesley para hallar la suma.

```
  539
+ 247
─────
```

**9.** PIENSA MÁS  Hay 376 niños en una escuela. Hay 316 niños en otra escuela. ¿Cuántos niños hay en las dos escuelas?

$$376 \longrightarrow 300 + 70 + 6$$
$$+ 316 \longrightarrow 300 + 10 + 6$$

Selecciona un número de cada columna para resolver el problema.

| Centenas | Decenas | Unidades |
|----------|---------|----------|
| ○ 2 | ○ 4 | ○ 2 |
| ○ 4 | ○ 8 | ○ 3 |
| ○ 6 | ○ 9 | ○ 6 |

**ACTIVIDAD PARA LA CASA** • Escriba 347 + 215. Pida a su niño que separe los números y luego halle la suma.

# Separar sumandos de 3 dígitos

**Estándares comunes**

**ESTÁNDARES COMUNES—2.NBT.B.7**
*Utilizan el valor posicional y las propiedades de las operaciones para sumar y restar.*

**Separa los sumandos para hallar la suma.**

1.  518 $\longrightarrow$ _____ + _____ + _____

   + 221 $\longrightarrow$ _____ + _____ + _____

   _____ + _____ + _____ = _____

2.  438 $\longrightarrow$ _____ + _____ + _____

   + 142 $\longrightarrow$ _____ + _____ + _____

   _____ + _____ + _____ = _____

## Resolución de problemas En el mundo

Resuelve. Escribe o dibuja para explicar.

3. Hay 126 crayones en un balde. Un maestro pone 144 crayones más en el balde. ¿Cuántos crayones hay en el balde ahora?

   _____ crayones

4. **ESCRIBE** **Matemáticas** Haz dibujos rápidos y escribe para explicar cómo separar sumandos para hallar la suma de 324 + 231.

_____

## Repaso de la lección (2.NBT.B.7)

**1.** ¿Cuál es la suma?

$$\begin{array}{r} 218 \\ + \ 145 \\ \hline \end{array}$$

**2.** ¿Cuál es la suma?

$$\begin{array}{r} 664 \\ + \ 223 \\ \hline \end{array}$$

## Repaso en espiral (2.OA.B.2, 2.NBT.B.5, 2.NBT.B.6, 2.NBT.B.9)

**3.** Ang recogió 19 bayas y Barry recogió 21 bayas. ¿Cuántas bayas recogieron en total?

$19 + 21 =$ _____ bayas

**4.** Escribe una operación de resta relacionada para $9 + 6 = 15$

_____

**5.** Hay 25 peces dorados y 33 peces betas. ¿Cuántos peces hay en total?

$25 + 33 =$ _____ peces

**6.** Resta 16 de 41. Haz un dibujo para mostrar la reagrupación. ¿Cuál es la diferencia?

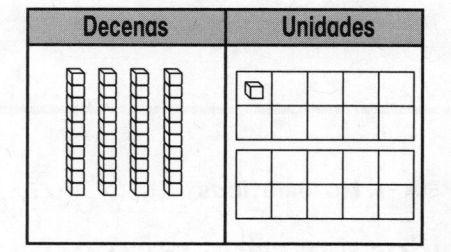

_____

PRACTICA MÁS CON EL
Entrenador personal
en matemáticas

© Houghton Mifflin Harcourt Publishing Company

Nombre _____

# Suma de 3 dígitos: Reagrupar unidades

Estándares comunes

Números y operaciones en base diez—2.NBT.B.7

PRÁCTICAS MATEMÁTICAS
MP4, MP6, MP8

**Pregunta esencial** ¿Cuándo reagrupas unidades en la suma?

## Escucha y dibuja En el mundo  Manos a la obra

Usa [bloques] para hacer un modelo del problema.
Haz dibujos rápidos para mostrar lo que hiciste.

| Centenas | Decenas | Unidades |
|---|---|---|
|  |  |  |

**PARA EL MAESTRO** • Lea el siguiente problema y pida a los niños que hagan un modelo de él con bloques. Había 213 personas en el espectáculo el viernes y 156 personas en el espectáculo el sábado. ¿Cuántas personas hubo en el espectáculo en las dos noches? Pida a los niños que hagan dibujos rápidos para mostrar cómo resolvieron el problema.

**Charla matemática**

**PRÁCTICAS MATEMÁTICAS** 6

**Describe** cómo hiciste un modelo del problema.

Suma las unidades.

$6 + 7 = 13$

| Centenas | Decenas | Unidades |
|----------|---------|----------|
|          | 1       |          |
| 2        | 4       | 6        |
| + 1      | 1       | 7        |
|          |         | 3        |

Reagrupa 13 unidades como 1 decena y 3 unidades.

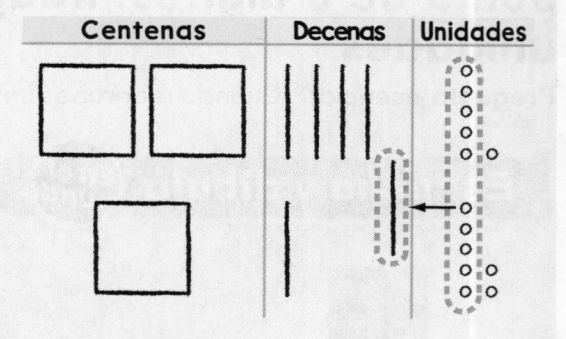

Suma las decenas.

$1 + 4 + 1 = 6$

| Centenas | Decenas | Unidades |
|----------|---------|----------|
|          | 1       |          |
| 2        | 4       | 6        |
| + 1      | 1       | 7        |
|          | 6       | 3        |

Suma las centenas.

$2 + 1 = 3$

| Centenas | Decenas | Unidades |
|----------|---------|----------|
|          | 1       |          |
| 2        | 4       | 6        |
| + 1      | 1       | 7        |
| 3        | 6       | 3        |

## Comparte y muestra  MATH BOARD

Escribe la suma.

1.

| Centenas | Decenas | Unidades |
|----------|---------|----------|
|          |         |          |
| 3        | 2       | 8        |
| + 1      | 3       | 4        |
|          |         |          |

2.

| Centenas | Decenas | Unidades |
|----------|---------|----------|
|          |         |          |
| 4        | 4       | 5        |
| + | 2     | 3        |          |
|          |         |          |

Nombre _____

## Por tu cuenta

Escribe la suma.

**3.**

| Centenas | Decenas | Unidades |
|----------|---------|----------|
|          | ☐       |          |
| 5        | 2       | 6        |
| + 1      | 0       | 3        |
|          |         |          |

**4.**

| Centenas | Decenas | Unidades |
|----------|---------|----------|
|          | ☐       |          |
| 3        | 4       | 8        |
| +        | 1       | 9        |
|          |         |          |

**5.**

| Centenas | Decenas | Unidades |
|----------|---------|----------|
|          | ☐       |          |
| 6        | 2       | 8        |
| + 3      | 4       | 7        |
|          |         |          |

**6.**

| Centenas | Decenas | Unidades |
|----------|---------|----------|
|          | ☐       |          |
| 2        | 3       | 5        |
| + 2      | 5       | 7        |
|          |         |          |

**7.**

| Centenas | Decenas | Unidades |
|----------|---------|----------|
|          | ☐       |          |
| 5        | 6       | 2        |
| + 3      | 2       | 9        |
|          |         |          |

**8.**

| Centenas | Decenas | Unidades |
|----------|---------|----------|
|          | ☐       |          |
| 1        | 4       | 7        |
| + 1      | 2       | 5        |
|          |         |          |

**9.** PIENSA MÁS  El jueves, el zoológico recibió 326 visitantes. El viernes, el zoológico recibió 200 visitantes más que el jueves. ¿Cuántos visitantes recibió el zoológico los dos días en total?

_____ visitantes

## Resolución de problemas • Aplicaciones

ESCRIBE ) Matemáticas

Resuelve. Escribe o dibuja para explicar.

10. **PRÁCTICA MATEMÁTICA 4 Representa con matemáticas** La tienda de regalos está a 140 pasos de la entrada del zoológico. La parada del tren está a 235 pasos de la tienda de regalos. ¿Cuántos pasos hay en total?

_____ pasos

11. **PIENSA MÁS** La clase de Katina usó 249 adornos para decorar su tablero de anuncios. La clase de Gunter usó 318 adornos. ¿Cuántos adornos usaron las dos clases en total?

_____ adornos

¿Tuviste que reagrupar para resolver? Explica.

 **ACTIVIDAD PARA LA CASA** • Pida a su niño que explique por qué solo reagrupó en algunos de los problemas de la lección.

# Suma de 3 dígitos: Reagrupar unidades

Estándares comunes

**ESTÁNDARES COMUNES—2.NBT.B.7**
*Utilizan el valor posicional y las propiedades de las operaciones para sumar y restar.*

## Escribe la suma.

**1.**

| Centenas | Decenas | Unidades |
|----------|---------|----------|
|          | □       |          |
| 1        | 4       | 8        |
| + 2      | 3       | 4        |

**2.**

| Centenas | Decenas | Unidades |
|----------|---------|----------|
|          | □       |          |
| 3        | 2       | 1        |
| + 3      | 1       | 8        |

**3.**

| Centenas | Decenas | Unidades |
|----------|---------|----------|
|          | □       |          |
| 4        | 1       | 4        |
| + 1      | 7       | 9        |

**4.**

| Centenas | Decenas | Unidades |
|----------|---------|----------|
|          | □       |          |
| 6        | 0       | 2        |
| + 2      | 5       | 8        |

## Resolución de problemas En el mundo

Resuelve. Escribe o dibuja para explicar.

**5.** Hay 258 margaritas amarillas y 135 margaritas blancas en el jardín.
¿Cuántas margaritas hay en el jardín en total? _____ margaritas

**6.** ESCRIBE ▶ Matemáticas Halla la suma de 136 + 212. ¿Reagrupaste?
Explica por qué sí o por qué no.

_____

# Repaso de la lección (2.NBT.B.7)

**1.** ¿Cuál es la suma?

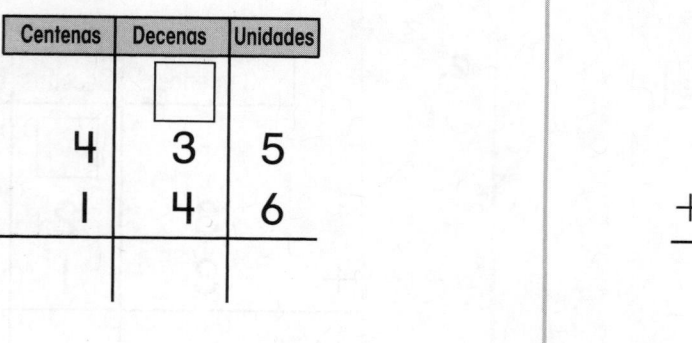

| Centenas | Decenas | Unidades |
|----------|---------|----------|
|          | □       |          |
| 4        | 3       | 5        |
| + 1      | 4       | 6        |

**2.** ¿Cuál es la suma?

| Centenas | Decenas | Unidades |
|----------|---------|----------|
|          | □       |          |
| 4        | 3       | 6        |
| + 3      | 0       | 6        |

# Repaso en espiral (2.OA.B.2, 2.NBT.B.5, 2.NBT.B.6, 2.NBT.B.7)

**3.** ¿Cuál es la diferencia?

$$9 - 4 = \underline{\phantom{000}}$$

**4.** ¿Cuál es la suma?

$$\begin{array}{r} 82 \\ + 59 \\ \hline \end{array}$$

**5.** ¿Cuál es la suma?

$$26 + 7 = \underline{\phantom{000}}$$

**6.** Suma 243 y 132. ¿Cuántas centenas, decenas y unidades hay en total?

\_\_\_\_ centenas \_\_\_\_ decenas

\_\_\_\_ unidades

© Houghton Mifflin Harcourt Publishing Company

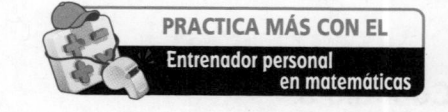

PRACTICA MÁS CON EL
**Entrenador personal**
en matemáticas

Nombre _____

# Suma de 3 dígitos:
# Reagrupar decenas

**Pregunta esencial** ¿Cuándo reagrupas decenas en la suma?

(Estándares comunes) **Números y operaciones en base diez—2.NBT.B.7**
**PRÁCTICAS MATEMÁTICAS**
**MP6, MP8**

Usa ▨ ▬ para hacer un modelo del problema.
Haz dibujos rápidos para mostrar lo que hiciste.

| Centenas | Decenas | Unidades |
|---|---|---|
| | | |

**Charla matemática**  **PRÁCTICAS MATEMÁTICAS** 6

**PARA EL MAESTRO** • Lea el siguiente problema y pida a los niños que usen bloques para hacer un modelo del problema. El lunes visitaron el zoológico 253 niños. El martes visitaron el zoológico 324 niños. ¿Cuántos niños visitaron el zoológico esos dos días? Pida a los niños que hagan dibujos rápidos para mostrar cómo resolvieron el problema.

**Explica** cómo muestran tus dibujos rápidos lo que sucedió en el problema.

Suma las unidades.

$2 + 5 = 7$

| Centenas | Decenas | Unidades |
|:---:|:---:|:---:|
| ☐ | ☐ | |
| 1 | 4 | 2 |
| + 2 | 8 | 5 |
| | | 7 |

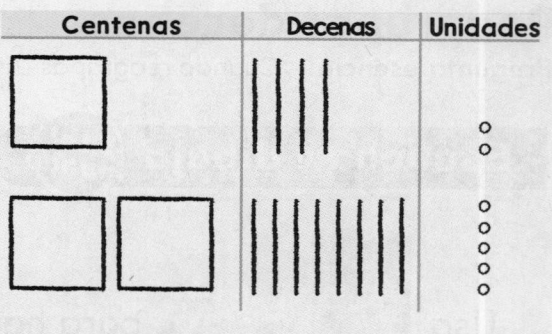

---

Suma las decenas.

$4 + 8 = 12$

Reagrupa 12 decenas como 1 centena y 2 decenas.

| Centenas | Decenas | Unidades |
|:---:|:---:|:---:|
| ☐ | ☐ | |
| 1 | 4 | 2 |
| + 2 | 8 | 5 |
| | 2 | 7 |

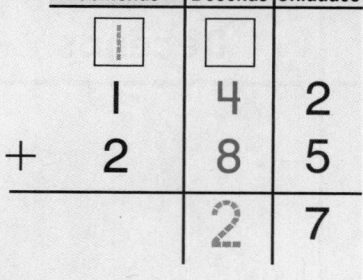

---

Suma las centenas.

$1 + 1 + 2 = 4$

| Centenas | Decenas | Unidades |
|:---:|:---:|:---:|
| 1 | ☐ | |
| 1 | 4 | 2 |
| + 2 | 8 | 5 |
| 4 | 2 | 7 |

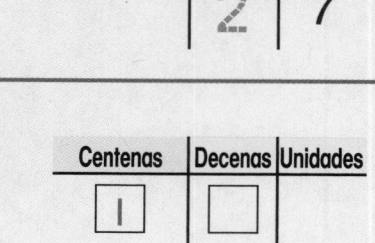

---

## Comparte y muestra

MATH BOARD

Escribe la suma.

**1.**

| Centenas | Decenas | Unidades |
|:---:|:---:|:---:|
| ☐ | ☐ | |
| 3 | 4 | 7 |
| + 2 | 9 | 1 |
| | | |

**2.**

| Centenas | Decenas | Unidades |
|:---:|:---:|:---:|
| ☐ | ☐ | |
| 1 | 6 | 5 |
| + 3 | 5 | 4 |
| | | |

**3.**

| Centenas | Decenas | Unidades |
|:---:|:---:|:---:|
| ☐ | ☐ | |
| 5 | 3 | 8 |
| + 1 | 4 | 0 |
| | | |

## Por tu cuenta

Escribe la suma.

**4.**

| Centenas | Decenas | Unidades |
|---|---|---|
| ☐ | ☐ | |
| 1 | 5 | 6 |
| + | 4 | 2 |
| | | |

**5.**

| Centenas | Decenas | Unidades |
|---|---|---|
| ☐ | ☐ | |
| 7 | 6 | 4 |
| + 1 | 5 | 3 |
| | | |

**6.**

| Centenas | Decenas | Unidades |
|---|---|---|
| ☐ | ☐ | |
| 3 | 7 | 2 |
| + 1 | 8 | 5 |
| | | |

**7.**

| | | |
|---|---|---|
| 2 | 2 | 4 |
| + 1 | 5 | 7 |
| | | |

**8.**

| | | |
|---|---|---|
| 3 | 1 | 4 |
| + 4 | 3 | 5 |
| | | |

**9.**

| | | |
|---|---|---|
| 7 | 5 | 3 |
| + 1 | 5 | 2 |
| | | |

**10.** _MÁS AL DETALLE_ En un juego de bolos Jack anotó
116 puntos y 124 puntos. Hal anotó 128 puntos
y 134 puntos. ¿Quién anotó más puntos?
¿Cuántos puntos más se anotaron?

_____ _____ puntos más

**PRÁCTICA MATEMÁTICA 6** Presta atención a la precisión
Reescribe los números. Luego suma.

**11.** 760 + 178

+ _____

**12.** 216 + 346

+ _____

**13.** 423 + 285

+ _____

## Resolución de problemas • Aplicaciones (En el mundo)

ESCRIBE Matemáticas

**14.** PIENSA MÁS Estas listas muestran las frutas que se vendieron. ¿Cuántas frutas vendió el Sr. Olson?

| Sr. Olson | Sr. Luis |
|---|---|
| 257 manzanas | 314 peras |
| 281 ciruelas | 229 duraznos |

_____ frutas

**15.** MÁS AL DETALLE ¿Quién vendió más frutas?

_____

¿Cuántas más?

_____ frutas más

**16.** PIENSA MÁS En el teatro del parque de la ciudad, asistieron 152 personas a la representación de la mañana. Otras 167 personas fueron a la representación por la tarde.

¿Cuántas personas en total vieron las dos representaciones?

_____ personas

Rellena el círculo al lado de cada enunciado verdadero acerca de la forma de resolver el problema.

○ Debes reagrupar las decenas como 1 decena y 9 unidades.

○ Debes reagrupar las decenas como 1 centena y 1 decena.

○ Debes sumar 2 unidades + 7 unidades.

○ Debes sumar 1 centena + 1 centena + 1 centena.

**ACTIVIDAD PARA LA CASA** • Pida a su niño que elija una nueva combinación de frutas de esta página y halle el número total de frutas de los dos tipos.

Nombre _____

# Suma de 3 dígitos: Reagrupar decenas

**Estándares comunes** ESTÁNDARES COMUNES—2.NBT.B.7
Utilizan el valor posicional y las propiedades de las operaciones para sumar y restar.

## Escribe la suma.

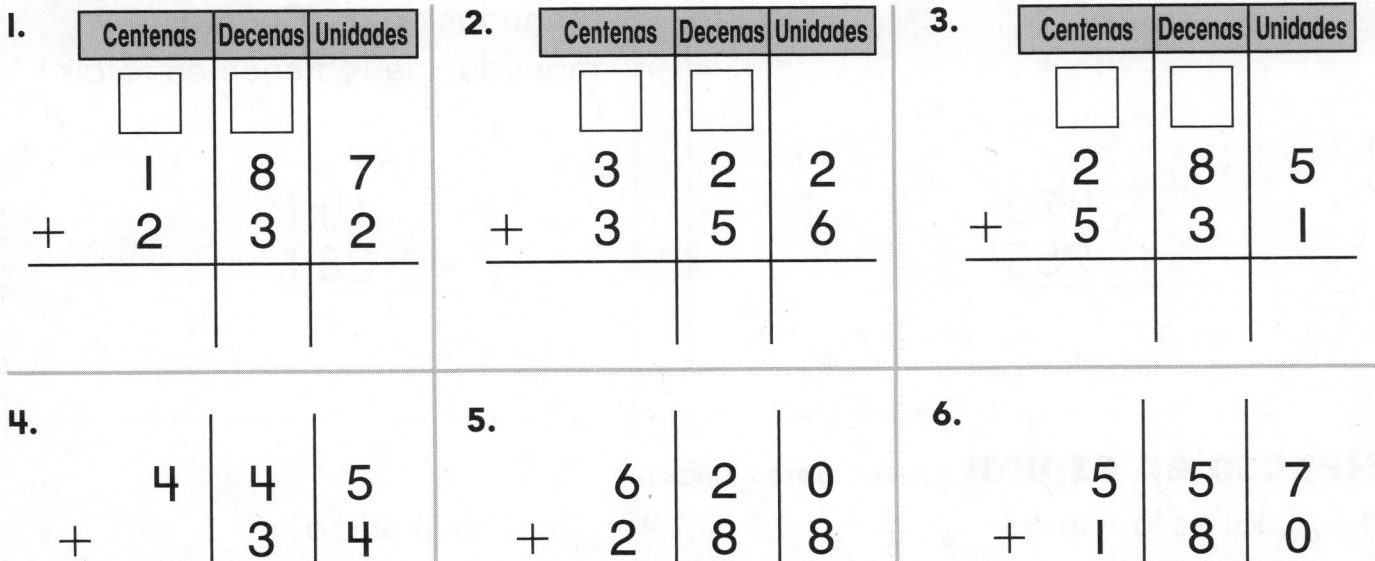

**1.**

| Centenas | Decenas | Unidades |
|----------|---------|----------|
| ☐ | ☐ | |
| 1 | 8 | 7 |
| + 2 | 3 | 2 |

**2.**

| Centenas | Decenas | Unidades |
|----------|---------|----------|
| ☐ | ☐ | |
| 3 | 2 | 2 |
| + 3 | 5 | 6 |

**3.**

| Centenas | Decenas | Unidades |
|----------|---------|----------|
| ☐ | ☐ | |
| 2 | 8 | 5 |
| + 5 | 3 | 1 |

**4.**

|   |   |   |
|---|---|---|
| 4 | 4 | 5 |
| + | 3 | 4 |

**5.**

|   |   |   |
|---|---|---|
| 6 | 2 | 0 |
| + 2 | 8 | 8 |

**6.**

|   |   |   |
|---|---|---|
| 5 | 5 | 7 |
| + 1 | 8 | 0 |

## Resolución de problemas En el mundo

Resuelve. Escribe o dibuja para explicar.

**7.** Hay 142 carritos azules y
293 carritos rojos en la juguetería.
¿Cuántos carritos hay en total?

_____ carritos

**8.** **ESCRIBE** **Matemáticas** Halla la suma
de 362 + 265. ¿Reagrupaste?
Explica por qué o por qué no.

_____

_____

# Repaso de la lección (2.NBT.B.7)

**1.** ¿Cuál es la suma?

$$\begin{array}{r} 472 \\ + 255 \\ \hline \end{array}$$

**2.** Annika tiene 144 monedas de 1¢ y Yahola tiene 284 monedas de 1¢ ¿Cuántas monedas de 1¢ tienen en total?

$$\begin{array}{r} 144 \\ + 284 \\ \hline \end{array}$$

# Repaso en espiral (2.OA.B.2, 2.NBT.B.5, 2.NBT.B.7)

**3.** ¿Cuál es la suma?

$$\begin{array}{r} 56 \\ + 38 \\ \hline \end{array}$$

**4.** ¿Cuál es la suma?

$$\begin{array}{r} 326 \\ + 139 \\ \hline \end{array}$$

**5.** Francis tiene 8 carritos, luego su hermano le da otros 9 carritos más. ¿Cuántos carritos tiene Francis ahora?

$8 + 9 =$ _____ carritos

**6.** ¿Cuál es la diferencia?

$$\begin{array}{r} 82 \\ - 34 \\ \hline \end{array}$$

PRACTICA MÁS CON EL
Entrenador personal
en matemáticas

Nombre _____

# Suma: Reagrupar unidades y decenas

**Pregunta esencial** ¿Cómo sabes cuándo reagrupar en la suma?

**Estándares comunes** Números y operaciones en base diez—2.NBT.B.7 *También 2.NBT.B.9*
**PRÁCTICAS MATEMÁTICAS**
MP1, MP6, MP8

## Escucha y dibuja En el mundo

Usa el cálculo mental. Escribe la suma para cada problema.

$$\begin{array}{r} 40 \\ + 20 \\ \hline \end{array} \qquad \begin{array}{r} 200 \\ + 700 \\ \hline \end{array} \qquad \begin{array}{r} 70 \\ + 30 \\ \hline \end{array} \qquad \begin{array}{r} 500 \\ + 300 \\ \hline \end{array}$$

$10 + 30 + 40 =$ _____

$100 + 400 + 200 =$ _____

$10 + 50 + 40 =$ _____

$600 + 300 =$ _____

**PARA EL MAESTRO •** Anime a los niños a resolver estos problemas de suma con rapidez. Es posible que primero deba comentar los problemas con los niños, indicándoles que cada uno consiste en sumar decenas o sumar centenas.

**Charla matemática**

**PRÁCTICAS MATEMÁTICAS**

**Analiza** ¿Te resultaron algunos de los problemas más fáciles de resolver que otros? Explica.

## Representa y dibuja

A veces reagruparás más de una vez en los problemas de suma.

$$\begin{array}{r} \overset{1\ 1}{2\ 5\ 9} \\ +\ 4\ 7\ 6 \\ \hline 7\ 3\ 5 \end{array}$$

> 9 unidades + 6 unidades = 15 unidades, o 1 decena y 5 unidades

> 1 decena + 5 decenas + 7 decenas = 13 decenas o 1 centena y 3 decenas

> 1 centena + 2 centenas + 4 centenas = 7 centenas

**PIENSA:**
¿Hay 10 o más unidades?
¿Hay 10 o más decenas?

## Comparte y muestra

Escribe la suma.

**1.**
$$\begin{array}{r} 1\ 8\ 4 \\ +\ 3\ 2\ 9 \\ \hline \end{array}$$

**2.**
$$\begin{array}{r} 5\ 4\ 6 \\ +\ 2\ 7\ 8 \\ \hline \end{array}$$

**3.**
$$\begin{array}{r} 3\ 2\ 7 \\ +\ 3\ 5\ 3 \\ \hline \end{array}$$

**4.**
$$\begin{array}{r} 2\ 3\ 4 \\ +\ 1\ 5\ 2 \\ \hline \end{array}$$

**⌾ 5.**
$$\begin{array}{r} 3\ 7\ 5 \\ +\ 2\ 7\ 2 \\ \hline \end{array}$$

**⌾ 6.**
$$\begin{array}{r} 1\ 8\ 9 \\ +\ 6\ 2\ 3 \\ \hline \end{array}$$

Nombre _____

## Por tu cuenta

Escribe la suma.

**7.**
```
   5 7 4
 + 2 8 1
 -------
```

**8.**
```
   4 1 6
 + 4 8 3
 -------
```

**9.**
```
   3 4 6
 + 5 9 7
 -------
```

**10.**
```
   3 6 5
 + 2 8 3
 -------
```

**11.**
```
   6 4 7
 + 1 0 9
 -------
```

**12.**
```
   5 4 6
 + 3 5 6
 -------
```

**13.**
```
   3 4 8
 + 6 3 1
 -------
```

**14.**
```
   4 5 5
 + 1 3 9
 -------
```

**15.**
```
   5 6 3
 + 2 4 5
 -------
```

**16.** PIENSA MÁS    Miko escribió estos problemas.
¿Qué dígitos faltan?

```
   ▢ ▢ 6
 + 4 5 ▢
 -------
   6 9 0
```

```
   6 ▢ 7
 + 2 3 ▢
 -------
   ▢ 6 2
```

**Matemáticas al instante**

© Houghton Mifflin Harcourt Publishing Company

🏠 **ACTIVIDAD PARA LA CASA** • Pida a su niño que explique cómo resolver 236 + 484.

Nombre _____

## ✓ Revisión de la mitad del capítulo

### Conceptos y destrezas

Separa los sumandos para hallar la suma. (2.NBT.B.7)

1.  567 ⟶ _____ + _____ + _____

    +324 ⟶ _____ + _____ + _____
    _____

    _____ + _____ + _____ = _____

---

Escribe la suma. (2.NBT.B.7)

2.
```
  2 4 8
+ 3 4 6
_____
```

3.
```
  6 3 7
+ 2 6 4
_____
```

4.
```
  3 9 1
+ 5 3 7
_____
```

5. PIENSA MÁS  Hay 148 dólares de arena
pequeños y 119 dólares de arena grandes
en la playa. ¿Cuántos dólares de arena
hay en total en la playa? (2.NBT.B.7)

_____ dólares de arena

# Suma: Reagrupar unidades y decenas

**Estándares comunes**

**ESTÁNDARES COMUNES 2.NBT.B.7**
Utilizan el valor posicional y las propiedades de las operaciones para sumar y restar.

**Escribe la suma.**

1.
```
  5 4 7
+ 4 3 5
```

2.
```
  3 6 7
+ 2 8 4
```

3.
```
  4 8 5
+ 4 5 6
```

4.
```
  1 8 7
+ 3 0 6
```

5.
```
  6 4 7
+ 1 2 8
```

6.
```
  5 2 3
+ 1 7 4
```

## Resolución de problemas (En el mundo)

Resuelve. Escribe o dibuja para explicar.

7. Saúl y Luisa anotaron 167 puntos cada uno en un juego de computadora. ¿Cuántos puntos anotaron en total?

_____ puntos

8. **ESCRIBE** ) **Matemáticas** Escribe la suma para 275 más 249 y halla la suma. Luego haz dibujos rápidos para comprobar tu trabajo.

_____

## Repaso de la lección (2.NBT.B.7)

**1.** ¿Cuál es la suma?

$$\begin{array}{r} 348 \\ + \ 272 \\ \hline \end{array}$$

**2.** ¿Cuál es la suma?

$$\begin{array}{r} 123 \\ + \ 217 \\ \hline \end{array}$$

## Repaso en espiral (2.OA.A.1, 2.OA.B.2, 2.NBT.B.6, 2.NBT.B.9)

**3.** Escribe una operación de suma que tenga el mismo total que 9 + 4.

10 + _____

**4.** ¿Cuál es la suma?

$$\begin{array}{r} 32 \\ 15 \\ + \ 46 \\ \hline \end{array}$$

**5.** Suma 29 y 35. Dibuja para mostrar la reagrupación. ¿Cuál es la suma?

| Decenas | Unidades |
|---|---|

_____

**6.** Tom tenía 25 pretzels. Regaló 12 pretzels. ¿Cuántos pretzels le quedan a Tom?

25 − 12 = _____ pretzels

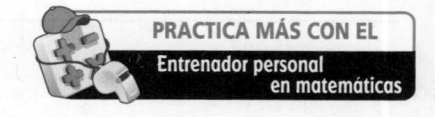

PRACTICA MÁS CON EL
**Entrenador personal en matemáticas**

Nombre _____

# Resolución de problemas • Resta de 3 dígitos

**Pregunta esencial** ¿Cómo puede ayudar un modelo cuando se resuelven problemas de resta?

**Estándares comunes** Números y operaciones en base diez—2.NBT.B.7

**PRÁCTICAS MATEMÁTICAS**
MP1, MP4, MP6

Había 436 personas en la exhibición de arte. De ellas, 219 se fueron a casa. ¿Cuántas personas se quedaron en la exhibición de arte?

## Soluciona el problema *En el mundo* · *Manos a la obra*

### ¿Qué debo hallar?

cuántas personas
_____
se quedaron en la exhibición de arte

### ¿Qué información debo usar?

Había _____ personas en la exhibición de arte.

Luego, _____ personas se fueron a casa.

### Muestra cómo resolver el problema.

Haz un modelo. Luego haz un dibujo rápido de tu modelo.

_____ personas

**NOTA A LA FAMILIA** • Su niño hizo un modelo y un dibujo rápido para representar y resolver un problema de resta.

Haz un modelo para resolver. Luego haz un dibujo rápido de tu modelo.

- ¿Qué debo hallar?
- ¿Qué información debo usar?

1. Hay 532 obras de arte en la exhibición. De ellas, 319 obras de arte son pinturas. ¿Cuántas obras de arte no son pinturas?

_____ obras de arte

2. 245 niños van al evento de pintar caras. De ellos, 114 son niños. ¿Cuántas son niñas?

_____ niñas

**Charla matemática**

PRÁCTICAS MATEMÁTICAS 6

**Explica** cómo resolviste el primer problema de esta página.

© Houghton Mifflin Harcourt Publishing Company

## Comparte y muestra  MATH BOARD

Haz un modelo para resolver. Luego haz un dibujo rápido de tu modelo.

☑ 3. Había 237 libros en la mesa. La señorita Jackson quitó 126 libros de la mesa. ¿Cuántos libros quedaron en la mesa?

_____ libros

☑ 4. Había 232 tarjetas postales en la mesa. Los niños usaron 118 tarjetas postales. ¿Cuántas tarjetas postales no se usaron?

_____ tarjetas postales

5. PIENSA MÁS  En la mañana, 164 niños y 31 adultos vieron la película. En la tarde, 125 niños vieron la película. ¿Cuántos niños menos vieron la película en la tarde que en la mañana?

_____ niños menos

## Por tu cuenta

PRÁCTICA
MATEMÁTICA ❶    **Comprende los problemas**

**6.** Había algunas uvas en un tazón. Los amigos de Clancy comieron 24 uvas. Quedaron 175 uvas en el tazón. ¿Cuántas uvas había antes en el tazón?

_____ uvas

**7.** PIENSA MÁS    En la escuela de Gregory, hay 547 niños y niñas. Hay 246 niños. ¿Cuántas niñas hay?

Haz un dibujo rápido para resolver.

Encierra en un círculo el número válido para que el enunciado sea verdadero.

Hay
| 201 |
| 301 | niñas.
| 793 |

ACTIVIDAD PARA LA CASA • Pida a su niño que elija un problema de esta lección y lo resuelva de otra manera.

© Houghton Mifflin Harcourt Publishing Company

# Resolución de problemas • Resta de 3 dígitos

**ESTÁNDARES COMUNES—2.NBT.B.7**
*Utilizan el valor posicional y las propiedades de las operaciones para sumar y restar.*

Estándares comunes

## Haz un modelo para resolver. Luego haz un dibujo rápido de tu modelo.

**1.** El sábado fueron 770 personas al puesto de bocadillos. El domingo fueron 628 personas. ¿Cuántas personas más fueron al puesto de bocadillos el sábado que el domingo?

_____ personas más

**2.** Había 395 vasos de helado de limón en el puesto de bocadillos. Se vendieron 177 vasos de helado de limón. ¿Cuántos vasos de helado de limón quedan en el puesto?

_____ vasos

**3.** Había 576 botellas de agua en el puesto de bocadillos. Se vendieron 469 botellas de agua. ¿Cuántas botellas de agua hay en el puesto ahora?

_____ botellas

**4.** ESCRIBE Matemáticas Haz dibujos rápidos para mostrar cómo restar 314 de 546.

## Repaso de la lección (2.NBT.B.7)

**I.** Hay 278 libros de matemáticas y ciencias. De ellos, 128 son libros de matemáticas. ¿Cuántos libros de ciencias hay?

_____ libros

**2.** Un libro tiene 176 páginas. El Sr. Roberts leyó 119 páginas. ¿Cuántas páginas le quedan por leer?

_____ páginas

## Repaso en espiral (2.OA.B.2, 2.NBT.B.5, 2.NBT.B.6, 2.NBT.B.7)

**3.** ¿Cuál es la suma?

$$1 + 6 + 2 = \underline{\quad}$$

**4.** ¿Cuál es la diferencia?

$$54 - 8 = \underline{\quad}$$

**5.** ¿Cuál es la suma?

$$\begin{array}{r} 356 \\ + \ 174 \\ \hline \end{array}$$

**6.** ¿Cuál es la suma?

$$\begin{array}{r} 22 \\ + \ 16 \\ \hline \end{array}$$

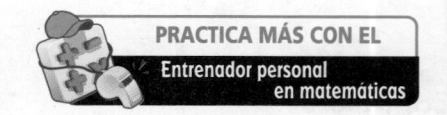
PRACTICA MÁS CON EL
Entrenador personal
en matemáticas

Nombre _____

# Resta de 3 dígitos: Reagrupar decenas

**Pregunta esencial** ¿Cuándo reagrupas decenas en la resta?

**Estándares comunes** Números y operaciones en base diez—2.NBT.B.7
PRÁCTICAS MATEMÁTICAS
MP1, MP6, MP8

## Escucha y dibuja En el mundo   Manos a la obra

Usa [bloque] [barra] para hacer un modelo del problema.
Haz un dibujo rápido para mostrar lo que hiciste.

| Centenas | Decenas | Unidades |
|---|---|---|
|  |  |  |

**PARA EL MAESTRO** • Lea el siguiente problema y pida a los niños que usen bloques para hacer un modelo del problema. 473 personas fueron al partido de fútbol americano. Al final del partido todavía quedaban 146 personas. ¿Cuántas personas se fueron antes de que terminara el partido? Pida a los niños que hagan dibujos rápidos de su modelo.

**Charla matemática** PRÁCTICAS MATEMÁTICAS

**Describe** qué hacer cuando no hay suficientes unidades de donde restar.

354 − 137 = ?

¿Hay suficientes
unidades para
restar 7?

sí    ( no )

Reagrupa 1 decena
como 10 unidades.

| Centenas | Decenas | Unidades |
|----------|---------|----------|
|          | 4       | 14       |
| 3        | 5       | 4        |
| − 1      | 3       | 7        |

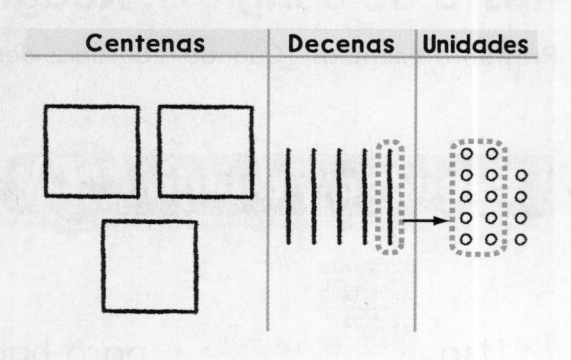

---

Ahora hay
suficientes unidades.

Resta las unidades.

14 − 7 = 7

| Centenas | Decenas | Unidades |
|----------|---------|----------|
|          | 4       | 14       |
| 3        | 5̸       | 4̸        |
| − 1      | 3       | 7        |
|          |         | 7        |

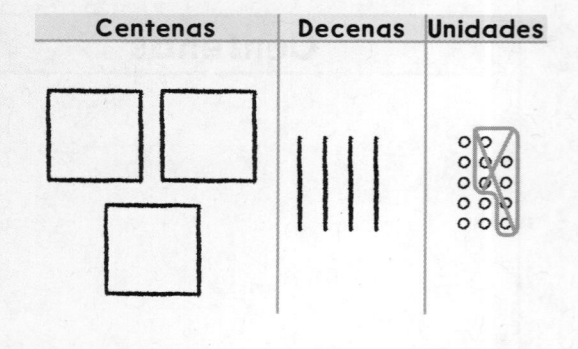

---

Resta las decenas.

4 − 3 = 1

Resta las
centenas.

3 − 1 = 2

| Centenas | Decenas | Unidades |
|----------|---------|----------|
|          | 4       | 14       |
| 3        | 5̸       | 4̸        |
| − 1      | 3       | 7        |
| 2        | 1       | 7        |

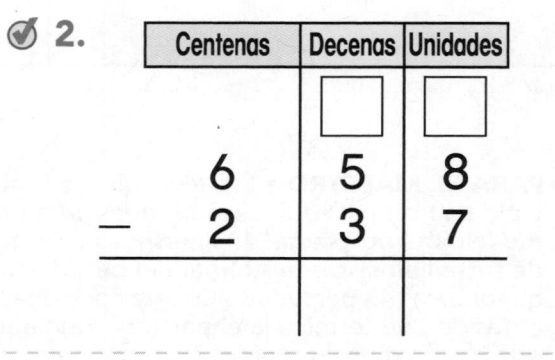

---

## Comparte y muestra   MATH BOARD

Resuelve. Escribe la diferencia.

**1.**

| Centenas | Decenas | Unidades |
|----------|---------|----------|
|          | □       | □        |
| 4        | 3       | 1        |
| − 3      | 2       | 6        |

**2.**

| Centenas | Decenas | Unidades |
|----------|---------|----------|
|          | □       | □        |
| 6        | 5       | 8        |
| − 2      | 3       | 7        |

Nombre _____

## Por tu cuenta

Resuelve. Escribe la diferencia.

3.

| Centenas | Decenas | Unidades |
|:---:|:---:|:---:|
| | □ | □ |
| 7 | 2 | 8 |
| − 1 | 0 | 7 |

4.

| Centenas | Decenas | Unidades |
|:---:|:---:|:---:|
| | □ | □ |
| 4 | 5 | 2 |
| − 2 | 1 | 6 |

5.

| Centenas | Decenas | Unidades |
|:---:|:---:|:---:|
| | □ | □ |
| 9 | 6 | 5 |
| − 2 | 3 | 8 |

6.

| Centenas | Decenas | Unidades |
|:---:|:---:|:---:|
| | □ | □ |
| 4 | 8 | 9 |
| − 1 | 4 | 9 |

7. MÁS AL DETALLE Una librería tiene 148 libros sobre personas y 136 libros sobre lugares. Se vendieron algunos libros. Ahora quedan 137 libros. ¿Cuántos libros se vendieron?

_____ libros

8. PIENSA MÁS Había 287 libros de música y 134 libros de ciencias en la tienda. Después de vender algunos libros, quedan 159 libros. ¿Cuántos libros se vendieron?

_____ libros

© Houghton Mifflin Harcourt Publishing Company

## Resolución de problemas • Aplicaciones En el mundo

ESCRIBE ▸ Matemáticas

**PRÁCTICA MATEMÁTICA ①** Comprende los problemas

Resuelve. Dibuja o escribe para explicar.

9. Hay 235 silbatos y 42 campanas
en la tienda. Ryan cuenta
128 silbatos en el estante.
¿Cuántos silbatos no están
en el estante?

_____ silbatos

Entrenador personal en matemáticas

10. **PIENSA MÁS +** El Dr. Jackson tenía 326 sellos.

Vende 107 sellos. ¿Cuántos
sellos le quedan ahora?

_____ sellos

¿Harías las siguientes acciones para resolver
el problema? Elige Sí o No.

| | | |
|---|---|---|
| Restar 107 de 326. | ○ Sí | ○ No |
| Reagrupar 1 decena como 10 unidades. | ○ Sí | ○ No |
| Reagrupar las centenas. | ○ Sí | ○ No |
| Restar 7 unidades de 16 unidades. | ○ Sí | ○ No |
| Sumar 26 + 10. | ○ Sí | ○ No |

**ACTIVIDAD PARA LA CASA** • Pida a su niño que
explique por qué reagrupó solo en algunos problemas
de esta lección.

# Resta de 3 dígitos: Reagrupar decenas

 **ESTÁNDARES COMUNES 2.NBT.B.7**
*Utilizan el valor posicional y las propiedades de las operaciones para sumar y restar.*

**Resuelve. Escribe la diferencia.**

**1.**

| Centenas | Decenas | Unidades |
|---|---|---|
|  | □ | □ |
| 7 | 7 | 4 |
| − 2 | 3 | 6 |

**2.**

| Centenas | Decenas | Unidades |
|---|---|---|
|  | □ | □ |
| 5 | 5 | 1 |
| − 1 | 1 | 3 |

**3.**

| Centenas | Decenas | Unidades |
|---|---|---|
|  | □ | □ |
| 4 | 8 | 9 |
| − 2 | 7 | 3 |

**4.**

| Centenas | Decenas | Unidades |
|---|---|---|
|  | □ | □ |
| 7 | 7 | 2 |
| − 2 | 5 | 4 |

## Resolución de problemas · En el mundo

Resuelve. Escribe o dibuja para explicar.

**5.** Había 985 lápices. Se vendieron algunos lápices.
Luego quedaron 559 lápices.
¿Cuántos lápices se vendieron? _____ lápices

**6.** ESCRIBE ) **Matemáticas** Elige uno de los ejercicios de arriba. Haz dibujos rápidos para comprobar tu trabajo.

## Repaso de la lección (2.NBT.B.7)

**1.** ¿Cuál es la diferencia?

$$\begin{array}{r} 346 \\ -\ 127 \\ \hline \end{array}$$

**2.** ¿Cuál es la diferencia?

$$\begin{array}{r} 568 \\ -\ 226 \\ \hline \end{array}$$

## Repaso en espiral (2.OA.A.1, 2.OA.C.4, 2.NBT.B.5, 2.NBT.B.7)

**3.** ¿Cuál es la diferencia?

$$45 - 7 = \underline{\qquad}$$

**4.** Leroy tiene 11 cubos. Jane tiene 15 cubos. ¿Cuántos cubos tienen en total?

_____ cubos

**5.** Mila pone 5 flores en cada florero. ¿Cuántas flores pondrá en 3 floreros?

_____ flores

**6.** El Sr. Hill tiene 428 lápices. Reparte 150 lápices. ¿Cuántos lápices le quedan?

_____ lápices

PRACTICA MÁS CON EL
**Entrenador personal**
en matemáticas

**Nombre** _____

# Resta de 3 dígitos: Reagrupar centenas

**Pregunta esencial** ¿Cuándo reagrupas centenas en la resta?

**Estándares comunes** Números y operaciones en base diez—2.NBT.B.7, 2.NBT.B.9
PRÁCTICAS MATEMÁTICAS
MP1, MP3, MP8

## Escucha y dibuja · En el mundo

Haz dibujos rápidos para mostrar el problema.

| Centenas | Decenas | Unidades |
|---|---|---|
|  |  |  |

**Charla matemática**

**PRÁCTICAS MATEMÁTICAS**

**Describe** qué hacer cuando no hay suficientes decenas de donde restar.

**PARA EL MAESTRO** • Lea el siguiente problema y pida a los niños que hagan un modelo de él con dibujos rápidos. El club de lectura tiene 349 libros. De ellos, 173 libros tratan sobre los animales. ¿Cuántos libros no tratan sobre los animales?

## Representa y dibuja

428 − 153 = ?

Resta las unidades.

8 − 3 = 5

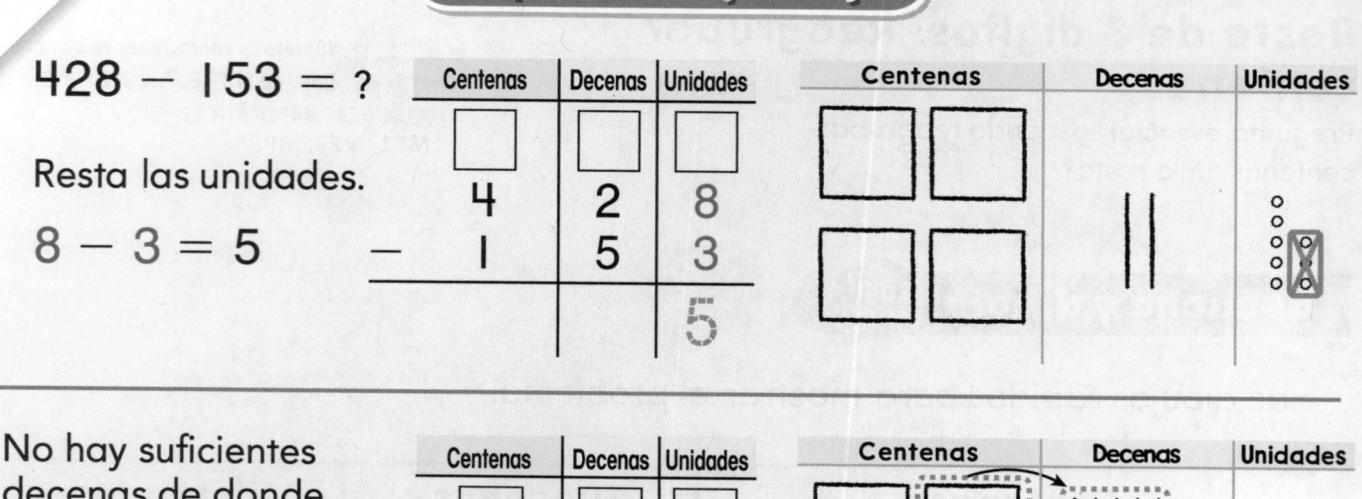

| Centenas | Decenas | Unidades |
|---|---|---|
| 4 | 2 | 8 |
| − 1 | 5 | 3 |
| | | 5 |

---

No hay suficientes decenas de donde restar.

Reagrupa 1 centena. 4 centenas y 2 decenas ahora son 3 centenas y 12 decenas.

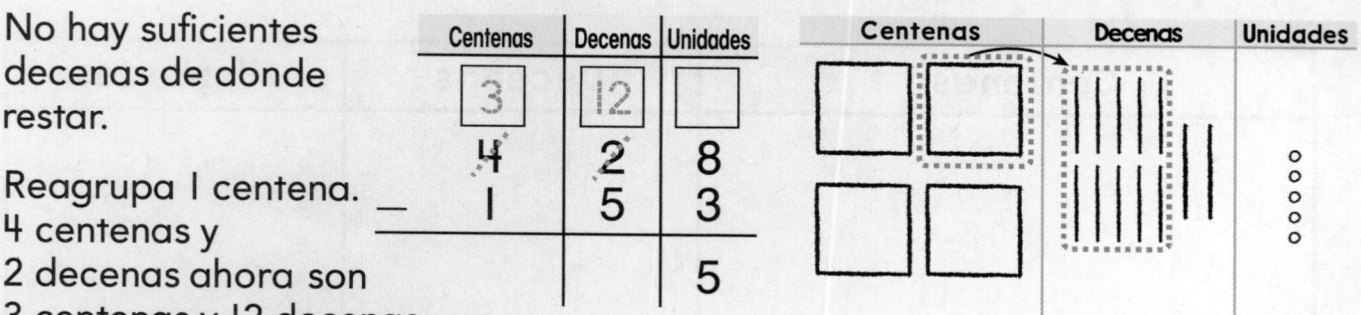

| Centenas | Decenas | Unidades |
|---|---|---|
| 3 | 12 | |
| 4 | 2 | 8 |
| − 1 | 5 | 3 |
| | | 5 |

---

Resta las decenas.

12 − 5 = 7

Resta las centenas.

3 − 1 = 2

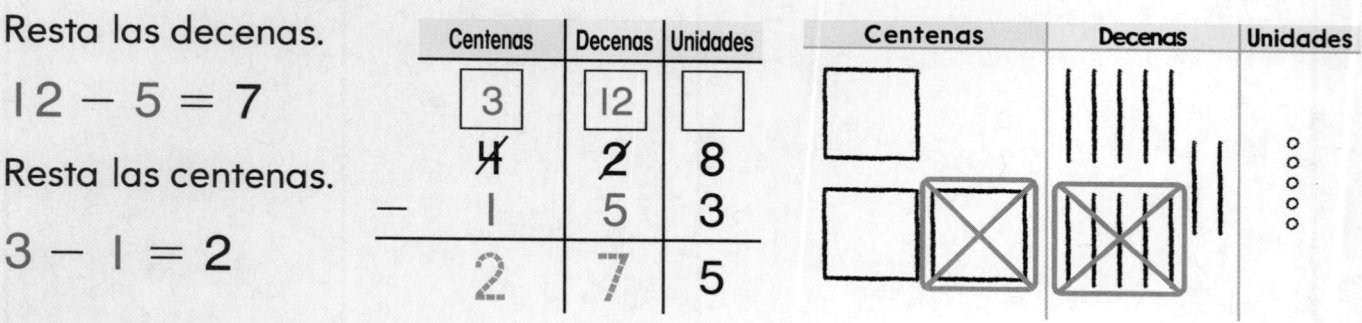

| Centenas | Decenas | Unidades |
|---|---|---|
| 3 | 12 | |
| 4 | 2 | 8 |
| − 1 | 5 | 3 |
| 2 | 7 | 5 |

---

## Comparte y muestra   MATH BOARD

Resuelve. Escribe la diferencia.

**1.**

| Centenas | Decenas | Unidades |
|---|---|---|
| | | |
| 4 | 7 | 8 |
| − 3 | 5 | 6 |

**2.**

| Centenas | Decenas | Unidades |
|---|---|---|
| | | |
| 8 | 1 | 4 |
| − 2 | 6 | 3 |

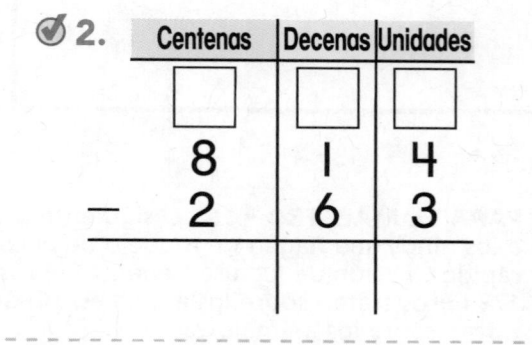

## Por tu cuenta

Resuelve. Escribe la diferencia.

3.

| Centenas | Decenas | Unidades |
|----------|---------|----------|
| ☐ | ☐ | ☐ |
| 6 | 2 | 9 |
| − 4 | 8 | 2 |

4.

| Centenas | Decenas | Unidades |
|----------|---------|----------|
| ☐ | ☐ | ☐ |
| 9 | 3 | 6 |
| − 1 | 7 | 3 |

5.

```
    4  3  5
 −  1  9  2
```

6.

```
    3  8  7
 −     4  7
```

7.

```
    5 8 8
 −  4 5 0
```

8.

```
    3 4 5
 −  2 6 3
```

PRÁCTICA MATEMÁTICA ③ Da argumentos

9. Elige uno de los ejercicios anteriores. Describe la resta que hiciste. Asegúrate de hablar de los valores de los dígitos en los números.

_____

_____

_____

_____

## Resolución de problemas • Aplicaciones En el mundo    ESCRIBE ▸ Matemáticas

10. **PIENSA MÁS** Sam hizo dos torres. Usó 139 bloques para la primera torre. Usó 276 bloques en total. ¿Para qué torre usó más bloques?

_____

**Explica** cómo resolviste el problema.

_____

_____

11. **PIENSA MÁS** Estos son los puntos que obtuvo cada clase en un juego de matemáticas.

**Sra. Rose**
444 puntos

**Sr. Chang**
429 puntos

**Sr. Pagano**
293 puntos

¿Cuántos puntos más obtuvo la clase del Sr. Chang que la clase del Sr. Pagano? Haz un dibujo y explica cómo hallaste la respuesta.

_____ puntos más

© Houghton Mifflin Harcourt Publishing Company

**ACTIVIDAD PARA LA CASA** • Pida a su niño que explique cómo hallar la diferencia de 745 − 341.

# Resta de 3 dígitos: Reagrupar centenas

**Estándares comunes**

**ESTÁNDARES COMUNES—2.NBT.B.7**
*Utilizan el valor posicional y las propiedades de las operaciones para sumar y restar.*

**Resuelve. Escribe la diferencia.**

**1.**

| Centenas | Decenas | Unidades |
|----------|---------|----------|
| ☐ | ☐ | ☐ |
| 7 | 2 | 7 |
| − 2 | 5 | 6 |

**2.**

| Centenas | Decenas | Unidades |
|----------|---------|----------|
| ☐ | ☐ | ☐ |
| 9 | 6 | 7 |
| − 1 | 5 | 3 |

**3.**

| | | |
|---|---|---|
| 6 | 3 | 9 |
| − 4 | 7 | 2 |

**4.**

| | | |
|---|---|---|
| 4 | 4 | 8 |
| − 3 | 6 | 3 |

## Resolución de problemas (En el mundo)

Resuelve. Escribe o dibuja la explicación.

**5.** Había 537 personas en el desfile.
De esas personas, 254 tocaban un instrumento.
¿Cuántas personas no tocaban un instrumento?_____ personas

**6.** ESCRIBE ▸ Matemáticas Escribe el problema de resta para 838 − 462. Halla la diferencia. Luego haz dibujos rápidos para comprobar tu diferencia.

_____

## Repaso de la lección (2.NBT.B.7)

**1.** ¿Cuál es la diferencia?

$$
\begin{array}{r}
5\,3\,8 \\
-\ 1\,3\,5 \\
\hline
\end{array}
$$

**2.** ¿Cuál es la diferencia?

$$
\begin{array}{r}
2\,1\,8 \\
-\ 1\,2\,6 \\
\hline
\end{array}
$$

## Repaso en espiral (2.OA.B.2, 2.NBT.B.5, 2.NBT.B.6, 2.NBT.B.7)

**3.** ¿Cuál es la diferencia?

$52 - 15 =$ _____

**4.** Wallace tiene 8 crayones y Alma tiene 7. ¿Cuántos crayones tienen en total?

$8 + 7 =$ _____ crayones

**5.** ¿Cuál es la suma?

$$
\begin{array}{r}
4\,7 \\
+\ 2\,6 \\
\hline
\end{array}
$$

**6.** En febrero, la clase de la maestra Lin leyó 392 libros. La clase del maestro Hook leyó 173 libros. ¿Cuántos libros más leyó la clase de la maestra Lin?

$$
\begin{array}{r}
3\,9\,2 \\
-\ 1\,7\,3 \\
\hline
\end{array}
$$

libros

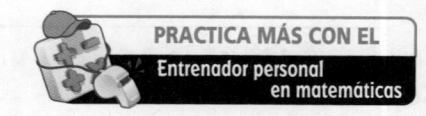

PRACTICA MÁS CON EL
**Entrenador personal en matemáticas**

Nombre _____

# Resta: Reagrupar centenas y decenas

**Estándares comunes** Números y operaciones en base diez—**2.NBT.B.7** También 2.NBT.B.8
**PRÁCTICAS MATEMÁTICAS**
**MP1, MP6, MP8**

**Pregunta esencial** ¿Cómo sabes cuándo debes reagrupar en la resta?

## Escucha y dibuja En el mundo

Usa el cálculo mental. Escribe la diferencia para cada problema.

$$
\begin{array}{r} 50 \\ -\ 20 \\ \hline \end{array}
\qquad
\begin{array}{r} 600 \\ -\ 400 \\ \hline \end{array}
\qquad
\begin{array}{r} 80 \\ -\ 30 \\ \hline \end{array}
\qquad
\begin{array}{r} 900 \\ -\ 300 \\ \hline \end{array}
$$

$90 - 40 = $ _____

$700 - 500 = $ _____

$70 - 60 = $ _____

$800 - 300 = $ _____

**PARA EL MAESTRO** • Anime a los niños a resolver estos problemas de resta con rapidez. Es posible que primero deba comentar los problemas con los niños, indicándoles que cada uno consiste en restar decenas o restar centenas.

**Charla matemática** PRÁCTICAS MATEMÁTICAS 6

¿Te resultaron algunos de los problemas más fáciles de resolver? **Explica.**

A veces reagruparás más de una vez en los problemas de resta.

```
    1 1
  6 7 15
  7 2 5
- 3 4 9
-------
  3 7 6
```

> Reagrupa 2 decenas y 5 unidades como 1 decena y 15 unidades. Resta las unidades.

> Reagrupa 7 centenas y 1 decena como 6 centenas y 11 decenas. Resta las decenas.

> Resta las centenas.

## Comparte y muestra

Resuelve. Escribe la diferencia.

1.
```
  4 2 1
- 1 3 8
```

2.
```
  2 7 4
- 1 8 2
```

3.
```
  5 4 6
- 2 6 7
```

4.
```
  8 5 9
-   5 7
```

✓5.
```
  7 4 7
- 1 5 9
```

✓6.
```
  9 3 8
- 3 7 0
```

Nombre _____

## Por tu cuenta

Resuelve. Escribe la diferencia.

**7.**

```
   3  4  2
-  1  3  8
_____
```

**8.**

```
   4  6  3
-  2  8  1
_____
```

**9.**

```
   8  5  5
-  4  9  7
_____
```

**10.**

```
   6  5  7
-  3  8  4
_____
```

**11.**

```
   5  2  1
-  1  4  6
_____
```

**12.**

```
   7  5  8
-  5  3  7
_____
```

**13.**

```
   5  4  2
-  1  6  8
_____
```

**14.**

```
   8  2  3
-  6  7  3
_____
```

**15.**

```
   9  4  7
-  5  7  9
_____
```

**16.** PIENSA MÁS    Alex escribió estos problemas.
¿Qué números faltan?

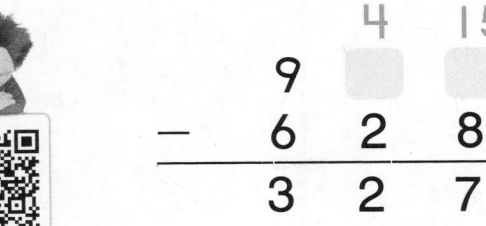

```
        4   15
   9   [ ] [ ]
-  6    2   8
_____
   3    2   7
```

```
    7    13
  [ ] [ ]   7
-  1   5  [ ]
_____
   6   8    1
```

© Houghton Mifflin Harcourt Publishing Company

## Resolución de problemas • Aplicaciones En el mundo · ESCRIBE Matemáticas

**17.** _MÁS AL DETALLE_ Esta es la manera en que Walter halló la diferencia de 617 — 350.

350
⟩ + 50
400
⟩ + 200
600
⟩ + 17
617

(267)

Halla la diferencia de 843 — 270 con la manera de Walter.

**18.** PRÁCTICA MATEMÁTICA ❶ **Analiza** Hay 471 niños en la escuela de Caleb. De ellos, 256 van a la escuela en autobús.

¿Cuántos niños no van a la escuela en autobús?

_____ niños

**19.** _PIENSA MÁS_ La Sra. Herrell tenía 427 piñas. Dio 249 piñas a sus niños.

¿Cuántas piñas le quedan?

_____ piñas

 **ACTIVIDAD PARA LA CASA** • Pida a su niño que halle la diferencia al restar 182 de 477.

# Resta: Reagrupar centenas y decenas

**Estándares comunes**
**ESTÁNDARES COMUNES—2.NBT.B.7**
*Utilizan el valor posicional y las propiedades de las operaciones para sumar y restar.*

**Resuelve. Escribe la diferencia.**

1.
$$
\begin{array}{r}
8\ 1\ 6 \\
-\ 3\ 4\ 5 \\
\hline
\end{array}
$$

2.
$$
\begin{array}{r}
9\ 3\ 2 \\
-\ 1\ 6\ 3 \\
\hline
\end{array}
$$

3.
$$
\begin{array}{r}
7\ 9\ 6 \\
-\ 4\ 6\ 8 \\
\hline
\end{array}
$$

## Resolución de problemas  En el mundo

Resuelve.

4. El libro para colorear de Mila tiene 432 páginas. Ya coloreó 178 páginas. ¿Cuántas páginas del libro le faltan por colorear?

_____ páginas

5. **ESCRIBE** **Matemáticas** Haz dibujos rápidos para mostrar cómo restar 546 de 735.

## Repaso de la lección (2.NBT.B.7)

**1.** ¿Cuál es la diferencia?

$$
\begin{array}{r}
349 \\
-\ 187 \\
\hline
\end{array}
$$

**2.** ¿Cuál es la diferencia?

$$
\begin{array}{r}
336 \\
-\ 178 \\
\hline
\end{array}
$$

## Repaso en espiral (2.OA.1, 2.OA.2, 2.NBT.5, 2.NBT.B.7)

**3.** ¿Cuál es la suma?

$$
\begin{array}{r}
246 \\
+\ 533 \\
\hline
\end{array}
$$

**4.** ¿Cuál es la diferencia?

$$
\begin{array}{r}
38 \\
-\ 14 \\
\hline
\end{array}
$$

**5.** ¿Cuál es la diferencia?

$17 - 9 =$ _____

**6.** Lisa tiene 15 margaritas. Regala 7 margaritas. Luego encuentra 3 margaritas más. ¿Cuántas margaritas tiene Lisa ahora?

_____ margaritas

© Houghton Mifflin Harcourt Publishing Company

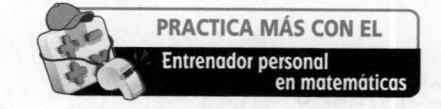

PRACTICA MÁS CON EL
Entrenador personal
en matemáticas

# Reagrupar con ceros

**Pregunta esencial** ¿Cómo reagrupas cuando hay ceros en el número con que comienzas?

**Estándares comunes** Números y operaciones en base diez—2.NBT.B.7
PRÁCTICAS MATEMÁTICAS
MP1, MP6, MP8

## Escucha y dibuja  En el mundo

Escribe o haz un dibujo para mostrar cómo resolviste el problema.

**PARA EL MAESTRO** • Lea el siguiente problema y pida a los niños que lo resuelvan. El Sr. Sánchez hizo 403 galletas. Vendió 159 galletas. ¿Cuántas galletas le quedan al Sr. Sánchez ahora? Anime a los niños a comentar y mostrar diferentes maneras de resolver el problema.

**Charla matemática**
PRÁCTICAS MATEMÁTICAS

**Describe** otra manera en que podrías resolver el problema.

## Representa y dibuja

La Srta. Dean tiene un libro de 504 páginas. Hasta ahora ha leído 178 páginas. ¿Cuántas páginas más le quedan por leer?

$$
\begin{array}{r}
5\ 0\ 4 \\
-\ 1\ 7\ 8 \\
\hline
\end{array}
$$

**Paso 1** No hay suficientes unidades de donde restar.

Como hay 0 decenas, reagrupa 5 centenas como 4 centenas y 10 decenas.

$$
\begin{array}{r}
{\scriptstyle 4\ \ 10} \\
\cancel{5}\ \cancel{0}\ 4 \\
-\ 1\ 7\ 8 \\
\hline
\end{array}
$$

**Paso 2** Luego reagrupa 10 decenas y 4 unidades como 9 decenas y 14 unidades.

Ahora hay suficientes unidades de donde restar.

$$14 - 8 = 6$$

$$
\begin{array}{r}
{\scriptstyle 9} \\
{\scriptstyle 4\ \ 10\ \ 14} \\
\cancel{5}\ \cancel{0}\ \cancel{4} \\
-\ 1\ 7\ 8 \\
\hline
6
\end{array}
$$

**Paso 3** Resta las decenas.

$$9 - 7 = 2$$

Resta las centenas.

$$4 - 1 = 3$$

$$
\begin{array}{r}
{\scriptstyle 9} \\
{\scriptstyle 4\ \ 10\ \ 14} \\
\cancel{5}\ \cancel{0}\ \cancel{4} \\
-\ 1\ 7\ 8 \\
\hline
3\ 2\ 6
\end{array}
$$

## Comparte y muestra

Resuelve. Escribe la diferencia.

**1.**
$$
\begin{array}{r}
3\ 0\ 8 \\
-\ 2\ 5\ 9 \\
\hline
\end{array}
$$

**2.**
$$
\begin{array}{r}
7\ 5\ 5 \\
-\ 4\ 3\ 8 \\
\hline
\end{array}
$$

**3.**
$$
\begin{array}{r}
8\ 0\ 1 \\
-\ 3\ 7\ 5 \\
\hline
\end{array}
$$

## Por tu cuenta

Resuelve. Escribe la diferencia.

4.
$$
\begin{array}{r}
5\ 6\ 3 \\
-\ 1\ 8\ 2 \\
\hline
\end{array}
$$

5.
$$
\begin{array}{r}
9\ 0\ 4 \\
-\ 5\ 6\ 8 \\
\hline
\end{array}
$$

6.
$$
\begin{array}{r}
7\ 0\ 5 \\
-\ 2\ 3\ 1 \\
\hline
\end{array}
$$

7.
$$
\begin{array}{r}
6\ 0\ 3 \\
-\ 3\ 2\ 8 \\
\hline
\end{array}
$$

8.
$$
\begin{array}{r}
4\ 4\ 2 \\
-\ 2\ 3\ 8 \\
\hline
\end{array}
$$

9.
$$
\begin{array}{r}
9\ 0\ 1 \\
-\ 6\ 7\ 5 \\
\hline
\end{array}
$$

10.
$$
\begin{array}{r}
7\ 0\ 2 \\
-\ 4\ 2\ 6 \\
\hline
\end{array}
$$

11.
$$
\begin{array}{r}
6\ 8\ 4 \\
-\ 2\ 1\ 9 \\
\hline
\end{array}
$$

12.
$$
\begin{array}{r}
4\ 7\ 9 \\
-\ 1\ 3\ 7 \\
\hline
\end{array}
$$

13. **PIENSA MÁS** Miguel tiene
125 tarjetas de béisbol más
que Chad. Miguel tiene
405 tarjetas de béisbol.
¿Cuántas tarjetas de béisbol
tiene Chad?

_____ tarjetas de béisbol

## Resolución de problemas · Aplicaciones (En el mundo)

ESCRIBE · Matemáticas

14. **PRÁCTICA MATEMÁTICA ①** **Analiza** Claire tiene 250 monedas de 1¢. Algunas están en una caja y otras en su alcancía. Hay más de 100 monedas de 1¢ en cada lugar. ¿Cuántas monedas de 1¢ puede haber en cada lugar?

Explica cómo resolviste el problema.

_____ monedas de 1¢ en una caja

_____ monedas de 1¢ en su alcancía

_____

_____

_____

_____

15. **PIENSA MÁS** Hay 404 personas en el partido de béisbol. 273 son fanáticos del equipo azul. El resto son fanáticos del equipo rojo. ¿Cuántos fanáticos hay del equipo rojo?

¿Describe el enunciado cómo resolver el problema?
Elige Sí o No.

Reagrupar 1 decena como 14 unidades.     ○ Sí     ○ No

Reagrupar 1 centena como 10 decenas.     ○ Sí     ○ No

Restar 3 unidades de 4 unidades.     ○ Sí     ○ No

Restar 2 centenas de 4 centenas.     ○ Sí     ○ No

Hay _____ fanáticos del equipo rojo.

**ACTIVIDAD PARA LA CASA** · Pida a su niño que explique cómo resolvió uno de los problemas de esta lección.

# Reagrupar con ceros

ESTÁNDARES COMUNES—2.NBT.B.7
Estándares
comunes   Utilizan el valor posicional y las propiedades
de las operaciones para sumar y restar.

## Resuelve. Escribe la diferencia.

**1.**

$$\begin{array}{r} 8\ 0\ 6 \\ -\ 3\ 4\ 5 \\ \hline \end{array}$$

**2.**

$$\begin{array}{r} 9\ 0\ 2 \\ -\ 7\ 8\ 3 \\ \hline \end{array}$$

**3.**

$$\begin{array}{r} 7\ 9\ 4 \\ -\ 2\ 6\ 8 \\ \hline \end{array}$$

**4.**

$$\begin{array}{r} 6\ 8\ 7 \\ -\ 1\ 4\ 4 \\ \hline \end{array}$$

**5.**

$$\begin{array}{r} 5\ 0\ 5 \\ -\ 1\ 6\ 7 \\ \hline \end{array}$$

**6.**

$$\begin{array}{r} 3\ 0\ 7 \\ -\ 1\ 5\ 4 \\ \hline \end{array}$$

## Resolución de problemas · En el mundo

Resuelve.

**7.** Hay 303 estudiantes.
Hay 147 niñas.
¿Cuántos niños hay?

_____ niños

**8.** ESCRIBE · Matemáticas  Escribe el siguiente problema de resta: 604 − 357. Describe cómo restarás para hallar la diferencia.

_____

_____

# Repaso de la lección (2.NBT.B.7)

**1.** ¿Cuál es la diferencia?

$$\begin{array}{r} 301 \\ -\ 187 \\ \hline \end{array}$$

**2.** ¿Cuál es la diferencia?

$$\begin{array}{r} 406 \\ -\ 268 \\ \hline \end{array}$$

# Repaso en espiral (2.OA.B.2, 2.NBT.B.5, 2.NBT.B.7)

**3.** ¿Cuál es la suma?

$$\begin{array}{r} 35 \\ +\ 79 \\ \hline \end{array}$$

**4.** Hay 555 estudiantes en la escuela primaria Roosevelt y 282 estudiantes en la escuela primaria Jefferson. ¿Cuántos estudiantes hay en las dos escuelas en total?

$$\begin{array}{r} 555 \\ +\ 282 \\ \hline \end{array}$$

estudiantes

**5.** ¿Cuál es la diferencia?

$$10 - 2 = \underline{\qquad}$$

**6.** La meta de Gabriel es leer 43 libros este año. Hasta el momento leyó 11 libros. ¿Cuántos libros le quedan por leer hasta alcanzar su meta?

$$\begin{array}{r} 43 \\ -\ 11 \\ \hline \end{array}$$

libros

© Houghton Mifflin Harcourt Publishing Company

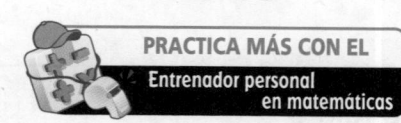

PRACTICA MÁS CON EL
Entrenador personal
en matemáticas

Entrenador personal en matemáticas
**Evaluación e intervención en línea**

# ✓ Repaso y prueba del Capítulo 6

1. El Sr. Kent tenía 948 palitos planos. Su clase de arte usó 356 palitos planos. ¿Cuántos palitos planos le quedan al Sr. Kent ahora?

_____ palitos planos

2. En la biblioteca hay 668 libros y revistas. Hay 565 libros en la biblioteca. ¿Cuántas revistas hay?

   Encierra en un círculo el número válido para que el enunciado sea verdadero.

   Hay | 13
       | 103    revistas.
       | 1,233

3. Hay 176 niñas y 241 niños en la escuela. ¿Cuántos niños y niñas hay en total en la escuela?

   $176 \longrightarrow 100 + 70 + 6$
   $+ 241 \longrightarrow 200 + 40 + 1$

   Selecciona un número de cada columna para resolver el problema.

| Centenas | Decenas | Unidades |
|----------|---------|----------|
| ○ 2 | ○ 1 | ○ 3 |
| ○ 3 | ○ 3 | ○ 5 |
| ○ 4 | ○ 4 | ○ 7 |

Opciones de evaluación
**Prueba del capítulo**  cuatrocientos cincuenta y uno **451**

4. PIENSA MÁS ✚ Anna quiere sumar 246 y 132.

Ayuda a Anna a resolver este problema. Haz dibujos rápidos. Escribe cuántas centenas, decenas y unidades hay en total. Escribe el número.

| Centenas | Decenas | Unidades |
|---|---|---|
|  |  |  |

_____ centenas _____ decenas

_____ unidades

_____

---

5. La Sra. Preston tenía 513 hojas. Dio 274 hojas a sus estudiantes. ¿Cuántas hojas le quedan? Haz un dibujo para mostrar cómo hallaste la respuesta.

_____ hojas

---

6. Un agricultor tiene 112 pacanas y 97 nogales. ¿Cuántas pacanas más que nogales tiene el agricultor?

Rellena el círculo al lado de todos los enunciados que describen lo que harías.

○ Reagruparía las centenas.

○ Sumaría 12 + 97.

○ Restaría 7 unidades de 12 unidades.

○ Reagruparía las decenas.

**7.** Amy tiene 408 cuentas. Da 322 cuentas a su hermana.
¿Cuántas cuentas tiene Amy ahora?

¿Describe el enunciado cómo hallar la respuesta?
Elige Sí o No.

| | | |
|---|---|---|
| Reagrupar 1 decena como 18 unidades. | ○ Sí | ○ No |
| Reagrupar 1 centena como 10 decenas. | ○ Sí | ○ No |
| Restar 2 decenas de 10 decenas. | ○ Sí | ○ No |

Amy tiene _____ cuentas.

---

**8.** **MÁS AL DETALLE** Raúl usó este método para hallar la suma de $427 + 316$.

$$
\begin{array}{r}
427 \\
+\ 316 \\
\hline
700 \\
30 \\
+\ \ 13 \\
\hline
743 \\
\end{array}
$$

Usa el método de Raúl para hallar la suma.

$$
\begin{array}{r}
229 \\
+\ 313 \\
\end{array}
$$

Describe cómo resuelve Raúl los problemas de suma.

_____

_____

**9.** Sally obtiene 381 puntos en un juego. Ty obtiene 262 puntos.
¿Cuántos puntos más obtiene Sally que Ty?

○ 121          ○ 643          ○ 129          ○ 119

___

**10.** Usa los números de las fichas cuadradas para resolver el problema.

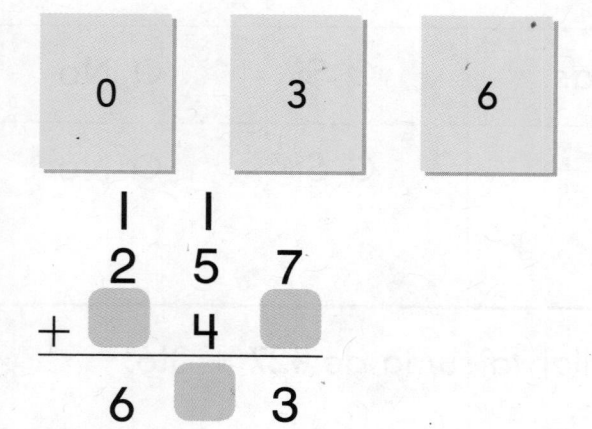

Describe cómo resolviste el problema.

_____

_____

_____

_____

_____

# Glosario ilustrado

## a. m. A.M.

Las horas después de medianoche y antes del mediodía se escriben con **a. m.**
Las 11:00 a. m. es una hora de la mañana.

## ángulo angle

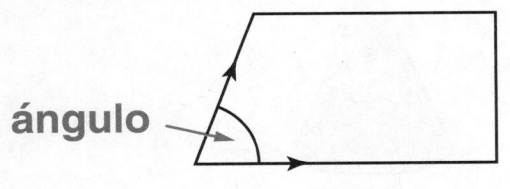

**ángulo**

## arista edge

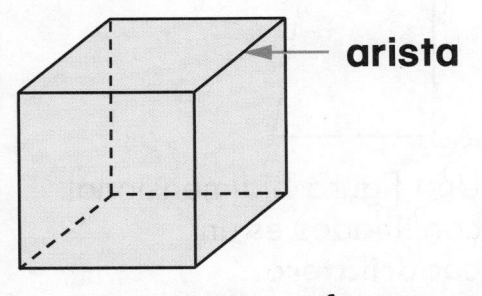

**arista**

Una **arista** se forma cuando dos caras de una figura tridimensional se unen.

## cara face

**cara**

Cada superficie plana de este cubo es una **cara**.

## centena hundred

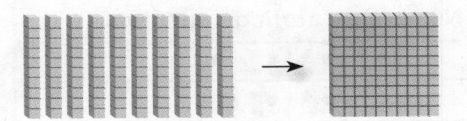

Hay 10 decenas en 1 **centena**.

## centímetro centimeter

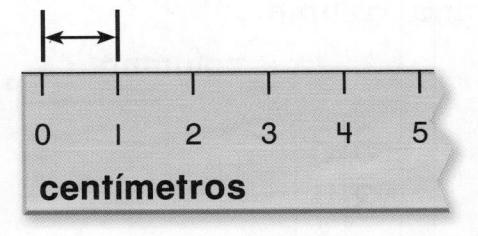

**centímetros**

**cilindro** cylinder

**cinta de medir**
measuring tape

**clave** key

| Número de partidos de fútbol | | | | | | | |
|---|---|---|---|---|---|---|---|
| Marzo | ⚽ | ⚽ | ⚽ | ⚽ | | | |
| Abril | ⚽ | ⚽ | ⚽ | | | | |
| Mayo | ⚽ | ⚽ | ⚽ | ⚽ | ⚽ | ⚽ | |
| Junio | ⚽ | ⚽ | ⚽ | ⚽ | ⚽ | ⚽ | ⚽ |

Clave: Cada ⚽ representa 1 partido.

La **clave** indica la cantidad que representa cada dibujo.

**columna** column

columna

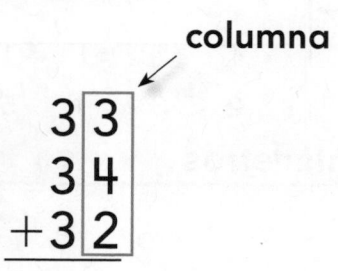

**comparar** compare

**Compare** la longitud del lápiz y el crayón.

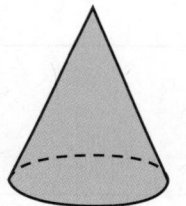

El lápiz es más largo que el crayón.

El crayón es más corto que el lápiz.

**cono** cone

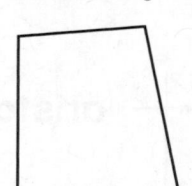

**cuadrilátero** quadrilateral

Una figura bidimensional con 4 lados es un **cuadrilátero**.

**cuarta parte de** quarter of

Una **cuarta parte de** la figura es verde.

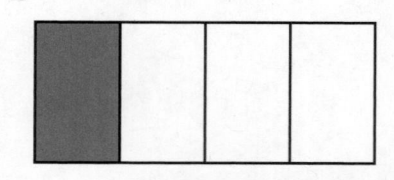

## cuarto de fourth of

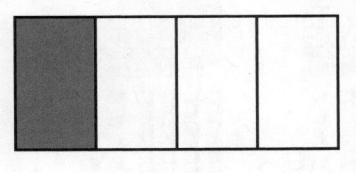

Un **cuarto de** la figura
es verde.

## cuartos fourths

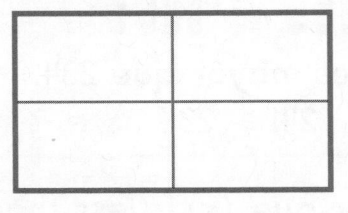

Esta figura tiene
4 partes iguales.
Estas partes iguales se
llaman **cuartos**.

## cubo cube

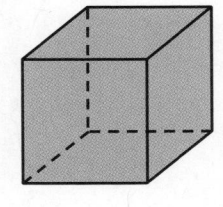

## datos data

| Comida favorita | |
|---|---|
| Comida | Conteo |
| pizza | IIII |
| sándwich | ⊮ I |
| ensalada | III |
| pasta | ⊮ |

La información de esta
tabla se llama **datos**.

## decena ten

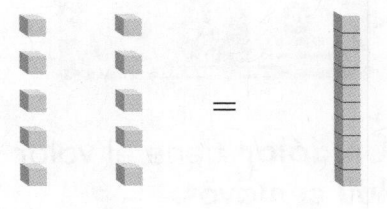

10 unidades = 1 decena

## diagrama de puntos line plot

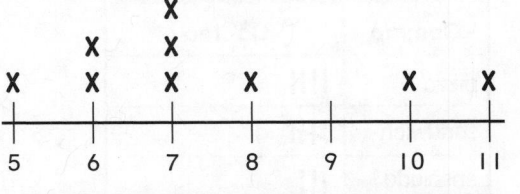

**Longitud de los pinceles en pulgadas**

## diferencia difference

$$9 - 2 = 7$$

↑
**diferencia**

**dígito** digit

0, 1, 2, 3, 4, 5, 6, 7, 8 y 9
son **dígitos**.

---

**dobles** doubles

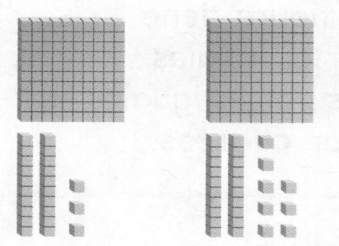

2 + 2 = 4

---

**dólar** dollar

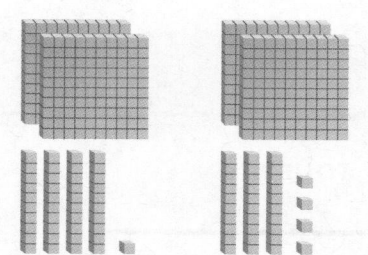

Un **dólar** tiene el valor de
100 centavos.

---

**encuesta** survey

| Comida favorita | |
|---|---|
| Comida | Conteo |
| pizza | IIII |
| sándwich | HHT I |
| ensalada | III |
| pasta | HHT |

La **encuesta** es una serie
de datos reunidos a partir
de las respuestas a una
pregunta.

**es igual a (=)** is equal to

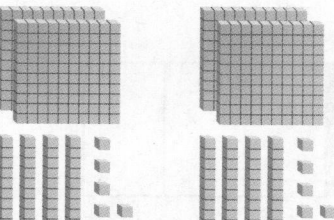

247 **es igual a** 247.

247 = 247

---

**es mayor que (>)** is greater
than

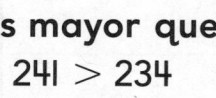

241 **es mayor que** 234.

241 > 234

---

**es menor que (<)** is less than

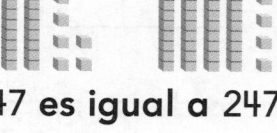

123 **es menor que** 128.

123 < 128

## esfera sphere

## estimación estimate

Una **estimación** es una cantidad que indica aproximadamente cuántos hay.

## gráfica de barras bar graph

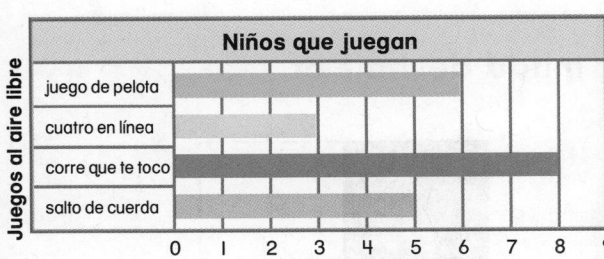

**Niños que juegan**

| Juegos al aire libre | 0 | 1 | 2 | 3 | 4 | 5 | 6 | 7 | 8 | 9 |
|---|---|---|---|---|---|---|---|---|---|---|
| juego de pelota | | | | | | | | | | |
| cuatro en línea | | | | | | | | | | |
| corre que te toco | | | | | | | | | | |
| salto de cuerda | | | | | | | | | | |

Número de niños

## hexágono hexagon

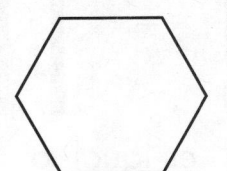

El **hexágono** es una figura bidimensional de 6 lados.

## hora hour

Hay 60 minutos en 1 **hora**.

## impar odd

1, 3, 5, 7, 9, 11, . . .

números impares

## lado side

**lado**

Esta figura tiene 4 **lados**.

## más (+) plus

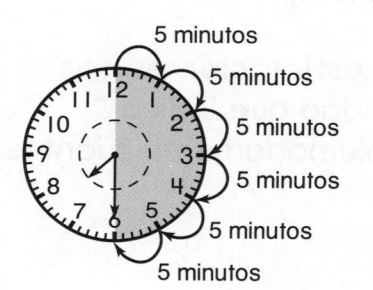

| 2 | más | 1 | es igual a | 3 |
|---|-----|---|------------|---|
| 2 | +   | 1 | =          | 3 |

---

## medianoche midnight

La **medianoche** es a las 12:00 de la noche.

---

## mediodía noon

El **mediodía** es a las 12:00 del día.

---

## metro meter

1 **metro** tiene la misma longitud que 100 centímetros.

## millar thousand

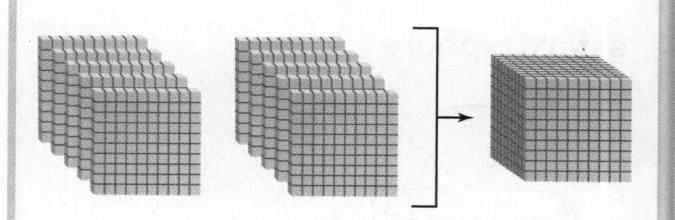

Hay 10 centenas en 1 **millar**.

---

## minuto minute

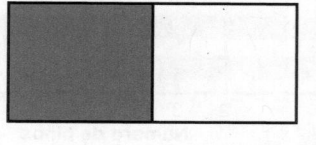

En media hora hay 30 **minutos**.

---

## mitad de half of

La **mitad de** la figura es verde.

## mitades halves

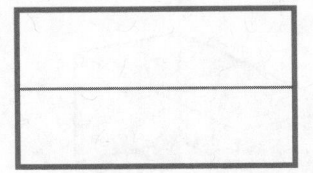

Esta figura tiene 2 partes iguales.
Estas partes iguales se llaman **mitades**.

## moneda de 1¢ penny

Esta moneda vale un centavo o 1¢.

## moneda de 5¢ nickel

Esta moneda vale cinco centavos o 5¢.

## moneda de 10¢ dime

Esta moneda vale diez centavos o 10¢.

## moneda de 25¢ quarter

Esta moneda vale veinticinco centavos o 25¢.

## p. m. P.M.

Las horas después del mediodía y antes de la medianoche se escriben con **p. m.**
Las 11:00 p. m. es una hora de la noche.

H7

**par** even

2, 4, 6, 8, 10, . . .

números pares

**pentágono** pentagon

El **pentágono** es una figura bidimensional de 5 lados.

**pictografía** picture graph

| Número de partidos de fútbol | | | | | | | |
|---|---|---|---|---|---|---|---|
| Marzo | 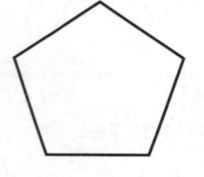 | | | | | | |
| Abril | | | | | | | |
| Mayo | | | | | | | |
| Junio | | | | | | | |

Clave: Cada ⚽ representa 1 partido.

**pie** foot

1 **pie** tiene la misma longitud que 12 pulgadas.

**prisma rectangular** rectangular prism

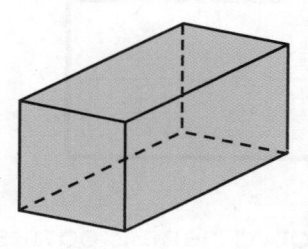

**pulgada** inch

```
  |←——————→|
  |    |    |
  0    1    2
 pulgadas
```

**punto decimal** decimal point

$1.00
↑
punto decimal

**reagrupar** regroup

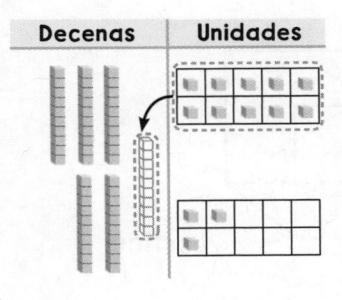

| Decenas | Unidades |
|---------|----------|

Puedes cambiar 10 unidades por 1 decena para **reagrupar**.

---

**regla de 1 yarda** yardstick

La **regla de 1 yarda** es un instrumento de medida que muestra 3 pies.

---

**símbolo de centavo** cent sign

53¢

**símbolo de centavo**

**símbolo de dólar** dollar sign

$1.00

**símbolo de dólar**

---

**suma** sum

$$9 + 6 = 15$$

suma

---

**sumando** addend

$$5 + 8 = 13$$

**sumandos**

**un tercio de** third of

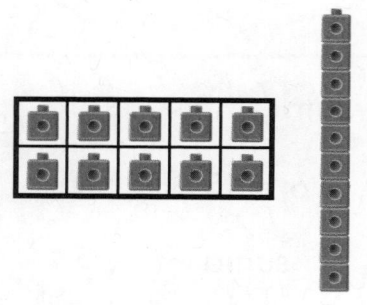

**Un tercio de** la figura
es verde.

---

**unidades** ones

10 unidades = 1 decena

---

**tercios** thirds

Esta figura tiene 3 partes
iguales.
Estas partes iguales se
llaman **tercios**.

**vértice** vertex

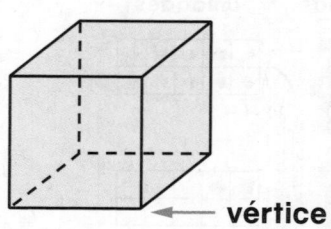

El punto de una esquina de
una figura tridimensional es
un **vértice**.

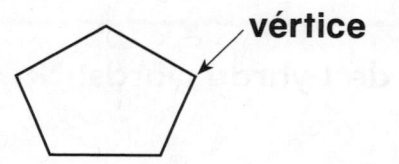

Esta figura tiene 5 **vértices**.

---

**y cuarto** quarter past

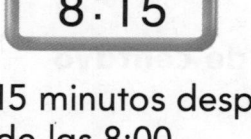

15 minutos después
de las 8:00.
8 **y cuarto**.

# Correlaciones

**ESTÁNDARES ESTATALES COMUNES**

## Estándares que aprenderás

| Prácticas matemáticas | | Ejemplos: |
|---|---|---|
| **MP1** | Entienden problemas y perseveran en resolverlos. | Lecciones 1.3, 1.5, 2.2, 3.2, 3.3, 4.7, 4.9, 4.11, 5.9, 5.10, 5.11, 6.7, 7.7, 8.5, 9.4, 10.1, 10.2, 10.3, 10.4, 10.6, 11.5 |
| **MP2** | Razonan de manera abstracta y cuantitativa. | Lecciones 1.2, 2.6, 2.11, 2.12, 3.5, 3.9, 4.9, 4.10, 5.5, 5.9, 5.10, 5.11, 6.1, 8.1, 8.4, 8.5, 8.6, 9.4, 9.7, 10.2, 10.4 |
| **MP3** | Construyen argumentos viables y critican el razonamiento de los demás. | Lecciones 1.1, 2.5, 2.8, 2.11, 4.6, 5.6, 5.10, 6.8, 8.8, 9.3, 10.5, 10.6 |
| **MP4** | Realizan modelos matemáticos. | Lecciones 1.4, 1.7, 2.3, 2.11, 3.8, 3.9, 3.11, 4.1, 4.2, 4.5, 4.9, 4.11, 5.4, 5.9, 5.10, 5.11, 6.6, 7.3, 7.4, 7.5, 7.6, 7.7, 8.5, 8.9, 9.4, 10.1, 10.3, 10.5, 10.6, 11.3, 11.4, 11.5, 11.6, 11.10, 11.11 |
| **MP5** | Utilizan estratégicamente los instrumentos apropiados. | Lecciones 3.7, 3.10, 4.4, 5.1, 5.2, 5.3, 5.8, 6.1, 8.1, 8.2, 8.4, 8.6, 8.8, 8.9, 9.1, 9.3, 9.5, 11.2, 11.7, 11.9 |
| **MP6** | Ponen atención a la precisión. | Lecciones 1.3, 1.5, 1.6, 2.1, 2.5, 2.7, 2.12, 3.5, 3.11, 4.1, 4.2, 4.3, 4.6, 4.8, 4.10, 4.12, 5.5, 5.7, 6.1, 6.2, 6.3, 6.4, 6.5, 6.7, 6.9, 6.10, 7.2, 7.3, 7.8, 7.9, 7.10, 7.11, 8.1, 8.2, 8.3, 8.4, 8.6, 8.7, 8.9, 9.1, 9.2, 9.3, 9.6, 9.7, 10.1, 10.2, 10.3, 10.4, 10.5, 11.1, 11.2, 11.6, 11.8, 11.9, 11.10, 11.11 |
| **MP7** | Buscan y utilizan estructuras. | Lecciones 1.1, 1.2, 1.6, 1.7, 1.8, 1.9, 2.1, 2.2, 2.3, 2.4, 2.5, 2.6, 2.7, 2.8, 2.9, 2.10, 3.1, 3.2, 3.3, 3.7, 3.10, 4.4, 4.7, 4.8, 5.3, 5.6, 5.7, 7.1, 7.5, 7.6, 7.11, 8.3, 8.7, 9.2, 9.5, 9.6, 11.4, 11.5 |

## Estándares que aprenderás

| Prácticas matemáticas | | Ejemplos: |
|---|---|---|
| MP8 | Buscan y expresan regularidad en razonamientos repetitivos. | Lecciones 1.2, 1.6, 2.1, 2.2, 2.4, 2.12, 3.2, 3.3, 3.4, 3.5, 3.7, 4.3, 4.11, 4.12, 5.5, 5.8, 6.2, 6.3, 6.4, 6.5, 6.7, 6.8, 6.9, 6.10, 7.2, 7.3, 7.4, 7.8, 7.9, 7.10, 8.1, 8.8, 9.1, 11.7, 11.8 |
| **Área: Operaciones y pensamiento algebraico** | | **Lecciones de la edición del estudiante** |
| **Representan y resuelven problemas relacionados a la de suma y a la resta.** | | |
| 2.OA.A.1 | Usan la suma y la resta hasta el número 100 para resolver problemas verbales de uno y dos pasos relacionados a situaciones en las cuales tienen que sumar, restar, unir, separar, y comparar, con valores desconocidos en todas las posiciones, por ejemplo, al representar el problema a través del uso de dibujos y ecuaciones con un símbolo para el número desconocido. | Lecciones 3.8, 3.9, 4.9, 4.10, 5.9, 5.10, 5.11 |
| **Suman y restan hasta el número 20.** | | |
| 2.OA.B.2 | Suman y restan con fluidez hasta el número 20 usando estrategias mentales. Al final del segundo grado, saben de memoria todas las sumas de dos números de un solo dígito. | Lecciones 3.1, 3.2, 3.3, 3.4, 3.5, 3.6, 3.7 |
| **Trabajan con grupos de objetos equivalentes para establecer los fundamentos para la multiplicación.** | | |
| 2.OA.C.3 | Determinan si un grupo de objetos (hasta 20) tiene un número par o impar de miembros, por ejemplo, al emparejar objetos o al contar de dos en dos; escriben ecuaciones para expresar un número par como el resultado de una suma de dos sumandos iguales. | Lecciones 1.1, 1.2 |
| 2.OA.C.4 | Utilizan la suma para encontrar el número total de objetos colocados en forma rectangular con hasta 5 hileras y hasta 5 columnas; escriben una ecuación para expresar el total como la suma de sumandos iguales. | Lecciones 3.10, 3.11 |

## Estándares que aprenderás

### Área: Números y operaciones en base diez

#### Comprenden el valor posicional.

| | | |
|---|---|---|
| **2.NBT.A.1** | Comprenden que los tres dígitos de un número de tres dígitos representan cantidades de centenas, decenas y unidades; por ejemplo, 706 es igual a 7 centenas, 0 decenas y 6 unidades. Comprenden los siguientes casos especiales: | Lecciones 2.2, 2.3, 2.4, 2.5 |
| | a. 100 puede considerarse como un conjunto de diez decenas – llamado "centena". | Lección 2.1 |
| | b. Los números 100, 200, 300, 400, 500, 600, 700, 800, 900 se refieren a una, dos, tres, cuatro, cinco, seis, siete, ocho o nueve centenas (y 0 decenas y 0 unidades). | Lección 2.1 |
| **2.NBT.A.2** | Cuentan hasta 1000; cuentan de 2 en 2, de 5 en 5, de 10 en 10, y de 100 en 100. | Lecciones 1.8, 1.9 |
| **2.NBT.A.3** | Leen y escriben números hasta 1000 usando numerales en base diez, los nombres de los números, y en forma desarrollada. | Lecciones 1.3, 1.4, 1.5. 1.6, 1.7, 2.4, 2.6, 2.7, 2.8 |
| **2.NBT.A.4** | Comparan dos números de tres dígitos basándose en el significado de los dígitos de las centenas, decenas y las unidades usando los símbolos >, =, y < para anotar los resultados de las comparaciones. | Lecciones 2.11, 2.12 |

#### Utilizan el valor posicional y las propiedades de las operaciones para sumar y restar.

| | | |
|---|---|---|
| **2.NBT.B.5** | Suman y restan hasta 100 con fluidez usando estrategias basadas en el valor posicional, las propiedades de las operaciones, y/o la relación entre la suma y la resta. | Lecciones 4.1, 4.2, 4.3, 4.4, 4.5, 4.6, 4.7, 4.8, 5.1, 5.2, 5.3, 5.4, 5.5, 5.6, 5.7, 5.8 |
| **2.NBT.B.6** | Suman hasta cuatro números de dos dígitos usando estrategias basadas en el valor posicional y las propiedades de las operaciones. | Lecciones 4.11, 4.12 |

### Área: Números y operaciones en base diez

**Utilizan el valor posicional y las propiedades de las operaciones para sumar y restar.**

| | | |
|---|---|---|
| **2.NBT.B.7** | Suman y restan hasta 1,000, usando modelos concretos o dibujos y estrategias basadas en el valor posicional, las propiedades de las operaciones, y/o la relación entre la suma y la resta; relacionan la estrategia con un método escrito. Comprenden que al sumar o restar números de tres dígitos, se suman o restan centenas y centenas, decenas y decenas, unidades y unidades; y a veces es necesario componer y descomponer las decenas o las centenas. | Lecciones 6.1, 6.2, 6.3, 6.4, 6.5, 6.6, 6.7, 6.8, 6.9, 6.10 |
| **2.NBT.B.8** | Suman mentalmente 10 o 100 a un número dado del 100–900, y restan mentalmente 10 o 100 de un número dado entre 100–900. | Lecciones 2.9, 2.10 |
| **2.NBT.B.9** | Explican porqué las estrategias de suma y resta funcionan, al usar el valor posicional y las propiedades de las operaciones. | Lecciones 4.6, 6.8 |

### Área: Medición y datos

**Miden y estiman las longitudes usando unidades estándares.**

| | | |
|---|---|---|
| **2.MD.A.1** | Miden la longitud de un objeto seleccionando y usando herramientas apropiadas tales como reglas, yardas, reglas métricas, y cintas de medir. | Lecciones 8.1, 8.2, 8.4, 8.8, 9.1, 9.3 |
| **2.MD.A.2** | Miden la longitud de un objeto dos veces, usando unidades de longitud de diferentes longitudes cada vez; describen como ambas medidas se relacionan al tamaño de la unidad escogida. | Lecciones 8.6, 9.5 |

## Estándares que aprenderás

### Área: Medición y datos

#### Miden y estiman las longitudes usando unidades estándares.

| | | |
|---|---|---|
| 2.MD.A.3 | Estiman longitudes usando unidades de pulgadas, pies, centímetros, y metros. | Lecciones 8.3, 8.7, 9.2, 9.6 |
| 2.MD.A.4 | Miden para determinar cuanto más largo es un objeto que otro, y expresan la diferencia entre ambas longitudes usando una unidad de longitud estándar. | Lección 9.7 |

#### Relacionan la suma y la resta con la longitud.

| | | |
|---|---|---|
| 2.MD.B.5 | Usan la suma y la resta hasta100 para resolver problemas verbales que envuelven longitudes dadas en unidades iguales, por ejemplo, al usar dibujos (como dibujos de reglas) y ecuaciones con un símbolo que represente el número desconocido en el problema. | Lecciones 8.5, 9.4 |
| 2.MD.B.6 | Representan números enteros como longitudes comenzando desde el 0 sobre una recta numérica con puntos igualmente espaciados que corresponden a los números 0, 1, 2, …, y que representan las sumas y restas de números enteros hasta el número 100 en una recta numérica. | Lecciones 8.5, 9.4 |

#### Trabajan con el tiempo y el dinero.

| | | |
|---|---|---|
| 2.MD.C.7 | Dicen y escriben la hora utilizando relojes análogos y digitales a los cinco minutos más cercanos, usando a.m. y p.m. | Lecciones 7.8, 7.9, 7.10, 7.11 |
| 2.MD.C.8 | Resuelven problemas verbales relacionados a los billetes de dólar, monedas de veinticinco, de diez, de cinco y de un centavos, usando los símbolos $ y ¢ apropiadamente. *Ejemplo; si tienes 2 monedas de diez centavos y 3 monedas de 1 centavo, ¿cuántos centavos tienes?* | Lecciones 7.1, 7.2, 7.3, 7.4, 7.5, 7.6, 7.7 |

## Estándares que aprenderás

### Área: Medición y datos

#### Representan e interpretan datos.

| | | |
|---|---|---|
| **2.MD.D.9** | Generan datos de medición al medir las longitudes de varios objetos hasta la unidad entera más cercana, o al tomar las medidas del mismo objeto varias veces. Muestran las medidas por medio de un diagrama de puntos, en el cual la escala horizontal está marcada por unidades con números enteros. | Lección 8.9 |
| **2.MD.D.10** | Dibujan una pictografía y una gráfica de barras (con escala unitaria) para representar un grupo de datos de hasta cuatro categorías. Resuelven problemas simples para unir, separar, y comparar usando la información representada en la gráfica de barras. | Lecciones 10.1, 10.2, 10.3, 10.4, 10.5, 10.6 |

### Área: Geometría

#### Razonan usando figuras geométricas y sus atributos.

| | | |
|---|---|---|
| **2.G.A.1** | Reconocen y dibujan figuras que tengan atributos específicos, tales como un número dado de ángulos o un número dado de lados iguales. Identifican triángulos, cuadriláteros, pentágonos, hexágonos, y cubos. | Lecciones 11.1, 11.2, 11.3, 11.4, 11.5, 11.6 |
| **2.G.A.2** | Dividen un rectángulo en hileras y columnas de cuadrados del mismo tamaño y cuentan para encontrar el número total de los mismos. | Lección 11.7 |
| **2.G.A.3** | Dividen círculos y rectángulos en dos, tres, o cuatro partes iguales, describen las partes usando las palabras *medios, tercios, la mitad de, la tercera parte de,* etc., y describen un entero como dos medios, tres tercios, cuatro cuartos. Reconocen que las partes iguales de enteros idénticos no necesariamente tienen que tener la misma forma. | Lecciones 11.8, 11.9, 11.10, 11.11 |

# Índice